大学入学共通テスト
数学Ⅰ・A
の点数が面白いほどとれる本

東進ハイスクール・
東進衛星予備校講師
志田 晶

はじめに

▶**執筆にあたって**

こんにちは，志田 晶です。2005年に出版された『**センター試験数学Ⅰ・Aの点数が面白いほどとれる本**』（以下，センター本）は，おかげさまで5度の改訂を重ね，初版から約15年経過してなお多くの受験生に愛用いただき，共通テスト版の執筆も担当することになりました（感謝）。また，**センター試験用の対策本としてのみならず，日常学習用として**の用途も多かったことから，僕の知り合いが勤める高校の補修用教材にしていただくなど，センター本に関する嬉しい話は，刊行以来たくさん耳にしました。

この本は

共通テストは普通の問題が普通に解ければよい!!

という思いのもと，**すべての分野のすべての単元を学習できる**ように構成してあります。また，大学入試センターは，難問奇問を避け，この本に収録されているような標準的な問題を意識して出題しているようです（センター試験時代には，センター本の 例題 とほぼ同じものが数多く出題されました）。

ですから，共通テストの対策はもちろん，2次試験の基礎固めにもなればよいという思いをさらに強くし，今回の共通テスト版の執筆にあたりました。

▶**共通テスト版のポイント**

今回は，大学入試センターが発表した試行調査，およびその後のアナウンスを踏まえて次のように改訂しました。

---

❶ パターン 編では，数学の基礎となる**パターンを拡充**し，共通テストで出題が予想される**証明問題**を多く取り入れた。

❷ チャレンジ 編では，センター試験の問題のうち，共通テストでも**出題が予想される問題**やこれだけは**押さえたい重要問題**は残し，その他は**試行調査の問題**に差し替えた。ただし，試行調査の問題においては，出題が見送られた「(該当する選択肢を) すべて選べ」という問題は改題した。また，実際の出題に合わせて，**分量や難易度を大幅に調整**した。

❸ 本文は改訂に際しすべて見直し，数学的な観点から**不適切な表現の改訂・加筆**を行った。

以上のような改訂を行った結果
　　　　　　共通テストにも基礎固めにも役立つ本
という目標は達成できたと思っています。

▶この本のポイント

　僕は，従来の参考書には非常に強い不満をもっています。僕は教室での授業の際，数学の原理に関する説明を重視していますが，類書では，「この問題はこう解く」という解法手順のまとめはあっても，その解法が成り立つしくみ（原理）にはほとんど触れられていないからです。

　本書では，東進ハイスクール，東進衛星予備校で展開されている僕の授業スタイルをそのままに，1つひとつの解法について，そのしくみがていねいに解説してあります。ですから，教科書が理解できるかどうかというレベルの人が読んでも，すらすらと理解できる内容となっています。それだけでなく，中級レベル以上の人でも驚くような，感動的で鮮やかな解法も満載しています。

　さらには，類書のように一部のテーマのみを扱うのではなく，各分野におけるすべてのテーマを パターン としてまとめています。教科書と本書があれば，共通テスト「数学Ⅰ・A」対策は十分です。

▶感謝の言葉

　僕の釧路湖陵高校時代の数学の恩師である佐々木雅弘先生，それから院生時代も含め，長いこと名古屋大学代数学研究室でご指導いただいた　故・松村英之先生，橋本光靖先生，吉田健一先生などをはじめ，多くの方々に「数学とは何か」を教えていただきました。心からお礼を申し上げます。

　また，この本の出版にあたっては，㈱KADOKAWAの原 賢太郎さんほか，スタッフの皆さんには多大なるご尽力をいただきました。本当にありがとうございました。

　最後に……
　この本を手に取ってくれた読者の皆さんが，この本を通じて飛躍的に数学の力を伸ばしてくれることを期待しています。

　　　　　　　　　　　　　　　　　　　　　　　　　　志田　晶

もくじ

はじめに 2

パターン 1 展開 12
分配法則と展開公式がすべての基本!!

パターン 2 因数分解 14
次数の低い文字について整理せよ!!

パターン 3 絶対値の基本 16
2つの考え方(場合分け,距離)をおさえろ!!

パターン 4 平方根の計算1 18
(i) baseとなる数字を見つけろ!!
(ii) $(a+b)(a-b) = a^2 - b^2$ を利用して有理化せよ

パターン 5 平方根の計算2 20
$\sqrt{a^2} = a$ ではない!!

パターン 6 平方根の計算3 22
2重根号はとにかく2を作れ!!

パターン 7 2変数の対称式 24
基本対称式 $x+y$, xy をおさえろ!!

パターン 8 整数部分,小数部分 26
(整数部分) + (小数部分) = (全体)

パターン 9 解について 28
解とは……方程式または不等式を成立させる値

パターン 10 絶対値の入った方程式・不等式1 30
絶対値が1つのときは公式に当てはめろ!!

パターン 11 絶対値の入った方程式・不等式2 32
絶対値が2つ以上あるときは場合分け

パターン 12 命題の真と偽 34
{ 真 ➡ いつも正しい
{ 偽 ➡ いつも正しいとは限らない(部分否定)

パターン 13 簡単な真偽判定法 36
集合の包含関係を利用せよ

パターン 14 必要条件，十分条件 38
（ⅰ）2つの命題（$p \Rightarrow q$, $q \Rightarrow p$）の真偽を判定せよ
（ⅱ）集合の包含関係を最大限に利用せよ

パターン 15 逆，裏，対偶 40
対偶はもとの命題と真偽が一致する

パターン 16 有理数と無理数 42
係数比較にもちこめ!!

パターン 17 平行移動 44
移動した分だけ引け!!

パターン 18 対称移動の原理 46
ない文字の符号を変えろ!!

パターン 19 $y = ax^2 + bx + c$ のグラフ 48
平方完成の方法をマスターせよ!!

パターン 20 2次関数の平行移動，対称移動 50
a の値（形）と頂点の位置に注目する!!

パターン 21 下に凸の2次関数の最小値 52
区間内に軸があるかないかで場合分け

パターン 22 下に凸の2次関数の最大値 54
区間の真ん中で分ける

パターン 23 2次方程式1（判別式） 56
$D = b^2 - 4ac$ の符号で判断する

パターン 24 2次方程式2（解と係数の関係） 58
2解の和は $-\dfrac{b}{a}$，積は $\dfrac{c}{a}$　〈「数学Ⅱ」の内容〉

パターン 25 2次方程式3（与えられた2数を解とする2次方程式の1つ） 60
$x^2 - $ 和 $x + $ 積 $= 0$ と覚えよう!!　〈「数学Ⅱ」の内容〉

パターン 26 2次関数 $y = ax^2 + bx + c$ のグラフと x 軸との共有点 62
2次方程式 $ax^2 + bx + c = 0$ の解を調べよ

パターン 27 2次関数が x 軸から切り取る線分の長さ 64
$\sqrt{(\alpha + \beta)^2 - 4\alpha\beta}$（**パターン 7**）と「解と係数の関係」（**パターン 24**）を利用せよ!!

パターン 28 　2次関数の決定 ……………………………………… 66

使い分けが
ポイント
$\begin{cases}(\text{i}) \ y=a(x-p)^2+q \ \text{とおく} \leftarrow \text{頂点に関する情報が与えられたとき}\\ (\text{ii}) \ y=a(x-\alpha)(x-\beta) \ \text{とおく} \leftarrow x\text{軸との共有点が与えられたとき}\\ (\text{iii}) \ y=ax^2+bx+c \ \text{とおく} \leftarrow 3\text{点を通るとき}\end{cases}$

パターン 29 　$a,\ b,\ c$ の符号決定問題 …………………………… 68

b は軸の符号から考えよ!!

パターン 30 　2次関数の係数の符号変化 ……………………… 70

- a の符号変化 ➡ 点 $(0,\ c)$ に対する対称移動
- b の符号変化 ➡ y 軸対称移動
- c の符号変化 ➡ y 軸方向に $-2c$ だけ平行移動

パターン 31 　置き換えて2次関数 ………………………………… 72

置き換えたら範囲に注意する!!

パターン 32 　2次不等式の解法 …………………………………… 74

2次不等式は不等号の向きで判断せよ!!

パターン 33 　条件付き最大・最小問題 ………………………… 76

1文字消去せよ(範囲に注意!!)

パターン 34 　絶対不等式 …………………………………………… 78

すべてで成り立つ ➡ 最大値,最小値で判断する

パターン 35 　解の配置 ……………………………………………… 80

$\begin{cases}(\text{i}) \ \text{解の範囲が1つずつ指定} \quad\quad ➡ \text{端点だけで判断}\\ (\text{ii}) \ \text{解の範囲が2ついっぺんに指定} ➡ \text{判別式と解と係数の関係}\end{cases}$

パターン 36 　やや複雑な「2解がともに〜」型の解の配置 …… 82

判別式,軸,端点で判断!!

パターン 37 　代表値 ………………………………………………… 84

- 平均値 ➡ データの総和をデータの個数で割ったもの
- 最頻値 ➡ 最も個数の多い値　　● 中央値 ➡ データの真ん中の値

パターン 38 　四分位数 ……………………………………………… 86

中央値でデータを2等分せよ!!

パターン 39 　分散,標準偏差 ……………………………………… 88

分散は(偏差)^2 の平均値

パターン 40 　相関係数1 …………………………………………… 90

偏差 $x-\bar{x},\ y-\bar{y}$ の表を作れ!!

パターン 41 相関係数2 …… 92
散布図からおおよその相関係数を読み取れ

パターン 42 変量xにpを加えた新しい変量$x_1 = x + p$を考えると …… 94
- 平均値はpだけ増える!!
- 分散,標準偏差,共分散,相関係数は変わらない!!

パターン 43 変量xをk倍した新しい変量$x_2 = kx$を考えると …… 96
- 平均値,標準偏差,共分散はk倍
- 分散はk^2倍   ● 相関係数は変わらない

パターン 44 集合に関する記号 …… 98
どこを指すか瞬時に判別できるように練習せよ!!

パターン 45 整数の集合の個数 …… 100
目印をつけて植木算にもちこむ

パターン 46 和の法則・積の法則 …… 102
和の法則 ➡ 場合分けをするとき   積の法則 ➡ 順序立てして考えるとき

パターン 47 $_nP_r$と$_nC_r$の違い …… 104
$_nP_r$ ➡ 選んだr個の順序を考慮しなければいけない場合
$_nC_r$ ➡ 選んだr個の順序を考慮しなくてもよい場合

パターン 48 積の法則の順序立て …… 106
条件の強い順に決めていく

パターン 49 円順列 …… 108
ひとつ(1種類)固定せよ

パターン 50 じゅず順列 …… 110
$(左右対称型) + \dfrac{(左右非対称型)}{2}$

パターン 51 同じものを含む順列 …… 112
順序指定されたら,「同じものとみなす」

パターン 52 最短経路 …… 114
パスカルの三角形(数学Ⅱ)の要領で数え上げ!!

パターン 53 球に区別がないときの組分け …… 116
球に区別がない ➡ 個数だけ考えよ

パターン 54 球に区別があるときの組分け1 …… 118
n個を●個,●個,…,●個に分ける 手順 { (i)組に名前をつけて,積の法則で組分け / (ii)何個1セットか考える

パターン 55 球に区別があるときの組分け2 ……………… 120
区別のあるn個をA，B，Cに分ける ⟶ といったら 空箱ができてもよい分け方は3^n通り

パターン 56 〜が隣り合う ……………… 122
まとめてひとつとみなし，箱を作ってから並べる

パターン 57 〜が隣り合わない ……………… 124
あとからすき間と両端に入れる

パターン 58 重複組合せ ……………… 126
○と｜で図式化せよ

パターン 59 確率の基本１ ……………… 128
同じものでも区別する（番号をつけろ）

パターン 60 確率の基本２ ……………… 130
分子は分母に合わせて数える!!

パターン 61 余事象の確率 ……………… 132
「少なくとも〜」は余事象!!（特に「積が〜の倍数」は余事象を使え！）

パターン 62 和が〜の倍数 ……………… 134
〜で割った余りで分類（グループ分け）

パターン 63 最大値，最小値 ……………… 136
余事象を利用してベン図をかけ

パターン 64 2個のサイコロの問題 ……………… 138
2個のサイコロの問題は，迷わず表を作れ!!

パターン 65 サイコロに関する頻出問題 ……………… 140
$\begin{cases} \text{すべて異なる目} \Longrightarrow \text{順列} \\ A<B<\cdots<C \Longrightarrow \text{組合せ} \\ A\leqq B\leqq\cdots\leqq C \Longrightarrow \text{重複組合せ} \end{cases}$

パターン 66 独立な試行 ……………… 142
独立のとき，$P(A\cap B)=P(A)P(B)$

パターン 67 反復試行の確率 ……………… 144
（パターンの数）×（おのおのの確率）

パターン 68 条件付き確率 ……………… 146
Aを全事象としたときの$A\cap B$が起こる確率が$P_A(B)$

パターン 69 原因の確率 ……………… 148
$P_E(A)=\dfrac{P(A\cap E)}{P(E)}$ に当てはめて計算せよ!!

パターン 70 三角比の定義 150
2つの定義を使い分けよ!!

パターン 71 三角方程式 152
$\sin\theta \to y$ とおけ　　$\cos\theta \to x$ とおけ　　$\tan\theta \to \dfrac{y}{x}$ とおけ

パターン 72 相互関係 154
ひとつがわかれば，すべて求められる（図を利用せよ）

パターン 73 $\sin\theta$ と $\cos\theta$ の対称式 156
$\sin\theta + \cos\theta$ を2乗すると，$\sin\theta\cos\theta$ が求められる

パターン 74 正弦定理 158
「2辺2角」「外接円の半径 R」→ 正弦定理を使え!!

パターン 75 余弦定理 160
「3辺1角」は余弦定理

パターン 76 正弦定理と余弦定理の証明 162
{ 正弦定理…円周角が一定であることを利用
  余弦定理…三平方の定理を利用

パターン 77 正弦・余弦の頻出問題 164
① $a:b:c = \sin A : \sin B : \sin C$ ←「分数は比」
② 最大角は最大辺の対角

パターン 78 三角形の面積 166
三角形の面積 → 2辺と間の角の $\sin$
四角形の面積 → 2つの三角形の面積の和として求める

パターン 79 中線の長さ 168
中線といったら，平行四辺形!!

パターン 80 角の二等分線 170
① AB：AC = BD：DC（角の二等分線の性質）
② 角の二等分線の長さは「面積に関する方程式」or「余弦定理」を利用

パターン 81 内接円の半径 172
まずは，「面積」と「3辺の長さ」を求めよ（S と a, b, c を求めよ）

パターン 82 鋭角三角形，鈍角三角形 174
（ⅰ）最大角で判断する　　（ⅱ）$\cos\theta$ の符号で鋭角か鈍角か判断する

パターン 83 円に内接する四角形——基本編 176
（ⅰ）向かい合う角の和が $180°$　　（ⅱ）余弦2本で連立方程式を作れ

| パターン 84 | 円に内接する四角形――発展編 | 178 |

3つの必殺技をマスターせよ!!

| パターン 85 | 面積比 | 180 |

面積比を辺の比で読みかえろ!!

| パターン 86 | 空間図形への応用1 | 182 |

特定の三角形に注目せよ!!

| パターン 87 | 空間図形への応用2 | 184 |

$OA = OB = OC$ の四面体 OABC の高さ $h = \sqrt{OA^2 - R^2}$
(R は △ABC の外接円の半径)　　　△ABC が底面のとき

| パターン 88 | 三角形の辺と角の大小関係 | 186 |

$c < b \Leftrightarrow C < B$

| パターン 89 | 三角形の成立条件 | 188 |

2辺の和は,他の1辺より大きい!!

| パターン 90 | 角の二等分線の性質 | 190 |

「内心」「傍心」が出てきたら「角の二等分線」に注意せよ

| パターン 91 | 三角形の5心――基本編 | 192 |

まずは定義を覚えよ

| パターン 92 | 三角形の5心――応用編 | 194 |

証明問題も「定義に戻れ」が方針になる

| パターン 93 | 方べきの定理 | 196 |

ある点を通る2直線とそれに交わる円 ➡ 方べきの定理

| パターン 94 | チェバの定理 | 198 |

頂点から三角形の周上を1周するように掛けると1

| パターン 95 | メネラウスの定理 | 200 |

(i)「三角形」と「赤い直線」を見つけよ　(ii) 三角形の頂点から赤い直線へ

| パターン 96 | 証明問題 | 202 |

たくさんの証明を読んでおこう!!

| パターン 97 | 円と直線に関する定理 | 204 |

(i)「接線の長さ」は等しい　(ii) 接線と角度の問題は接弦定理

| パターン 98 | 2円の位置関係 | 206 |

d(中心間距離)と $r_1 + r_2$,$|r_1 - r_2|$ の大小関係で判断する

パターン 99 倍数判定法 208
基本パターンをしっかりとおさえよう

パターン 100 整数決定の基本1 210
「積が一定」の形にもちこめ!!

パターン 101 整数決定の基本2 212
範囲をしぼれ!!

パターン 102 約数と倍数1 214
約数，倍数を素因数分解から判定せよ!!

パターン 103 約数と倍数2 216
最大公約数が g ということを表現せよ!!

パターン 104 すべての整数 n について成り立つ……の証明 218
たとえば，
「すべての n で
成立」
といったら
$\Rightarrow$
$\begin{cases} ① n = 3k \text{ のとき　成立} \\ かつ \\ ② n = 3k+1 \text{ のとき 成立} \\ かつ \\ ③ n = 3k+2 \text{ のとき 成立} \end{cases}$ を示せばよい(k：整数)

パターン 105 合同式 220
$a-b$ が m で割り切れる $\Leftrightarrow$ a と b は m で割った余りが等しい

パターン 106 1次不定方程式 222
特殊解を見つけて並べて引け!!

パターン 107 ユークリッドの互除法 224
$a = bq + r$ のとき，$g(a, b) = g(b, r)$

パターン 108 中国の剰余の定理 226
m, n が互いに素のとき
$\begin{cases} m \text{ で割った余りが } a \\ n \text{ で割った余りが } b \end{cases} \Rightarrow mn$ で割った余りはいくつか考えよ!!

パターン 109 n 進法 228
n 進数 $\rightleftarrows$ 10進数を自由自在に!!

チャレンジ編　230

本文デザイン：長谷川有香（ムシカゴグラフィクス）

パターン 1　展開

分配法則と展開公式がすべての基本!!

多項式の掛け算の基本は分配法則です。分配法則というのは

$$A(B + C) = AB + AC$$

のことで、これを使えばすべての式が展開できます。

例

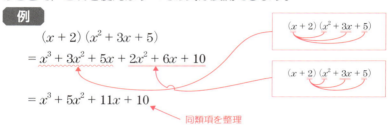

$$(x + 2)(x^2 + 3x + 5)$$
$$= x^3 + 3x^2 + 5x + 2x^2 + 6x + 10$$
$$= x^3 + 5x^2 + 11x + 10$$

←同類項を整理

ただ、全部を分配法則でやると大変なので、次の展開の公式を覚えて利用できるものは利用する!!　これが**展開の基本**です。

公式を忘れたら、分配法則で地道にやります

展開の公式（重要なもの）

① $\begin{cases} (a + b)^2 = a^2 + 2ab + b^2 \\ (a - b)^2 = a^2 - 2ab + b^2 \end{cases}$

② $(a + b)(a - b) = a^2 - b^2$

③ $\begin{cases} (a + b)^3 = a^3 + 3a^2b + 3ab^2 + b^3 \\ (a - b)^3 = a^3 - 3a^2b + 3ab^2 - b^3 \end{cases}$

④ $\begin{cases} (a + b)(a^2 - ab + b^2) = a^3 + b^3 \\ (a - b)(a^2 + ab + b^2) = a^3 - b^3 \end{cases}$

⑤ $(x + y + z)^2 = x^2 + y^2 + z^2 + 2xy + 2yz + 2zx$

（③, ④は数学Ⅱの公式）

覚え方

それぞれの2乗 x^2, y^2, z^2 と
$(x + y + z)^2$
このように掛けて2倍

パターン編

例題 ①

次の式を展開せよ。
(1) $(2x+1)(3x+2)$
(2) $(x-y+1)(x+y-1)$
(3) $(x+2a-3)^2$
(4) $(x+1)(x+2)(x+3)(x+4)$

ポイント
(1) 分配法則で展開！
(2) $(A+B)(A-B)$ の形なのですが，わかりますか？
(3) 公式⑤でもよいけど，$\{x+(2a-3)\}^2$ として「公式①」を使います。
(4) $1+4=2+3$ に注目して $x+1$ と $x+4$, $x+2$ と $x+3$ を先に掛けよう（下のポイント □ を見よ）。

解答
(1) $(2x+1)(3x+2)$ ← 分配法則
$= 6x^2 + 4x + 3x + 2$
$= 6x^2 + 7x + 2$ ← 同類項を整理

(2) $(x-y+1)(x+y-1) = \{x+(-y+1)\}\{x-(-y+1)\}$
$= x^2 - (-y+1)^2$ ← 公式①
$= x^2 - (y^2 - 2y + 1)$
$= x^2 - y^2 + 2y - 1$

$-y+1=B$ とおくと，$(x+B)(x-B)$ の形!!

(3) $(x+2a-3)^2 = \{x+(2a-3)\}^2$ ← 公式①
$= x^2 + 2(2a-3)x + (2a-3)^2$ ← 公式①
$= x^2 + (4a-6)x + 4a^2 - 12a + 9$

解答欄が $x^2 + \bigcirc x + \triangle$ の形になっている場合，公式⑤よりもこのやり方のほうが有効

(4) $(x+1)(x+2)(x+3)(x+4)$ 先に掛ける
$= (x^2 + 5x + 4)(x^2 + 5x + 6)$

ポイント
$1+4=2+3=5$ だから偶然ではなく必然的に $x^2 + 5x$ が2回出てくる
ココが狙い目!!

ここで，$t = x^2 + 5x$ とおくと，

(与式) $= (t+4)(t+6)$
$= t^2 + 10t + 24$
$= (x^2+5x)^2 + 10(x^2+5x) + 24$ ← $t=x^2+5x$ を代入
↓公式①
$= (x^4 + 10x^3 + 25x^2) + (10x^2 + 50x) + 24$ ← 同類項を整理
$= x^4 + 10x^3 + 35x^2 + 50x + 24$

パターン1 展開 13

パターン 2 因数分解

次数の低い文字について整理せよ!!

因数分解は，**展開の逆**です。

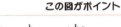

まずは"タスキガケ"のやり方 から。

$Ax^2 + Bx + C$ の因数分解 ← 展開公式 $(ax+b)(cx+d) = acx^2 + (ad+bc)x + bd$ の逆

① 積が A となる2数 a, c，積が C となる 2数 b, d を考える（いろいろ考えられる）。
（タスキガケといいます）
② 右図のように斜めに掛けて，右下が B になるようなものを探す。

この図がポイント

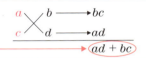

例 $3x^2 + 8x + 4$ の因数分解

積が 3，積が 4 になるような a, b, c, d を考えてみると，

たとえば
$1 \cdot 3 = 3, \ 1 \cdot 4 = 4$ は

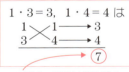

8 になってないから**ダメ**

たとえば
$1 \cdot 3 = 3, \ 4 \cdot 1 = 4$ は

```
1   4 ──→ 12
 ×
3   1 ──→ 1
          ⑬
```

8 になってないから**ダメ**

たとえば
$1 \cdot 3 = 3, \ 2 \cdot 2 = 4$ は

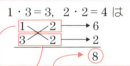

8 になったから**OK**

∴ $3x^2 + 8x + 4 = (x+2)(3x+2)$

次に，文字が2つ以上出てきたときの因数分解の手順です。

(i) **次数の低い文字について整理する。** ← ポイント
(ii) 各項ごとに因数分解できるかを考え，共通因数があるときはくくる。
(iii) 全体でタスキガケできないかを考える。

例題 2

次の式を因数分解せよ。

(1) $16x^2 - 9y^2$
(2) $6x^2 - 7x - 5$
(3) $a^2 + 2bc - ab - 4c^2$
(4) $2x^2 - 3xy - 2y^2 + x + 3y - 1$

ポイント (1) (**2乗**) − (**2乗**) の形に注目。

(2) タスキガケ。a, b, c, d をどうとるかを考えてください。

(3) 次数が一番低いのは b なので、b について整理します。

(4) x, y どちらについても2次なので、どちらで整理してもOK。

解答

(1) $16x^2 - 9y^2 = (4x)^2 - (3y)^2$
$\qquad\qquad = (4x + 3y)(4x - 3y)$ ← $A^2 - B^2 = (A+B)(A-B)$

(2) $6x^2 - 7x - 5 = (2x + 1)(3x - 5)$

積が6, 積が−5 でタスキガケして −7 だから……

$$\begin{array}{cc} 2 & 1 \longrightarrow 3 \\ 3 & -5 \longrightarrow -10 \\ \hline & -7 \end{array}$$

(3) $a^2 + 2bc - ab - 4c^2$

(i) $\begin{cases} a: 2次式 \\ b: 1次式 \\ c: 2次式 \end{cases}$ なので、b について整理

$= (2c - a)b + (a^2 - 4c^2)$

(ii) 各項を因数分解し、共通因数でくくった

$= (2c - a)b + (a + 2c)(a - 2c)$

$= (2c - a)\{b - (a + 2c)\}$ ← $a - 2c = -(2c - a)$ だから マイナスを忘れないように

$= (2c - a)(b - a - 2c)$

共通因数

(4) $2x^2 - 3xy - 2y^2 + x + 3y - 1$

(i) x について整理

$= 2x^2 + (1 - 3y)x - (2y^2 - 3y + 1)$

(ii) 各項(この場合は定数項)を因数分解

$2y^2 - 3y + 1 = (2y - 1)(y - 1)$
$$\begin{array}{cc} 2 & -1 \longrightarrow -1 \\ 1 & -1 \longrightarrow -2 \\ \hline & -3 \end{array}$$

$= 2x^2 + (1 - 3y)x - (2y - 1)(y - 1)$

$= \{2x + (y - 1)\}\{x - (2y - 1)\}$

(iii) 全体をタスキガケ

$$\begin{array}{cc} 2 & (y-1) \longrightarrow y-1 \\ 1 & -(2y-1) \longrightarrow -4y+2 \\ \hline & -3y+1 \end{array}$$

$= (2x + y - 1)(x - 2y + 1)$

コメント (4)を y について整理すると、次のようになります。

(与式) $= -2y^2 + (3 - 3x)y + 2x^2 + x - 1$

定数項を因数分解
$$\begin{array}{cc} 1 & 1 \longrightarrow 2 \\ 2 & -1 \longrightarrow -1 \\ \hline & 1 \end{array}$$

$= -2y^2 + (3 - 3x)y + (x + 1)(2x - 1)$

$= \{-2y + (x + 1)\}\{y + (2x - 1)\}$

全体をタスキガケ
$$\begin{array}{cc} -2 & (x+1) \longrightarrow x+1 \\ 1 & (2x-1) \longrightarrow -4x+2 \\ \hline & -3x+3 \end{array}$$

$= (-2y + x + 1)(y + 2x - 1)$ ← 同じ答

パターン2 因数分解

パターン 3 絶対値の基本

2つの考え方(場合分け,距離)をおさえろ!!

具体的な数の絶対値はカンタンです。たとえば，
$|3|=3$, $|-4|=4$
ところが，これが $|x-2|$ とかになると難しくなります。

場合分けが入ると難しくなる

ここでは，グラフを利用した**絶対値のはずし方**を紹介します。

絶対値 |●| のはずし方   ← ●＝0となるところ

(i) $y=$● のグラフをかく(**横軸との交点を求めておく**)。

(ii) $\begin{cases} x\text{軸より上側は } |●|=● & (\text{そのまま}) \\ x\text{軸より下側は } |●|=-● & (\text{マイナスを付ける}) \end{cases}$

$|A|=\begin{cases} A \Rightarrow A\geqq 0 \text{ のとき} \\ -A \Rightarrow A<0 \text{ のとき} \end{cases}$
という意味になります

これも**重要**

例 $|2x-3|$ の絶対値記号のはずし方

(i) $y=2x-3$ のグラフを考える

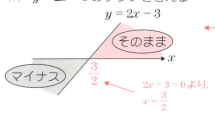

$2x-3=0$ より，$x=\dfrac{3}{2}$

$\begin{cases} x\geqq\dfrac{3}{2} \text{ のとき} \Rightarrow \text{グラフは}x\text{軸の上側} \\ x<\dfrac{3}{2} \text{ のとき} \Rightarrow \text{グラフは}x\text{軸の下側} \end{cases}$
と読みとれます

(ii) グラフを読みとると，
$|2x-3|=\begin{cases} 2x-3 & (x\geqq\dfrac{3}{2} \text{ のとき}) \\ -(2x-3) & (x<\dfrac{3}{2} \text{ のとき}) \end{cases}$

等号はどちらにつけてもよいので
$|2x-3|=\begin{cases} 2x-3 \Rightarrow x>\dfrac{3}{2} \text{ のとき} \\ -(2x-3) \Rightarrow x\leqq\dfrac{3}{2} \text{ のとき} \end{cases}$
としてもOK

となります。

絶対値にはもう1つ大切な考え方があります。それは

$|b-a|=$数直線上における **a と b の距離**

です。

特に $|a|$ は
$|a|=|a-0|$ ➡ 数直線上で **a と 0 の距離**

となります。状況に応じて使い分けてください。

例題 ❸

(1) $|x-3|=5$ を解け。
(2) $A=|t-1|+|t-3|$ を簡単にせよ。

ポイント

(1) $|b-a|$ は b と a の距離。
(2) 絶対値を場合分けしてはずします。

解答

(1) $|x-3|=5$ より
 x と 3 の距離が 5 となればよい。
 よって, $x=-2, 8$

(2) $y=t-1$ と $y=t-3$ のグラフを考える。

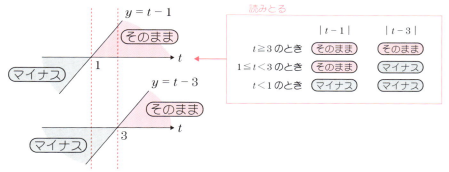

これより

$$A=|t-1|+|t-3|=\begin{cases}(t-1)+(t-3)=2t-4 & (t\geqq 3 \text{ のとき})\\(t-1)-(t-3)=2 & (1\leqq t<3 \text{ のとき})\\-(t-1)-(t-3)=-2t+4 & (t<1 \text{ のとき})\end{cases}$$

補足

$|a|^2=a^2$ ← 絶対値記号は2乗するとなくなる

は重要公式です。これを使うと　　　　　　　（両辺）$\geqq 0$ のときは
　　　　　　　　　　　　　　　　　　　　　　2乗しても同値

(1)は　$|x-3|=5$　　　　　　　　　　$(x+2)(x-8)=0$
　　　　$(x-3)^2=25$　　2乗した　　∴ $x=-2, 8$
　　　　$x^2-6x+9=25$
　　　　$x^2-6x-16=0$

パターン3　絶対値の基本

パターン 4 平方根の計算 1

(i) **baseとなる数字を見つけろ!!**
(ii) $(a+b)(a-b) = a^2 - b^2$ **を利用して有理化せよ**

平方根の計算では，**どこが計算できるか**を見つけることがポイントです。
たとえば，$\sqrt{12} + \sqrt{8} + \sqrt{27}$ だったらどこかわかりますか？

$$\begin{cases} \sqrt{12} = 2\sqrt{3} \Rightarrow \text{base}となる数字は \sqrt{3} \\ \sqrt{8} = 2\sqrt{2} \Rightarrow \text{base}となる数字は \sqrt{2} \\ \sqrt{27} = 3\sqrt{3} \Rightarrow \text{base}となる数字は \sqrt{3} \end{cases}$$

とすると，$\sqrt{12}$ と $\sqrt{27}$ は計算できることがわかります。このように，baseとなる数字が同じときは計算できて，

$$\sqrt{12} + \sqrt{8} + \sqrt{27} = 2\sqrt{3} + 2\sqrt{2} + 3\sqrt{3} = 5\sqrt{3} + 2\sqrt{2}$$

となります。

（base → $\sqrt{2}$ とか $\sqrt{3}$ のことをいいます）
（計算可能）

◎ **分母の有理化について**

当り前の話ですが……，$\dfrac{2}{3} = \dfrac{4}{6}$ です。

では，なぜこの2つの分数は同じ数なのかわかりますか？ 分数には，

『分母と分子に同じ数を掛けてもよい』 ← 値は変わらない

というルールがあります。これにより，

$$\dfrac{2}{3} = \dfrac{2}{3} \times \dfrac{2}{2} = \dfrac{4}{6}$$

（分母，分子に 2 を掛けた）

これを利用すると，たとえば，

$$\dfrac{3}{2-\sqrt{2}} = \dfrac{3}{2-\sqrt{2}} \times \dfrac{2+\sqrt{2}}{2+\sqrt{2}}$$

（分母，分子に $2+\sqrt{2}$ を掛けた）

$$= \dfrac{3(2+\sqrt{2})}{2^2 - (\sqrt{2})^2}$$

（$(a-b)(a+b) = a^2 - b^2$ を利用すると，分母のルートはなくなる!!）

$$= \dfrac{3(2+\sqrt{2})}{2}$$

← 分母の有理化

例題 4

次の式を計算せよ。

(1) $(\sqrt{3} + \sqrt{2})(\sqrt{3} + 2\sqrt{2})$
(2) $3\sqrt{2} + 4\sqrt{3} + 2\sqrt{2} - 3\sqrt{3}$
(3) $\sqrt{12} - \dfrac{1}{\sqrt{3}} + \sqrt{48}$
(4) $\dfrac{1}{1+\sqrt{2}} - \dfrac{7}{3-\sqrt{2}}$
(5) $\dfrac{1}{1+\sqrt{2}+\sqrt{3}}$

ポイント

(1) 公式：「$a>0, b>0$ のとき $\sqrt{a}\sqrt{b}=\sqrt{ab}$」を利用します。
(2) baseとなる数字が同じところをまとめます。
(3) baseとなる数字はすべて $\sqrt{3}$ になります。
(4) $(a+b)(a-b)=a^2-b^2$ を使って分母を有理化します。
(5) 2回に分けて分母を有理化します。

解答

(1) $(\sqrt{3}+\sqrt{2})(\sqrt{3}+2\sqrt{2}) = 3 + 2\sqrt{6} + \sqrt{6} + 4$
　　　　　　　　　　　　　　　　　$= 7 + 3\sqrt{6}$

※ $\sqrt{3}\cdot 2\sqrt{2} = 2\sqrt{6}$
※ 分配法則

(2) $3\sqrt{2} + 4\sqrt{3} + 2\sqrt{2} - 3\sqrt{3} = 5\sqrt{2} + \sqrt{3}$

※ 計算可能

(3) $\begin{cases} \sqrt{12} = 2\sqrt{3} \\ \dfrac{1}{\sqrt{3}} = \dfrac{1}{\sqrt{3}} \times \dfrac{\sqrt{3}}{\sqrt{3}} = \dfrac{\sqrt{3}}{3} \\ \sqrt{48} = 4\sqrt{3} \end{cases}$ となるので

※ 分母，分子に $\sqrt{3}$ を掛けた

(与式) $= 2\sqrt{3} - \dfrac{\sqrt{3}}{3} + 4\sqrt{3}$
　　　$= \left(2 - \dfrac{1}{3} + 4\right)\sqrt{3}$
　　　$= \dfrac{17}{3}\sqrt{3}$

(4) $\begin{cases} \dfrac{1}{1+\sqrt{2}} = \dfrac{1}{1+\sqrt{2}} \times \dfrac{\sqrt{2}-1}{\sqrt{2}-1} = \dfrac{\sqrt{2}-1}{2-1} = \sqrt{2}-1 \\ \dfrac{7}{3-\sqrt{2}} = \dfrac{7}{3-\sqrt{2}} \times \dfrac{3+\sqrt{2}}{3+\sqrt{2}} = \dfrac{7(3+\sqrt{2})}{9-2} = 3+\sqrt{2} \end{cases}$ となるので

※ 有理化

(与式) $= (\sqrt{2}-1) - (3+\sqrt{2}) = -4$

(5) $\dfrac{1}{1+\sqrt{2}+\sqrt{3}} = \dfrac{1}{1+\sqrt{2}+\sqrt{3}} \times \dfrac{(1+\sqrt{2})-\sqrt{3}}{(1+\sqrt{2})-\sqrt{3}}$

方針1 まずは $\sqrt{3}$ をなくす!!
$a=1+\sqrt{2}, b=\sqrt{3}$ として $(a+b)(a-b)=a^2-b^2$ を利用

　　$= \dfrac{1+\sqrt{2}-\sqrt{3}}{(1+\sqrt{2})^2 - 3}$ ← 分母の $\sqrt{3}$ が消えた

　　$= \dfrac{1+\sqrt{2}-\sqrt{3}}{2\sqrt{2}} \times \dfrac{\sqrt{2}}{\sqrt{2}}$

方針2 次に $\sqrt{2}$ をなくす!!
分母，分子に $\sqrt{2}$ を掛ける

　　$= \dfrac{\sqrt{2}+2-\sqrt{6}}{4}$

パターン4　平方根の計算1

パターン 5 平方根の計算2

$\sqrt{a^2} = a$ ではない!!

間違っている人が多いのですが，一般に
$$\sqrt{a^2} = a$$
ではありません。 たとえば，$\sqrt{3^2} = 3$ ですが，$\sqrt{(-4)^2} = -4$ は正しくありません。

（左辺）$= \sqrt{16} = 4$ なので，（左辺）$\neq$（右辺）

正しくは
$$\sqrt{a^2} = |a|$$
となります。つまり，上の例だと $\sqrt{(-4)^2} = |-4|$ ← 左辺も右辺も4

絶対値なので， パターン3 を利用します。

例題 5

(1) 次の式を計算し，絶対値をはずせ。
　(i) $x > 0$, $y < 0$ のとき $\sqrt{x^4 y^2}$
　(ii) $\sqrt{a^2} + 2\sqrt{(a-1)^2} + 3\sqrt{(a-4)^2}$ （ただし $1 < a < 4$）
　(iii) $\sqrt{(a-2)^2}$

(2) 方程式
$$\sqrt{(x-2)^2} + \sqrt{(x-3)^2} = 7$$
を解け。

ポイント (1) (i) $x^4 y^2 = (x^2 y)^2$ です。$\sqrt{a^2} = |a|$ に注意します。

← 絶対値がどうはずれるか考えてください

　(ii) $\sqrt{x^2} = |x|$ を使います。$1 < a < 4$ なので，場合分けせずに絶対値がはずれます。

　(iii) これも $\sqrt{x^2} = |x|$ です。今度は場合分けが必要です。

(2) まずは，左辺を3つに場合分けして処理します。これにより，この方程式は **3つの方程式** になります。

解答 (1) (i) $\sqrt{x^4 y^2} = \sqrt{(x^2 y)^2} = |x^2 y| = -x^2 y$

$x > 0$, $y < 0$ なので $x^2 y < 0$

(ii) $\sqrt{a^2} + 2\sqrt{(a-1)^2} + 3\sqrt{(a-4)^2}$
　　$= |a| + 2|a-1| + 3|a-4|$
　　$= a + 2(a-1) - 3(a-4)$
　　$= 10$

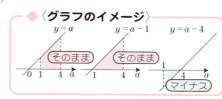

(iii) $\sqrt{(a-2)^2} = |a-2|$
　　$= \begin{cases} a-2 & (a \geqq 2 \text{のとき}) \\ -(a-2) & (a < 2 \text{のとき}) \end{cases}$ ← $a=2$で場合分け

(2) 左辺は，
　　(左辺) $= |x-2| + |x-3|$
　　$= \begin{cases} (x-2) + (x-3) & \leftarrow x \geqq 3 \text{のとき} \\ (x-2) - (x-3) & \leftarrow 2 \leqq x < 3 \text{のとき} \\ -(x-2) - (x-3) & \leftarrow x < 2 \text{のとき} \end{cases}$

となる。これより，方程式は

① $x \geqq 3$ のとき
　　$(x-2) + (x-3) = 7$
　　$2x - 5 = 7$
　　となり，$x = 6$ ← これは$x \geqq 3$に適

② $2 \leqq x < 3$ のとき
　　$(x-2) - (x-3) = 7$
　　$1 = 7$
　　となり，これは不適。

③ $x < 2$ のとき
　　$-(x-2) - (x-3) = 7$
　　$-2x + 5 = 7$
　　となり，$x = -1$ ← これは$x<2$に適

①，②，③ より，$x = 6,\ -1$

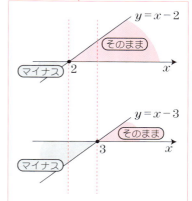

 たとえば，$x \geqq 3$ のとき，$x = -2$ という答が出たら，

答として認められない（不適である）

ので注意してください（$x \geqq 3$ の範囲に入ってないとダメ!!）。

パターン 6 平方根の計算3

2重根号はとにかく2を作れ!!

平方根の計算の最後に2重根号のはずし方をマスターしてください。

2重根号のはずし方

(ⅰ) $\sqrt{p \pm 2\sqrt{q}}$ の形にする。 ← 2を作れ!!

(ⅱ) 足して p，掛けて q となる2数 a, b $(0 < a < b)$ を見つける。

(ⅲ) $\begin{cases} \sqrt{p + 2\sqrt{q}} = \sqrt{b} + \sqrt{a} \\ \sqrt{p - 2\sqrt{q}} = \sqrt{b} - \sqrt{a} \end{cases}$ ← $\sqrt{a} - \sqrt{b}$ としてはいけない!!

となる。

例 $\sqrt{7 - \sqrt{48}}$ の2重根号をはずせ。

(ⅰ) $\sqrt{48} = 2\sqrt{12}$ なので $\sqrt{7 - \sqrt{48}} = \sqrt{7 - 2\sqrt{12}}$ ← 2を作ることがポイント！ ($\sqrt{48} = 4\sqrt{3}$ としてはいけない)

(ⅱ) 足して 7，掛けて 12 となる 2 数を見つける。

(→ 4 と 3)

(ⅲ) これより，

$\sqrt{7 - 2\sqrt{12}} = \sqrt{4} - \sqrt{3} = 2 - \sqrt{3}$

← 4, 3 を逆にして $\sqrt{7 - 2\sqrt{12}} = \sqrt{3} - \sqrt{4}$ はダメ!! 正の数 = 負の数 ありえない

(ⅲ)の数学的原理は下の通り。

$\sqrt{7 - 2\sqrt{12}} = \sqrt{(\sqrt{4})^2 + (\sqrt{3})^2 - 2\sqrt{4 \cdot 3}} = \sqrt{(\sqrt{4} - \sqrt{3})^2} = |\sqrt{4} - \sqrt{3}| = \sqrt{4} - \sqrt{3}$

(ⅱ)より $\begin{cases} 7 = 4 + 3 \\ 12 = 4 \times 3 \end{cases}$ $\sqrt{A^2} = |A|$ (パターン 5)   絶対値なので $\sqrt{3} - \sqrt{4}$ にはなりません

実際に計算するときは，上の話を省略して，

$\sqrt{7 - 2\sqrt{12}} = \sqrt{4} - \sqrt{3} = 2 - \sqrt{3}$ ← 省略

とします。

例題 6

次の式の2重根号をはずして，簡単にせよ。

(1) $\sqrt{5 + 2\sqrt{6}}$ (2) $\sqrt{7 - 2\sqrt{10}}$

(3) $\sqrt{10 - \sqrt{84}}$ (4) $\sqrt{15 + 6\sqrt{6}}$

(5) $\sqrt{2 - \sqrt{3}}$

ポイント

とにかく **2 を作る**。ココがポイントです。

(1), (2) は 2 が最初からあります。(3) は $\sqrt{84}$ から 2 を作ります。(4) は $6 = 2 \cdot 3$ に注目して 2 を作ります。(5) は (3), (4) と同じようには 2 は作れません。こういうときでも **無理やり 2 を作ります**。

解答

(1) 和が 5, 積が 6 となる 2 数は 2 と 3。これより,
$$\sqrt{5 + 2\sqrt{6}} = \sqrt{3} + \sqrt{2}$$

(2) 和が 7, 積が 10 となる 2 数は 5 と 2。これより,
$$\sqrt{7 - 2\sqrt{10}} = \sqrt{5} - \sqrt{2}$$ ← $\sqrt{2} - \sqrt{5}$ にしないように!!

(3) $\sqrt{10 - \sqrt{84}} = \sqrt{10 - 2\sqrt{21}}$ ← 2 を作る!!

ここで, 和が 10, 積が 21 となる 2 数は 7 と 3。これより,
$$(与式) = \sqrt{7} - \sqrt{3}$$

(4) $6\sqrt{6} = 2\sqrt{54}$ より, ← 2 を作るために $6 = 2 \cdot 3$ として 3 を $\sqrt{}$ の中に入れた
$$\sqrt{15 + 6\sqrt{6}} = \sqrt{15 + 2\sqrt{54}}$$

ここで, 和が 15, 積が 54 となる 2 数は 9 と 6。これより,
$$(与式) = \sqrt{9} + \sqrt{6} = 3 + \sqrt{6}$$

(5) $2 - \sqrt{3} = \dfrac{4 - 2\sqrt{3}}{2}$ より, ← 2 を作るために分数にした **とにかく 2 を作る!** ココがポイント

$$\sqrt{2 - \sqrt{3}} = \dfrac{\sqrt{4 - 2\sqrt{3}}}{\sqrt{2}}$$

ここで, 和が 4, 積が 3 となる 2 数は 3 と 1。これより,

$$(与式) = \dfrac{\sqrt{3} - \sqrt{1}}{\sqrt{2}}$$
$$= \dfrac{\sqrt{3} - 1}{\sqrt{2}} \times \dfrac{\sqrt{2}}{\sqrt{2}}$$ ← 有理化
$$= \dfrac{\sqrt{6} - \sqrt{2}}{2}$$

補足

たとえば, (1) は, $\sqrt{3} + \sqrt{2}$ と書いても $\sqrt{2} + \sqrt{3}$ と書いてもOK。でも安全のため, 統一して **大きいほうを先に書く** ようにしてください。

パターン 7　2変数の対称式

基本対称式 $x+y, xy$ をおさえろ!!

◎ 対称式とは？

x, y を入れ換えてももとの式とまったく同じになる式を x, y の**対称式**といいます。

たとえば，
$$\begin{cases} \text{(i)} & 2x + y \\ \text{(ii)} & 2x^2 + 2y^2 + 3xy \\ \text{(iii)} & 4x + 4y^2 \end{cases}$$

のうち対称式はどれかわかりますか？　正解は(ii)です。x, y を入れ換えると，

$$\begin{cases} \text{(i)は } 2y + x \text{ だから } 2x + y \neq 2y + x \text{ となり，対称式ではない。} \\ \text{(ii)は } 2y^2 + 2x^2 + 3yx \text{ だから } 2x^2 + 2y^2 + 3xy = 2y^2 + 2x^2 + 3yx \\ \text{(iii)は } 4y + 4x^2 \text{ だから } 4x + 4y^2 \neq 4y + 4x^2 \text{ となり，これもダメ!!} \end{cases}$$

（x, y を入れ換えた式（右辺）はもとの式（左辺）とまったく同じ!!）

対称式には次の重要な定理があります。

（高校の範囲では証明できません）

> x, y のすべての対称式は $x + y$ と xy で表される

たとえば，対称式 $\dfrac{1}{x} + \dfrac{1}{y}$ は

$$\dfrac{1}{x} + \dfrac{1}{y} = \dfrac{x+y}{xy}$$

（これを**基本対称式**といいます）

というように，$x + y, xy$ で表現できます。よって，$x + y, xy$ の値がわかれば，すべての対称式の値を求めることができます。

また，下の3つは超重要な公式です。

対称式の 超 重要公式

① $x^2 + y^2 = (x + y)^2 - 2xy$

② $x^3 + y^3 = (x + y)^3 - 3xy(x + y)$

③ $|x - y| = \sqrt{(x + y)^2 - 4xy}$

〈③の 証明 〉

$(x + y)^2 - 4xy = x^2 + y^2 - 2xy = (x - y)^2$ より，

（右辺）$= \sqrt{(x + y)^2 - 4xy} = \sqrt{(x - y)^2} = |x - y| = $ （左辺）

（$\sqrt{A^2} = |A|$　パターン 5）

例題 7

$\alpha + \beta = 3$, $\alpha\beta = 1$ のとき，次の式の値を求めよ。

(1) $\alpha^2 + \beta^2$ (2) $\alpha^3 + \beta^3$ (3) $\dfrac{\beta^2}{\alpha} + \dfrac{\alpha^2}{\beta}$

(4) $\beta - \alpha$ (5) $\alpha^5 + \beta^5$

ポイント

(1)，(2) は左ページの公式①，②を使います。(3)は通分します。

(4) は $|\beta - \alpha|$ を③の公式で求めて，次の公式を利用!!

公式

$a > 0$ のとき　$|x| = a \Leftrightarrow x = \pm a$　　←── パターン⑩ の公式⑦

(5) は公式にないので自分で作ります!!

$$(5乗) = (2乗) \times (3乗)$$

と考えます。

解答

(1) $\alpha^2 + \beta^2 = (\alpha + \beta)^2 - 2\alpha\beta$　←── 公式①
$= 3^2 - 2 \cdot 1 = 7$

(2) $\alpha^3 + \beta^3 = (\alpha + \beta)^3 - 3\alpha\beta(\alpha + \beta)$　←── 公式②
$= 3^3 - 3 \cdot 1 \cdot 3 = 18$

(3) $\dfrac{\beta^2}{\alpha} + \dfrac{\alpha^2}{\beta} = \dfrac{\beta^3 + \alpha^3}{\alpha\beta}$　←── 通分した
$= \dfrac{18}{1}$　←── $\alpha\beta = 1$，(2)より $\alpha^3 + \beta^3 = 18$
$= 18$

　　　　　　　　　公式③
　　　　　　　　　　↓
(4) $|\beta - \alpha| = \sqrt{(\alpha + \beta)^2 - 4\alpha\beta}$
$= \sqrt{3^2 - 4 \cdot 1}$
$= \sqrt{5}$

これより，$\beta - \alpha = \pm\sqrt{5}$

> (2乗)×(3乗)＝(5乗)と考えると，
> $(\alpha^2 + \beta^2)(\alpha^3 + \beta^3) = \alpha^5 + \beta^5 + \alpha^2\beta^3 + \alpha^3\beta^2$
> ～～ の部分を移項して
> $\alpha^5 + \beta^5 = (\alpha^2 + \beta^2)(\alpha^3 + \beta^3) - \alpha^2\beta^2(\alpha + \beta)$
> 出題頻度が低いので，**覚えるのではなく，作れるようにしておくことが大事!!**

(5) $\alpha^5 + \beta^5 = (\alpha^2 + \beta^2)(\alpha^3 + \beta^3) - \alpha^2\beta^2(\alpha + \beta)$
$= 7 \cdot 18 - 1^2 \cdot 3$
$= 123$

パターン7　2変数の対称式

パターン 8　整数部分，小数部分

（整数部分）＋（小数部分）＝（全体）

いきなり**問題**です。3.51 の整数部分と小数部分はわかりますか？

もちろん $\begin{cases} （整数部分）= 3 \\ （小数部分）= 0.51 \end{cases}$ です。では，$\sqrt{2}$ の整数部分と小数部分は？

$\sqrt{2} = 1.41421356\cdots\cdots$ だから，（整数部分）= 1，（小数部分）= 0.41421356$\cdots\cdots$
これでは，問題解決につながりません。そこで次の公式を使います。

> ● 整数部分を A，小数部分を B とすると
> $$A + B = （全体）$$

たとえば，3.51 の場合，
$A = 3$，$B = 0.51$ なので
$3 + 0.51 = 3.51$（当り前）

$\sqrt{2}$ の場合，$A = 1$ です。よって，
$\quad 1 + B = \sqrt{2}$
$\therefore \quad B = \sqrt{2} - 1$

このように，$\sqrt{2}$ の**小数部分**は $\sqrt{2} - 1$ と求められます。
それから，$\sqrt{2}$，$\sqrt{3}$，$\sqrt{5}$ の近似値は覚えておいてください。

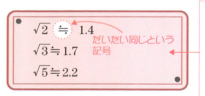

ここに出てこないものは必要に応じて自分で作れます。
たとえば，$\sqrt{6}$ は
$\begin{cases} 2 \xrightarrow{2乗} 4 \\ \sqrt{6} \xrightarrow{2乗} 6 \\ \dfrac{5}{2} \xrightarrow{2乗} \dfrac{25}{4} \end{cases}$ ⇒ $\begin{cases} 4 < 6 < \dfrac{25}{4} \text{ なので} \\ 2 < \sqrt{6} < \dfrac{5}{2} \\ （\sqrt{6} \text{ は 2 と 2.5 の間}） \end{cases}$

2乗するのがコツ

例題 8

(1) $\sqrt{12 + 6\sqrt{3}}$ の整数部分 A と小数部分 B を求めよ。

(2) $X = 2 + \sqrt{5}$ の整数部分を y，小数部分を z とするとき，次の値を求めよ。
　　(i) y, z　　　　　　　　(ii) $y^2 + 2yz + z^2$
　　(iii) $z + \dfrac{1}{z}$, $z^3 + \dfrac{1}{z^3}$

ポイント

(1) まずは2重根号をはずします。そして，$A + B = $（全体）を利用します。

(2) (ii)は(i)で求めた y と z を代入すると，時間のロス!! まず，因数分解します。

(iii)は対称式の公式（パターン7）を使います。

解答

(1) $\sqrt{12 + 6\sqrt{3}} = \sqrt{12 + 2\sqrt{27}}$ ◀── 2重根号は 2 を作れ!（パターン6）

$= \sqrt{9} + \sqrt{3}$ ◀── 和が 12，積が 27 となる2数は 3 と 9

$= 3 + \sqrt{3}$
$\quad\quad\;\;\;(\fallingdotseq 1.7)$
$\fallingdotseq 4.7$

$\therefore\ A = 4$

また，$A + B = 3 + \sqrt{3}$ なので，◀── $A + B = $（全体）

$B = 3 + \sqrt{3} - A$

$= -1 + \sqrt{3}$ ◀── $A = 4$ を代入

(2) (i) $X = 2 + \sqrt{5} \fallingdotseq 2 + 2.2 = 4.2$ より，$y = 4$

また，$y + z = 2 + \sqrt{5}$ なので，◀── $y + z = $（全体）

$z = 2 + \sqrt{5} - y$

$= -2 + \sqrt{5}$ ◀── $y = 4$ を代入

(ii) $y^2 + 2yz + z^2 = (y + z)^2$ ── $y + z = $（全体）$= 2 + \sqrt{5}$

$= (2 + \sqrt{5})^2$

$= 9 + 4\sqrt{5}$

(iii) $z + \dfrac{1}{z} = (\sqrt{5} - 2) + \dfrac{1}{\sqrt{5} - 2}$

$\quad\quad\quad\quad\dfrac{1}{\sqrt{5}-2} = \dfrac{1}{\sqrt{5}-2} \times \dfrac{\sqrt{5}+2}{\sqrt{5}+2}$

$\quad\quad\quad\quad\quad\quad\quad = \dfrac{\sqrt{5}+2}{5-4} = \sqrt{5}+2$（有理化）

$\quad\quad\quad\quad\quad\quad\quad\quad\quad$（パターン4）

$= (\sqrt{5} - 2) + (\sqrt{5} + 2)$

$= 2\sqrt{5}$

── $\alpha^3 + \beta^3 = (\alpha + \beta)^3 - 3\alpha\beta(\alpha + \beta)$ を利用
（パターン7）

$z^3 + \dfrac{1}{z^3} = \left(z + \dfrac{1}{z}\right)^3 - 3z \cdot \dfrac{1}{z}\left(z + \dfrac{1}{z}\right)$

$= (2\sqrt{5})^3 - 3 \cdot 2\sqrt{5}$

$= 40\sqrt{5} - 6\sqrt{5}$ ── $(2\sqrt{5})^3 = 2\sqrt{5} \times 2\sqrt{5} \times 2\sqrt{5} = 40\sqrt{5}$

$= 34\sqrt{5}$

パターン 9　解について

解とは……方程式または不等式を成立させる値

◎ 方程式の解について

方程式 $2x - 5 = 4x - 9$ …① の解はわかりますか？
もちろん，$x = 2$ です。

> $2x - 5 = 4x - 9$
> $-2x = -4$
> $\therefore \quad x = 2$

この $x = 2$ という値は，①を成立させる値になっています。
実際，①に $x = 2$ を代入すると，

$\quad 2 \cdot 2 - 5 = 4 \cdot 2 - 9$ (成立)

逆に，$x = 2$ 以外の値では①は成立しません。
このように，方程式①の解は，<u>①を成立させる値</u>（の集合）です。

> たとえば
> $x = 3$ なら，
> $2 \cdot 3 - 5 \neq 4 \cdot 3 - 9$
> （**不成立**）

◎ 不等式の解について

不等式の解についても同様のことが成り立ちます。
たとえば，不等式　$-x + 4 \geqq 2x - 11$ …② の解は

$$-3x \geqq -15$$
$$\therefore \quad x \leqq 5$$

なので，解は $x \leqq 5$ です。このことは，

> x が 5 以下の値（$x \leqq 5$）ならば②は成立し，
> x が 5 よりも大きい値（$x > 5$）ならば②は成立しない

ということを意味します。

> たとえば
> $x = 3$ なら，
> $-3 + 4 \geqq 2 \cdot 3 - 11$
> （**成立**）

②を成立させる
値の集合が解

> たとえば
> $x = 6$ なら，
> $-6 + 4 \geqq 2 \cdot 6 - 11$
> （**不成立**）

まとめ

解とは，方程式・不等式を成立させる値（の集合）である。

例題 ⑨

(1) 2つの方程式 $ax+b=0$ と $2x+a+b=0$ がともに $x=2$ を解にもつように定数 a, b の値を求めよ。

(2) 次の㋐, ㋑が, 不等式 $|x+3|+|x^2+2x-1| \leqq 5$ の解であるかどうか調べよ。

　　㋐ $x=0$　　㋑ $x=1$

(3) 不等式 $2x+a \leqq 0$ が, 次の条件(*)を満たすように, 定数 a の値の範囲を求めよ。

　　(*) $x=2$ は解であるが, $x=3$ は解ではない

ポイント

(1) $x=2$ が解とは, 「$x=2$ を代入して成立する」ということ!!

(2) 不等式を解く必要はありません。$x=0$, 1 が解かどうか調べればよいので, **代入して成立か不成立か**を調べます。

(3) 解は「代入して成立」, 解でないものは「代入して不成立」。

解答

(1) $x=2$ が解なので,

$$\begin{cases} a \cdot 2 + b = 0 & \cdots ① \\ 2 \cdot 2 + a + b = 0 & \cdots ② \end{cases}$$

が成立する。

①, ②を解いて, $a=4$, $b=-8$

〔 $\begin{cases} 2a+b=0 & \cdots ① \\ 4+a+b=0 & \cdots ② \end{cases}$
①−② ➡ $-4+a=0$
∴ $a=4$　①より $8+b=0$ だから
$b=-8$ 〕

(2) $|x+3|+|x^2+2x-1| \leqq 5$

㋐ $x=0$ を代入すると, $|3|+|-1| \leqq 5$ (成立) ← $4 \leqq 5$ は成り立つ

㋑ $x=1$ を代入すると, $|4|+|2| \leqq 5$ (不成立) ← $6 \leqq 5$ は成り立たない

よって, $x=0$ は解であるが, $x=1$ は解ではない。

(3) 条件は

$2 \cdot 2 + a \leqq 0$ 　$\cdots ③$　← $x=2$ を代入して成立

$2 \cdot 3 + a > 0$ 　$\cdots ④$　〔$x=3$ を代入すると ≦ は不成立（ということは, > が成立）〕

③を解いて, $a \leqq -4$

④を解いて, $a > -6$

これより, 求める範囲は　$-6 < a \leqq -4$

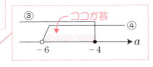

パターン9　解について

パターン **10** 絶対値の入った方程式・不等式 1

絶対値が1つのときは公式に当てはめろ!!

絶対値の入った方程式・不等式は，基本的には場合分けをすれば全部解けます。でも，場合分けは処理が複雑です。僕は，絶対値が1つのときは，次の公式を使って場合分けをせずに解くようにしています。

公式

㋐ $|X| = Y \Leftrightarrow Y \geqq 0$ かつ $X = \pm Y$ ← 忘れずに!!

㋑ $|X| < Y \Leftrightarrow -Y < X < Y$ （Yと$-Y$の**内側**）

㋒ $|X| > Y \Leftrightarrow X > Y$ または $X < -Y$ （Yと$-Y$の**外側**）

㋑, ㋒は Y が 0 以下の数でも OK です

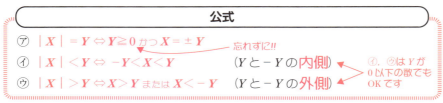

$Y = 3$ のときのイメージ……

㋑ $|X| < 3$ は X と 0 の距離が 3 より小

㋒ $|X| > 3$ は X と 0 の距離が 3 より大

〈㋐の **証明**〉

（左側）

場合分けをして，$Y = |X|$ の絶対値をはずすと，

$$Y = \begin{cases} X & \Rightarrow X \geqq 0 \text{ のとき} \\ -X & \Rightarrow X < 0 \text{ のとき} \end{cases}$$

↓ これを図示すると

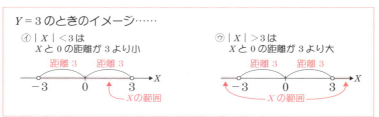

同じ図になるのだから この2つは同値

（右側）

$Y \geqq 0$ かつ $X = \pm Y$ を図示すると，

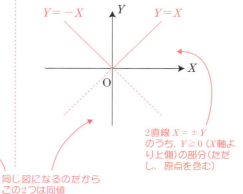

2直線 $X = \pm Y$ のうち，$Y \geqq 0$（X軸より上側）の部分（ただし，原点を含む）

30　パターン編

例題 10

次の方程式，不等式を解け。
(1) $|x| \leqq 4$
(2) $|2x-1| \geqq x+1$
(3) $|2x+2| = 3x-4$

ポイント

(1) ⑦に当てはめるだけ。
(2) $X = 2x-1$, $Y = x+1$ として⑦に当てはめます。
(3) ⑦に当てはめます。$3x-4 \geqq 0$ を忘れないようにしてください。

解答

(1) $|x| \leqq 4 \Leftrightarrow -4 \leqq x \leqq 4$ ← ⑦を利用

(2) $|2x-1| \geqq x+1$
$\Leftrightarrow 2x-1 \geqq x+1 \cdots$ ① または $2x-1 \leqq -(x+1) \cdots$ ②
  $X = 2x-1$, $Y = x+1$ とみなして⑦を利用
①は
$\quad x \geqq 2$
②は
$\quad x \leqq 0$
これより，$x \leqq 0$, $x \geqq 2$

(3) $|2x+2| = 3x-4$
$\Leftrightarrow 3x-4 \geqq 0 \cdots$ ③ かつ $2x+2 = \pm(3x-4)$ ← $X = 2x+2$, $Y = 3x-4$ とみなして⑦を利用
ここで，$2x+2 = 3x-4$ を解くと，
$$x = 6$$ ← これは③に適する
一方，$2x+2 = -(3x-4)$ を解くと，
$$x = \frac{2}{5}$$ ← これは③に不適
これより，方程式の解は $x = 6$

パターン10　絶対値の入った方程式・不等式1

パターン 11 絶対値の入った方程式・不等式2

絶対値が2つ以上あるときは場合分け

絶対値が2つ以上あるときは，場合分けして解かないといけません。この場合，

「～のとき」と
共通部分をとる!!

のを忘れないようにしてください。

例 不等式 $|x| \leqq 4$ …① を解け。

例題⑩(1)と同じ
これは パターン⑩ の公式を使って解いたほうが速い

〈**場合分けする** 答 〉

(i) $x \geqq 0$ のとき
　このとき，①は
　　　　　　$x \leqq 4$
　よって，　$0 \leqq x \leqq 4$

共通部分はココ

$x \geqq 0$ のときを考えているので $x \leqq 4$ との共通部分のみ答

(ii) $x < 0$ のとき
　このとき，①は
　　　　　$-x \leqq 4$
　　∴　　$x \geqq -4$
　よって，$-4 \leqq x < 0$

共通部分はココ

$x < 0$ のときを考えているので $x \geqq -4$ との共通部分のみ答

(i), (ii) より，求める答は
　　　$-4 \leqq x \leqq 4$

最後は和集合をとります
(ii)の答　(i)の答

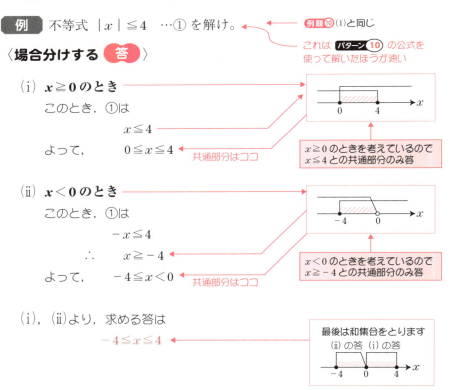

例題 ⓫

不等式 $|x-2| + |2x-6| \leqq 5$ を解け。

ポイント

パターン3 で学んだようにグラフを考えると，右のようになります。だから，

$$\begin{cases} \text{(i)} \ x \geqq 3 \ \text{のとき} \\ \text{(ii)} \ 2 \leqq x < 3 \ \text{のとき} \\ \text{(iii)} \ x < 2 \ \text{のとき} \end{cases}$$

場合分けの等号はどちらにつけてもOK

と場合分けします。

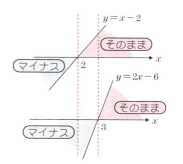

解答

$|x-2| + |2x-6| \leqq 5 \quad \cdots ①$

(i) **$x \geqq 3$ のとき**

①は，$(x-2) + (2x-6) \leqq 5$

$\therefore \ x \leqq \dfrac{13}{3}$

よって，$3 \leqq x \leqq \dfrac{13}{3}$

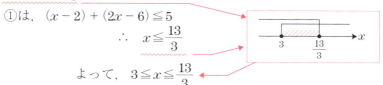

(ii) **$2 \leqq x < 3$ のとき**

①は，$(x-2) - (2x-6) \leqq 5$

解いた

$\therefore \ x \geqq -1$

よって，$2 \leqq x < 3$

(iii) **$x < 2$ のとき**

①は，$-(x-2) - (2x-6) \leqq 5$

$-3x + 8 \leqq 5$

解いた

$\therefore \ x \geqq 1$

よって，$1 \leqq x < 2$

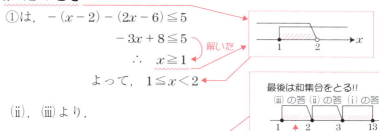

(i)，(ii)，(iii) より，

$$1 \leqq x \leqq \dfrac{13}{3}$$

最後は和集合をとる!!

(i)，(ii)，(iii) を合わせたこの集合が解

パターン 12 命題の真と偽

$\begin{cases} 真 ⇒ いつも正しい \\ 偽 ⇒ いつも正しいとは限らない（部分否定） \end{cases}$

真か偽かがはっきりしている文や式のことを**命題**といいます。
ここでは，2つの条件 p，q を用いた「p ならば q である」(略して $p \Rightarrow q$)の形で表される命題のみ扱います。

p：仮定，q：結論
といいます

たとえば
「名古屋は人が多い」
などは命題ではありません!!
（人によって感じ方が違うものは
命題とはいいません）

よく教科書に

$\begin{cases} 真 ⇒ 正しい命題 \\ 偽 ⇒ 正しくない命題 \end{cases}$

と書いてあるけど，これはもう少し感覚的にいうと，

$\begin{cases} 真 ⇒ いつも正しい \\ 偽 ⇒ 真でないこと \end{cases}$

「いつも正しい」の否定は
「いつも正しいとは限らない」（部分否定）

この「**いつも**」というところがポイントで，真とは
仮定を満たすときはいつも（例外なく）結論を満たす
ということ。たとえば，

例　「$a ≧ 3$ ならば $a > 3$」

という命題は，真か偽かわかりますか？ a が 4 とか 5 とか 6 のときは結論を満たします。だからといって，真とは限りません。

仮定を満たすときは
「いつも」なので…

$a = 3$ は，仮定を満たすけど，結論を満たしません。

このように，**仮定は満たすけど結論を満たさない例が1つでもあるとき**は問答無用で偽になります。　このような例を**反例**といいます

イメージ

たとえば，仮定を満たす x が4個しかないとき

（4個とも正しい）　（3個正しい）　（2個正しい）　（1個正しい）　（すべて正しくない）

真　←――――――――　偽　――――――――→

例題 ⑫

次の命題の真偽を調べよ。
(1) $x^2 = 4$ ならば，$0 \leq x \leq 3$ である。
(2) 自然数 n が 5 の倍数ならば，n は 10 の倍数である。
(3) 自然数 n が 10 の倍数ならば，n は 5 の倍数である。
(4) x, y が無理数ならば，$x + y$ は無理数である。

ポイント

(1) 仮定を満たす x は 2 つしかありません。全部調べてみます。
(2) 仮定を満たす n は，5, 10, 15, 20, 25, …… これらはすべて 10 の倍数？
(3) 仮定を満たす n は，10, 20, 30, 40, 50, …… これらはすべて 5 の倍数？
(4) 頭の中で仮定を満たす x, y，つまりいろいろな無理数 x, y を考えてみよう。

解答

(1) $x^2 = 4$ より $x = 2, -2$ ← 仮定を満たす x はこの 2 つ

$\begin{cases} x = 2 \text{ のとき，} 0 \leq x \leq 3 \text{ を満たす。} \\ x = -2 \text{ のとき，} 0 \leq x \leq 3 \text{ を満たさない。} \end{cases}$

よって，偽 ← いつも正しいとは限らない ($x = -2$ が反例)

(2) 偽　反例：$n = 5$ ← 反例は $n = 5, 15, 25, 35, ……$ のどれをあげても OK

($n = 5$ は仮定を満たすけど，結論を満たさない)
　　　n は 5 の倍数　　　n は 10 の倍数

(3) 真 ← 仮定を満たすすべての n に対して結論を満たす

証明　任意の 10 の倍数 $n = 10k$ (k は整数) に対して，
$$n = 10k = 5 \cdot 2k$$
と考えれば，n は 5 の倍数である。

(4) 偽　反例：$x = \sqrt{2}, y = -\sqrt{2}$

$\begin{pmatrix} x = \sqrt{2}, y = -\sqrt{2} \text{ は無理数（つまり仮定を満たす）であるが，} \\ x + y = \sqrt{2} + (-\sqrt{2}) = 0 \text{ は有理数なので結論は満たさない。} \end{pmatrix}$

← このように反例を 1 つでも見つければ問答無用で偽

パターン12　命題の真と偽　35

パターン 13 簡単な真偽判定法
集合の包含関係を利用せよ

含む，含まれるの関係

パターン12 で，真とは何かということを学びました。しかし，実際に真偽の判定をするのは，**非常に難しい**です。

ここでは，簡単な判定法を紹介します。

以下，条件 p, q を満たすものの集まりを P, Q と表すことにします

真偽判定法

p ならば q が真 $\Leftrightarrow$ （P が Q に含まれる）

このように，条件を満たす p, q の集まりを集合 P, Q ととらえることができればカンタンです。たとえば，**例題12**(1) は，数直線上の集合として考えると

-2 が Q からはみ出る（はみ出たものが反例）

ベン図でかくと

この2か所が P

これより，偽とわかります。

また，**例題12**(2)，(3) ならば，右図より，

$\begin{cases} (2) & \{5\text{の倍数}\} \text{ は } \{10\text{の倍数}\} \text{ からはみ出る} \\ (3) & \{10\text{の倍数}\} \text{ は } \{5\text{の倍数}\} \text{ に含まれる} \end{cases}$

よって，(2) は偽で (3) は真です。

記号の意味

$\{5\text{の倍数}\}$ ➡ 5 の倍数の集合
$\{10\text{の倍数}\}$ ➡ 10 の倍数の集合

このように

集合としてとらえられるものは，集合の包含関係から判断する

のが真偽判定の最優先事項です（集合としてとらえられないときは **パターン12** のように考えるしかない）。

特に，次は大切です。

$\begin{cases} 1\text{変数の方程式・不等式} & \textbf{数直線上の点の集合}\text{とみなせる} \\ 2\text{変数の方程式・不等式} & \textbf{座標平面上の点の集合}\text{とみなせる} \end{cases}$ ← 数学Ⅱの範囲

例題 ⑬

x, y は実数とするとき，次の命題の真偽を調べよ。
(1) $x \leq 0$ ならば，$x^2 \leq 1$
(2) 四角形ABCDが正方形ならば，四角形ABCDは長方形である。
(3) $x^2 = y^2$ ならば，$x = y$
(4) $x + y \leq 4$ ならば，「$x \leq 2$ または $y \leq 2$」

ポイント

仮定を p，結論を q として，集合 P，Q の包含関係を考えます。たとえば，(1) の $q : x^2 \leq 1$ を満たすものの集まりは

条件 p, q を満たすものの集まり
満たす⇔解（パターン⑨）

$x^2 \leq 1$ を満たす x の集合 ⇔ $x^2 \leq 1$ の解の集合 ⇔ 集合：$-1 \leq x \leq 1$ ← 集合Q

となります。(3), (4)は「数学Ⅱ」の「図形と方程式」を利用します。

解答

(1) 数直線上に図示すると，右図のようになり，P は Q からはみ出ている。
　よって，偽

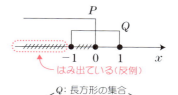
はみ出ている（反例）

(2) 正方形の集合 P と長方形の集合 Q の包含関係は右図のようになる。
　よって，真

Q：長方形の集合
P：正方形の集合

(3) $p : x^2 = y^2$ は「$y = x$ または $y = -x$」より，右の2直線を表す。
　よって，P は Q からはみ出ているので，偽（パターン44）

$y = x$ と $y = -x$ をくっつける

$p : x^2 = y^2$　　$q : x = y$

(4) p, q の表す領域は右図。

2変数の不等式は座標平面上の領域という点の集合

これより，P は Q に含まれるので，この命題は真

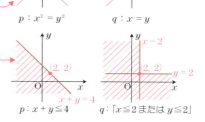
$p : x + y \leq 4$　　$q :$「$x \leq 2$ または $y \leq 2$」

パターン 14 必要条件，十分条件

(i) 2つの命題（$p \Rightarrow q$, $q \Rightarrow p$）の真偽を判定せよ
(ii) 集合の包含関係を最大限に利用せよ

必要条件，十分条件

p は q であるための
- 十分条件：$p \Rightarrow q$ が真
- 必要条件：$p \Leftarrow q$ が真

集合の包含関係（パターン 13）でいうと
- 十分条件 ➡ （P が Q に含まれる図）
- 必要条件 ➡ （Q が P に含まれる図）

・注意点・

① p と q を逆にしないようにしよう!! ← p は文章中の主語です

② p を左に，q を右に書き，$p \rightleftarrows q$ として
2つの命題（$p \Rightarrow q$ と $p \Leftarrow q$）の真偽を判定しよう。← 真……○ 偽……× と書くことにします
（真偽の判定に集合が使えるときは，**積極的に利用**）

③ 2つの真偽が判定できたら，適する選択肢を選びます。

たとえば $p \overset{○}{\underset{×}{\rightleftarrows}} q$ のとき，p は q であるための十分条件であるが必要条件でない

例

自然数 n が 5 の倍数であることは，n が 10 の倍数であるための何条件か。
　　　　　　　　　　　　　　　　　p（主語）　　　　　　　　　　　q

例題 12 でやったように

n が 5 の倍数 $\overset{×}{\underset{○}{\rightleftarrows}}$ n が 10 の倍数
　　　p　　　　　　　　　　q

なので，答は 必要条件であるが十分条件ではない。

P: n が 5 の倍数
Q: n が 10 の倍数

この場合，パターン 13 で扱ったように
集合の包含関係から（右図），答を判断するのが速く解く方法です。

例題 14

次の □ に当てはまるものを，以下の①〜④のうちから選べ。

(1) $x^2 - 4x + 4 = 0$ であることは，$|x| = 2$ であるための □。

(2) 実数 x, y について，$x^2 = y^2$ であることは，$x^3 = y^3$ であるための □。

(3) 整数 n について，n^2 が 4 の倍数であることは，n が 4 の倍数であるための □。

① 必要十分条件である
② 必要条件であるが，十分条件でない
③ 十分条件であるが，必要条件でない
④ 必要条件でも十分条件でもない

ポイント
主語

まず，p, q を見つけます。(1), (2) は集合 P, Q の包含関係を利用。
(3) は $p \Rightarrow q$ と $p \Leftarrow q$ の真偽について考えます。

解答

(1) $p : x^2 - 4x + 4 = 0$ を解くと，$x = 2$
　　$q : |x| = 2$ を解くと，$x = \pm 2$
　　これより，集合 P, Q の包含関係は右図。
　　よって，③

(2) $p : x^2 = y^2$ より $y = x$ または $y = -x$ （2直線）
　　$q : x^3 = y^3$ より $y = x$

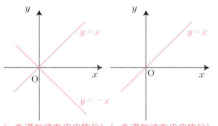

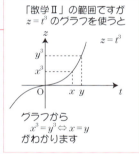

（pを満たすものの集合）（qを満たすものの集合）

　　よって，求める答は，②

(3) $p : n^2$ が4の倍数，$q : n$ が4の倍数とする。
　　　$p \Rightarrow q$ は偽　　　　　　反例：$n = 2$
　　　　　　　　　　　　　　　　詳しくは
　　　$p \Leftarrow q$ は真　　　　　　例題⑮ (2)(ii)参照

　　証明　仮定より，$n = 4k$（kは整数）とかける。このとき，
　　　　　　　$n^2 = 4 \times 4k^2$　より　n^2は4の倍数。

　　よって，②

パターン14　必要条件，十分条件　　39

パターン 15 逆，裏，対偶

対偶はもとの命題と真偽が一致する

逆，裏，対偶

命題 $p \Rightarrow q$ に対し，次をそれぞれ逆，裏，対偶といいます。

① 逆 ： $q \Rightarrow p$ （仮定と結論を逆にしたもの）
② 裏 ： $\overline{p} \Rightarrow \overline{q}$ （仮定と結論を否定したもの）
③ 対偶： $\overline{q} \Rightarrow \overline{p}$ （仮定と結論を逆にして，さらに否定したもの）

例 命題「$a = b$ ならば $a^2 = b^2$」の逆，裏，対偶

逆は，「$a^2 = b^2$ ならば $a = b$」 ← 偽 （たとえば $a = 3, b = -3$ が反例）
裏は，「$a \neq b$ ならば $a^2 \neq b^2$」 ← 偽
対偶は，「$a^2 \neq b^2$ ならば $a \neq b$」 ← 真

ここで重要なことは

もとの命題と対偶は真偽が一致する

つまり
- 命題が真ならば対偶も真
- 命題が偽ならば対偶も偽

ということです。これは真偽の判定に重要です。

◎否定について

否定に関して，次が成り立ちます。

① $\overline{A \cup B} = \overline{A} \cap \overline{B}, \quad \overline{A \cap B} = \overline{A} \cup \overline{B}$ （ド・モルガンの法則）
② すべての x について〜である $\xrightarrow{\text{否定すると}}$ 少なくとも 1 つの x について〜でない
③ 少なくとも 1 つの x について〜である $\xrightarrow{\text{否定すると}}$ すべての x について〜でない

〈②についての 補足〉

たとえば，3人を選ぶ問題において，「3人とも男子」の否定は，「3人とも女子」ではありません!!

全体集合を考えると，

全体			
3人とも♂	2人♂ 1人♀	1人♂ 2人♀	3人とも♀

← この部分が3人とも♂の否定

$\overline{A}$ は A でないところ

これより，「3人とも男子」の否定は「少なくとも1人が女子」とわかります。つまり，

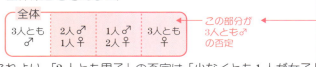

「すべて」の否定は「少なくとも」

例題 15

(1) 次の命題の否定を述べよ。また，その真偽を調べよ。
　　少なくとも1つの実数xに対して，$x^2 - 4x + 6 \leq 0$
(2) nを整数とするとき，次の命題の真偽を調べよ。
　(i) n^2が偶数ならばnは偶数である。
　(ii) n^2が4の倍数ならばnは4の倍数である。

ポイント

(1) 否定すると「絶対不等式」（パターン34）になります。
(2) 対偶の真偽のほうが調べやすいので，そちらを調べます。仮定を満たすnをいろいろ思い浮かべて，真か偽か判断しよう。

解答

(1) 否定は，すべての実数xに対して，$x^2 - 4x + 6 > 0$
　　となるので，真

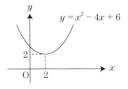

絶対不等式は最小値で判断！
$y = x^2 - 4x + 6 = (x-2)^2 + 2$
より（最小値）> 0
だから，真
（パターン34）

(2) (i) 対偶：nが奇数ならば，n^2は奇数である
　　　　の真偽を調べればよいが，これは真である。

　証明 仮定よりnは奇数だから，$n = 2k+1$（kは整数）と表せる。
　　　　このとき，$n^2 = (2k+1)^2 = 2(2k^2 + 2k) + 1$
　　　　となり，n^2は奇数であるので，結論は正しい。

　　　　よって，もとの命題も**真**

(ii) 対偶：nが4の倍数でないならば，n^2は4の倍数でない
　　の真偽を調べればよいが，これは偽である。

　反例：$n = 6$は仮定を満たすが結論は満たさない。
　　　　　6は4の倍数でない　　$6^2(=36)$は4の倍数
　　　　反例は$n = 2, 6, 10, 14, \cdots\cdots$とたくさんあります

　　よって，もとの命題も**偽**

パターン 16 有理数と無理数

係数比較にもちこめ!!

まずは，有理数と無理数の定義から復習します。

有理数とは？ 無理数とは？

- 有理数 ➡ $\dfrac{整数}{整数}$ と表すことのできる数
- 無理数 ➡ $\dfrac{整数}{整数}$ と表すことのできない数

← 表すことが**できるかできないか**がポイント

だから，たとえば，

$\dfrac{2}{3}$, 0.1, 5, $0.33\cdots$（循環小数）

は，すべて有理数で，

$\sqrt{2}$, $\sqrt{5}$, π

などはすべて無理数です。

$\dfrac{2}{3}$ は $\dfrac{2}{3}$，0.1 は $\dfrac{1}{10}$，5 は $\dfrac{5}{1}$，$0.33\cdots$ は $\dfrac{1}{3}$
とすべて，$\dfrac{整数}{整数}$ と表すことが**できる**

$\sqrt{2}$ が無理数であることの証明は教科書でチェックしておいてください

また，有理数に関して次が成り立ちます。

公式

① （有理数）＋（有理数）は　有理数
② （有理数）－（有理数）は　有理数
③ （有理数）×（有理数）は　有理数
④ （有理数）÷（有理数）は　有理数
　↑ 0 では割れないことに注意しよう!!

具体例で考えると

① $\dfrac{2}{3} + \dfrac{1}{2} = \dfrac{7}{6}$

 $\dfrac{整数}{整数} + \dfrac{整数}{整数}$ 計算すると $\dfrac{整数}{整数}$ になる

③ $\dfrac{2}{3} \times \dfrac{1}{4} = \dfrac{1}{6}$

 $\dfrac{整数}{整数} \times \dfrac{整数}{整数}$ 計算すると $\dfrac{整数}{整数}$ になる

①〜④の性質を有理数は**四則演算について閉じている**といいます。

たとえば，a が有理数のとき，

$\dfrac{2a-1}{3}$, $\dfrac{2a-1}{a^2+1}$ ← 有理数どうしの＋，－，×，÷によって作られる数

などは有理数です。次が パターン 16 の重要公式です。

公式

a, b, c, d を有理数，$\sqrt{n}$ を無理数とすると，

① $a + b\sqrt{n} = 0 \iff a = b = 0$

② $a + b\sqrt{n} = c + d\sqrt{n} \iff \begin{cases} a = c \\ b = d \end{cases}$

②は $(a-c) + (b-d)\sqrt{n} = 0$ の形に変形すれば①より証明できます

左辺と右辺の係数（有理数部分，無理数部分）を比べてよいという公式

〈①の 証明 〉

⇐の証明 $a = b = 0$ ならば，明らかに $a + b\sqrt{n} = 0 + 0\sqrt{n} = 0$

> ⇒の証明　$b \neq 0$ と仮定すると，
> $a + b\sqrt{n} = 0$ の両辺を b で割ることができ
> $\dfrac{a}{b} + \sqrt{n} = 0$
> 移項して，$\sqrt{n} = -\dfrac{a}{b}$
> これは，（無理数）=（有理数）の形であるから矛盾。
> $\therefore\ b = 0$
> $b = 0$ を $a + b\sqrt{n} = 0$ に代入して，$a = 0$

（右上の補足）**背理法の考え方です**
$b \neq 0$ と仮定する
↓ 議論すると……
矛盾する
だから $b = 0$ でなければならない

例題 16

(1) $(3 + x) + (2 - y)\sqrt{2} = 5 + 6\sqrt{2}$ を満たす有理数 $x,\ y$ を求めよ。

(2) $\dfrac{3 + \sqrt{2}}{a + b\sqrt{2}} = 2 - \sqrt{2}$ を満たす有理数 $a,\ b$ を求めよ。

ポイント

(2) 左辺を有理化すると大変です（右下の□□□を見よ）。
　　与式を $a + b\sqrt{2}$ について解いてから，公式を利用します。

解答

(1) $3 + x$, $2 - y$ は有理数，$\sqrt{2}$ は無理数であるから，
$$\begin{cases} 3 + x = 5 \\ 2 - y = 6 \end{cases}$$
←係数を比べてよい
$\therefore\ x = 2,\ y = -4$

(2) $\dfrac{3 + \sqrt{2}}{a + b\sqrt{2}} = 2 - \sqrt{2}$ を変形すると，
$$a + b\sqrt{2} = \dfrac{3 + \sqrt{2}}{2 - \sqrt{2}}$$
$$= \dfrac{3 + \sqrt{2}}{2 - \sqrt{2}} \times \dfrac{2 + \sqrt{2}}{2 + \sqrt{2}}$$
（有理化）
$$= \dfrac{8 + 5\sqrt{2}}{4 - 2}$$
$\therefore\ a + b\sqrt{2} = 4 + \dfrac{5}{2}\sqrt{2}$

$a,\ b$ は有理数，$\sqrt{2}$ は無理数であるから，
$a = 4,\ b = \dfrac{5}{2}$　←係数を比べてよい

注意!!
$$2 - \sqrt{2} = \dfrac{3 + \sqrt{2}}{a + b\sqrt{2}} \times \dfrac{a - b\sqrt{2}}{a - b\sqrt{2}}$$
$$= \dfrac{(3a - 2b) + (a - 3b)\sqrt{2}}{a^2 - 2b^2}$$
$$= \dfrac{3a - 2b}{a^2 - 2b^2} + \dfrac{a - 3b}{a^2 - 2b^2}\sqrt{2}$$
$$\therefore\ \begin{cases} 2 = \dfrac{3a - 2b}{a^2 - 2b^2} \\ -1 = \dfrac{a - 3b}{a^2 - 2b^2} \end{cases}$$
とすると計算が大変です

パターン16　有理数と無理数

パターン 17 平行移動

移動した分だけ引け!!

まずは，$f(x)$ の意味から説明します。

◎ $f(x)$ とは

実数を a と書いたりするのと同じように，x の関数のことを $f(x)$ と書きます。$f(x)$ がどのような関数を表すかは，問題ごとに変わります。

また，$f(a)$ で $x=a$ に対応する関数の値（$x=a$ を代入した値）を表します。

例① $f(x) = 2x^2 + 3x + 1$ のとき，$f(1)$，$f(2)$，$f(a+1)$ 求めよ。

答
$f(1) = 2 \cdot 1^2 + 3 \cdot 1 + 1 = 6$ ← $x=1$ を代入した値
$f(2) = 2 \cdot 2^2 + 3 \cdot 2 + 1 = 15$ ← $x=2$ を代入した値
$f(a+1) = 2(a+1)^2 + 3(a+1) + 1 = 2(a^2+2a+1) + 3(a+1) + 1$
$\qquad\qquad = 2a^2 + 7a + 6$ ← $x=a+1$ を代入した値

次に，平行移動の原理を使いこなせるようにしてください。

証明は数Ⅱ・B（パターン 29）

平行移動の原理

$y = f(x)$ のグラフを x 軸方向に p，y 軸方向に q だけ平行移動すると
$$y - q = f(x - p)$$
y を $y-q$ に変える　x を $x-p$ に変える　← x 軸方向に p のときは $x-p$ にする（移動した分だけ引く）

例② $y = 3x + 4$ のグラフを y 軸方向に 2 だけ平行移動した図形の方程式。

（平行移動の原理を使うと）
$p = 0$，$q = 2$ として
y を $y-2$ に変える　x を $x-0$ に変える
$y = 3x + 4$ は
$y - 2 = 3(x - 0) + 4$
$y - 2 = 3x + 4$
$y = 3x + 6$

（図で考えると）

平行だから
$\begin{cases} 傾きは 3 （変わらない）\\ y 切片は 4+2 （2 増える） \end{cases}$
$\therefore\ y = 3x + 6$

44　パターン編

例題 17

(1) 次の(ア), (イ)のグラフをx軸方向に2, y軸方向に-3だけ平行移動して得られるグラフの方程式を求めよ。
 (ア) $y = 3x + 5$　　　　　(イ) $y = x^2 + 4x + 5$

(2) 次の(ウ), (エ)において, q は p を平行移動したものである。それぞれどのように平行移動したものかを答えよ。
 (ウ) $p : y = 2x^2 + x$　　$q : y - 5 = 2(x-3)^2 + (x-3)$
 (エ) $p : y = 3x^2$　　$q : y = 3(x-5)^2 + 6$

ポイント

(1) ココでは(ア), (イ)がどんなグラフになるかということを考えずに, 機械的に「平行移動の原理」を使ってください。

(2) (1)と逆です。どれだけ平行移動しているか読み取ります。

解答

(1) 平行移動の原理より,

(ア) $y = 3x + 5$ ─平行移動すると→ $y - (-3) = 3(x-2) + 5$
$$y + 3 = 3x - 6 + 5$$
$$\therefore\ y = 3x - 4$$

(イ) $y = x^2 + 4x + 5$ ─平行移動すると→ $y - (-3) = (x-2)^2 + 4(x-2) + 5$
$$y + 3 = (x^2 - 4x + 4) + (4x - 8) + 5$$
$$\therefore\ y = x^2 - 2$$

(2) (ウ) $p : y = 2x^2 + x$ ─→ $q : y - 5 = 2(x-3)^2 + (x-3)$

読み取れ!!
$\begin{cases} y が y-5 に \\ x が x-3 に \end{cases}$ 変わっている

よって, x軸方向に3, y軸方向に5 だけ平行移動

(エ) $p : y = 3x^2$ ─→ $q : y = 3(x-5)^2 + 6$
$$y - 6 = 3(x-5)^2$$ (6を移項する)

$\begin{cases} y が y-6 に \\ x が x-5 に \end{cases}$ 変わっている

よって, x軸方向に5, y軸方向に6 だけ平行移動

パターン 18 対称移動の原理

ない文字の符号を変えろ!! ← 覚え方!!

今度は，対称移動の原理です。これも証明は，パターン17 と同様に数学Ⅱの軌跡を利用します。「ない文字の符号を変えろ!!」と覚えておいてください。

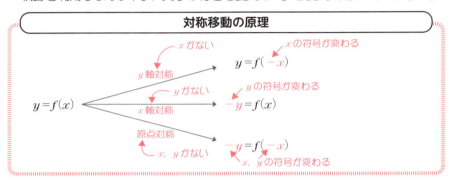

〈当り前の 例 〉

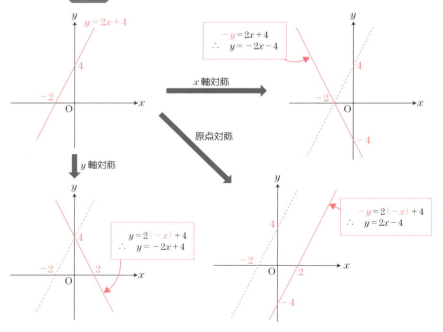

46　パターン編

左ページの **例** は，直感的に答がわかるので，公式に当てはめたものと一致することを確認することにより，感覚がわかると思います。

共通テストでは，移動の問題は，**パターン17**，**パターン18** と **パターン20** を使い分けて解くようにしてください。

例題 18

(1) 2次関数 $y = 3x^2 - 12x + 7$ のグラフを原点に関して対称移動してできる図形の方程式を求めよ。

(2) 2次関数 $y = 2x^2$ のグラフを x 軸方向に 1，y 軸方向に -3 だけ平行移動し，さらにそれを x 軸に関して対称移動したところ，2次関数 $y = ax^2 + bx + c$ のグラフが得られた。定数 a，b，c の値を求めよ。

ポイント

(1)は **例題20** (1)に別解があります。

どちらも左ページの公式にあてはめてオシマイ。

解答

(1)

$y = 3x^2 - 12x + 7$ →（原点対称，x, y がない）→ $-y = 3(-x)^2 - 12(-x) + 7$

∴ $y = -3x^2 - 12x - 7$

(2)

$y = 2x^2$ →（$\begin{cases} x \to 1 \\ y \to -3 \end{cases}$ だけ平行移動，**パターン17**）→ $y - (-3) = 2(x-1)^2$

∴ $y = 2x^2 - 4x - 1$

↓（x 軸対称 ← y がない）

$-y = 2x^2 - 4x - 1$

∴ $y = -2x^2 + 4x + 1$

というわけで 求める答は

$a = -2$，$b = 4$，$c = 1$

パターン 19　$y = ax^2 + bx + c$ のグラフ

平方完成の方法をマスターせよ!!

まず，$y = ax^2$ のグラフの確認から。
このグラフは$(0, 0)$が頂点の放物線で，
$\begin{cases} a > 0 \text{ のときは下に凸} \\ a < 0 \text{ のときは上に凸} \end{cases}$
です（右図）。

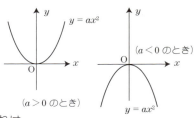

次に，$y = 3(x-2)^2 + 5$ のグラフです。これは

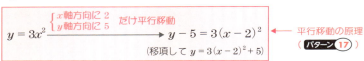

と考えると，右のグラフになります。

ということは，$y = 3x^2 - 12x + 17$ のグラフが
かけたことになります（**ココがポイント!!**）。

$3(x-2)^2 + 5$ と $3x^2 - 12x + 17$ は同じもの

以上をまとめると

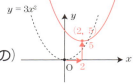

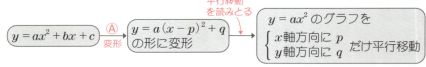

$y = 3x^2 - 12x + 17 \xrightarrow[\text{変形}]{Ⓐ} y = 3(x-2)^2 + 5$　とすると，グラフはかけます。

Ⓐの変形を**平方完成**といいます。

$y = ax^2 + bx + c$ の平方完成の仕方

(ⅰ) 最初の2項を a でくくる。 ← $a = 1$ のときは (ⅰ)はスキップ

(ⅱ) カッコの中で次の変形をする。
　　$x^2 + 2px = (x+p)^2 - p^2$
　　　　半分にする　その2乗を引く

　　これは展開公式
　　$x^2 + 2px + p^2 = (x+p)^2$
　　を変形したもの　右辺へ

(ⅲ) 外のカッコをはずす。

例　$y = 3x^2 - 12x + 17$
　　　　$= 3\{x^2 - 4x\} + 17$　(ⅰ)(ⅱ)
　　　　　　　　$p = -2$
　　　　$= 3\{(x-2)^2 - 2^2\} + 17$　(ⅲ)
　　　　$= 3(x-2)^2 - 3 \cdot 2^2 + 17$
　　　　$= 3(x-2)^2 + 5$　整理した

48　パターン編

$y = a(x-p)^2 + q$ は頂点が (p, q) である放物線になります。

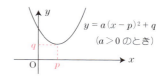
$y = a(x-p)^2 + q$
（$a > 0$ のとき）

例題 ⑲

次の2次関数のグラフをかけ。
(1) $y = 2(x-1)^2 + 4$
(2) $y = x^2 - 4x + 2$
(3) $y = -2x^2 + 6x + 1$

ポイント (2) $a = 1$ だから(i)の操作は不要。
(3) (i)～(iii)の手順でやっていきます。

解答

(1) 頂点は $(1, 4)$ であり，下に凸な放物線となる。グラフは右図。

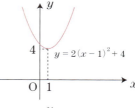

(2) $y = x^2 - 4x + 2$ ← (i)はスキップ
　　　$= (x-2)^2 - 2^2 + 2$
　　　$= (x-2)^2 - 2$

これより，グラフは右図。← 頂点は $(2, -2)$

(ii) $x^2 - 4x = (x-2)^2 - 2^2$
　　半分　　2乗を引く

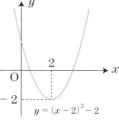

(3) $y = -2x^2 + 6x + 1$ ← (i) -2でくくる
　　　$= -2\{x^2 - 3x\} + 1$ ← 初めから { にしておくとよい
　　　$= -2\left\{\left(x - \dfrac{3}{2}\right)^2 - \left(\dfrac{3}{2}\right)^2\right\} + 1$
　　　$= -2\left(x - \dfrac{3}{2}\right)^2 + 2 \cdot \left(\dfrac{3}{2}\right)^2 + 1$
　　　$= -2\left(x - \dfrac{3}{2}\right)^2 + \dfrac{11}{2}$

(ii) $x^2 - 3x = \left(x - \dfrac{3}{2}\right)^2 - \left(\dfrac{3}{2}\right)^2$
　　半分　　2乗を引く

(iii) { だけはずす
頂点は $\left(\dfrac{3}{2}, \dfrac{11}{2}\right)$

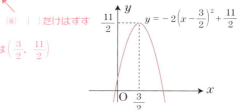

これより，グラフは右図。

パターン 20　2次関数の平行移動，対称移動

a の値(形)と頂点の位置に注目する!!

2次関数 $y = ax^2 + bx + c$ の a の値 は，グラフの開き方(グラフの形)を表します。
$a > 0$ の場合だと

広く開く
a が小さくなる

⇐

この幅に注目
$y = ax^2$
a が大きくなる

⇒

狭く開く

a の値と頂点に注目すれば移動はできます。

例　$y = 2(x-3)^2 + 4$ のグラフを次の(ア)，(イ)のように移動したときの図形の方程式をそれぞれ求めよ。

(ア)　x 軸方向に 4，y 軸方向に -1 だけ平行移動
(イ)　x 軸に関して対称移動

答

(ア) の場合
$\begin{cases} a \text{ の値は } 2 \text{ のまま} \\ \text{頂点は}(7, 3)\text{になる。} \end{cases}$ ← 平行移動でグラフの形は変わらない

よって，
$y = 2(x-7)^2 + 3$
（$3+4$，$4-1$）

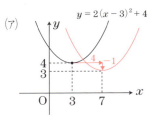

(イ) の場合
$\begin{cases} a \text{ の値は } -2 \\ \text{頂点は}(3, -4) \end{cases}$ ← 下に凸が上に凸に変わり，開き方は変わらないので符号を変えればよい

x座標は変わらない　y座標は符号が逆

よって，$y = -2(x-3)^2 - 4$

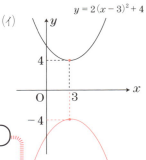

まとめると下のようになります。

━━ 2次関数の移動 ━━
① 平方完成して頂点の座標を求める。
② a の値，頂点の座標がどのように変わるか考える。

← a の値は**そのまま**または**符号違い**です

50　パターン編

例題 ⑳

(1) 2次関数 $y = 3x^2 - 12x + 7$ のグラフを，原点に関して対称移動してできる図形の方程式を求めよ。

(2) 放物線 $y = x^2 - 6x + 1$ …Ⓐ は，放物線 $y = x^2 - 10x + 3$ …Ⓑ をどのように平行移動したものか。

ポイント

(1) まずは平方完成。そして a は？ 頂点は？
(2) Ⓐ，Ⓑそれぞれを平方完成して頂点を求めてみよう。

解答

(1)
$$y = 3x^2 - 12x + 7$$
$$= 3(x^2 - 4x) + 7$$
$$= 3\{(x-2)^2 - 2^2\} + 7$$
$$= 3(x-2)^2 - 5$$

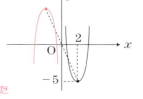

移動後は $\begin{cases} a \text{ の値は } -3 \\ 頂点は (-2, 5) \end{cases}$ となるので（右図），

（下に凸が上に凸になった）
（x, y 座標とも符号逆）

求める方程式は $y = -3(x+2)^2 + 5$

(2) Ⓐは $y = (x-3)^2 - 8$ より，頂点は $(3, -8)$
　　Ⓑは $y = (x-5)^2 - 22$ より，頂点は $(5, -22)$

（左へ 2
　上に 14）

よって，ⓐはⒷを

x 軸方向に -2，y 軸方向に 14 だけ平行移動

別解

(2) **Ⓑを x 軸方向に p，y 軸方向に q だけ平行移動したもの**がⒶであるとする。

$$y - q = (x - p)^2 - 10(x - p) + 3$$

これを計算すると

$$\therefore y = x^2 - (2p + 10)x + p^2 + 10p + 3 + q$$

これがⒶに一致するので，係数を比べて，

$$\begin{cases} -(2p + 10) = -6 & \cdots ① \\ p^2 + 10p + 3 + q = 1 & \cdots ② \end{cases}$$

解くと

$$\begin{cases} p = -2 \\ q = 14 \end{cases}$$

【計算部分】
①より $p = -2$
②に代入して
$4 + 10 \cdot (-2) + 3 + q = 1$
$\therefore q = 14$

パターン 21 下に凸の2次関数の最小値

区間内に軸があるかないかで場合分け

パターン21 と パターン22 で，2次関数の最大値，最小値の場合分けについて説明します。以下では，すべて下に凸とします。
（上に凸のときは，パターン21 と パターン22 は逆になります）
最大・最小は，グラフをかいて考えます。

例① $y = 2(x-1)^2 + 3$ $(0 \leq x \leq 3)$ の最小値を求めよ。

答 右のグラフより，最小値 3（$x = 1$ のとき）

← ここが最小 $(1, 3)$

2次関数にパラメーター（x以外の文字のこと）が入ると，場合分けが入ります。

例② $f(x) = 2(x-a)^2 + 3$ $(0 \leq x \leq 1)$ の最小値 m を求めよ。

グラフの頂点は $(a, 3)$ なので，a の値によって，3つの場合があります。

(i) $0 \leq a \leq 1$ のとき　(ii) $a < 0$ のとき　(iii) $a > 1$ のとき

(i) 頂点で最小
(ii) 軸から最も近いところで最小
(iii) 軸から最も近いところで最小

軸が $x = a$（文字定数）なのでどこにあるかわからない。どこにあるかによって最小値が変わるので，場合を分ける必要があるのです

(i), (ii), (iii) の場合分けの等号はどちらにつけてもOK

(i)のときは頂点で最小です。(ii)と(iii)は頂点で最小ではありません。
この場合は，$0 \leq x \leq 1$ の範囲で，軸から最も近いところで最小になります。

(ii), (iii)ともに頂点は $0 \leq x \leq 1$ の範囲外

有界閉区間といいます

下に凸の2次関数の区間 $p \leq x \leq q$ における最小値

- 区間内に軸があるとき ➡ 頂点で最小値
- 区間内に軸がないとき ➡ 区間内で軸から最も近いところで最小値

〈 例❷ の 答 〉

$\begin{cases} \text{(i)} & 0 \leq a \leq 1 \text{ のとき, } m = 3 \quad \leftarrow x = 0 \text{ のとき最小} \\ \text{(ii)} & a < 0 \text{ のとき, } m = f(0) = 2(0-a)^2 + 3 = 2a^2 + 3 \\ \text{(iii)} & a > 1 \text{ のとき, } m = f(1) = 2(1-a)^2 + 3 = 2a^2 - 4a + 5 \end{cases}$

$\leftarrow x = 1 \text{ のとき最小}$

例題 ㉑

2次関数 $f(x) = (x-a)^2 + 2a + 1 \ (x \geq 0)$ の最小値が 4 になるような定数 a の値を求めよ。

ポイント

最小値を求めて，a の方程式を作ります。

（条件）（最小値）＝ 4　→導く→　a の方程式

軸は $x = a$ なので，$a \geq 0$（軸が区間内）と，$a < 0$（軸が区間外）で場合分けします。

解答

(i) **$a \geq 0$ のとき**

条件は　$2a + 1 = 4$　←（最小値）＝ 4

$2a = 3$

∴　$a = \dfrac{3}{2}$（これは $a \geq 0$ に適する）

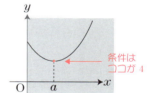

(ii) **$a < 0$ のとき**

条件は　$f(0) = 4$　←（最小値）＝ 4

$a^2 + 2a + 1 = 4$

$(a+3)(a-1) = 0$　｝移項して因数分解

∴　$a = 1, \ -3$

$a < 0$ より，$a = -3$ のみ適。　←$a = 1$ は不適!!

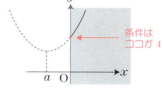

(i), (ii)より，求める答は　$a = -3, \ \dfrac{3}{2}$

パターン22 下に凸の2次関数の最大値

区間の真ん中で分ける

次の例のように，最大値はなしの場合が多いです。

例❶ $y = (x-3)^2 + 5$ $(x \geq 0)$ の最大値を求めよ。

答 グラフは右のようになるから
最大値は**なし**

→ y の値は**いくらでも大きくなる**ので最大値なし

→ パターン21 と同じく下に凸の場合を考えます

ここでは，$p \leq x \leq q$（有界閉区間）における2次関数の最大値の求め方を説明します。ポイントは**区間の真ん中で分ける**ことです。

例❷ $y = (x-a)^2 - a^2 + 1$ $(0 \leq x \leq 1)$ の最大値を求めよ。

考え方 この場合，軸から一番遠い所で最大です。

よって，$a = \dfrac{1}{2}$（軸が区間の真ん中）のときは，$x = 0$ と 1 のときの y 座標が等しくなるので，2か所で最大です。

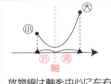

放物線は軸を中心に左右対称なので**軸から遠いほう**が y 座標の値は大きい

← 軸が区間の真ん中にあるときは $x=0$ と $x=1$ の両方で最大

これより軸が左に行くと(i)のようになり，$x = 1$ で最大，軸が右に行くと(ii)のようになり $x = 0$ で最大です。なお，軸が1より大きいかどうかは最大値には関係ありません（最小値は変わります）。

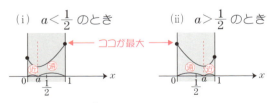

(i) $a < \dfrac{1}{2}$ のとき　　(ii) $a > \dfrac{1}{2}$ のとき

← ココが最大

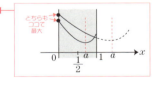

どちらもココで最大

答 $\begin{cases} \text{(i)} & a < \dfrac{1}{2} \text{ のとき} \Rightarrow \text{最大値は } f(1) = (1-a)^2 - a^2 + 1 = 2 - 2a \\ \text{(ii)} & a \geq \dfrac{1}{2} \text{ のとき} \Rightarrow \text{最大値は } f(0) = (0-a)^2 - a^2 + 1 = 1 \end{cases}$

例題 22

2次関数 $f(x) = x^2 - 2ax + 2a + 1$ $(0 \leq x \leq 3)$ の最大値が 5 となるように定数 a の値を求めよ。

ポイント まずは平方完成して頂点の座標を求めます。そのあとは，

（条件）（最大値）＝5 → 導く → a の方程式

とします。軸と $\dfrac{3}{2}$ の大小に注目して場合分けです。 ← 区間の真ん中

解答

平方完成 →
$f(x) = x^2 - 2ax + 2a + 1 = (x-a)^2 - a^2 + 2a + 1$

より，頂点は $(a, -a^2 + 2a + 1)$

(i) $a \leq \dfrac{3}{2}$ のとき

　条件は $f(3) = 5$ ← （最大値）＝5

　$9 - 6a + 2a + 1 = 5$

　$\therefore\ a = \dfrac{5}{4}$ （これは $a \leq \dfrac{3}{2}$ に適する）

(ii) $a > \dfrac{3}{2}$ のとき

　条件は $f(0) = 5$ ← （最大値）＝5

　$2a + 1 = 5$

　$\therefore\ a = 2$ （これは $a > \dfrac{3}{2}$ に適する）

これより，求める答は $a = \dfrac{5}{4},\ 2$

得な話 例題22 の最大値を M とおくと

$\begin{cases} \text{(i)}\ a \leq \dfrac{3}{2} \text{ のとき} \Rightarrow M = -4a + 10 \\ \text{(ii)}\ a > \dfrac{3}{2} \text{ のとき} \Rightarrow M = 2a + 1 \end{cases}$

ここで，等号は**どちらに付けても**
OKなので，$a = \dfrac{3}{2}$ のとき M の値は，
(i), (ii)どちらも同じ値になります。

（検算に利用してください）

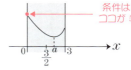

$a = \dfrac{3}{2}$ のとき
(i)だと $M = -4a + 10 = -4 \cdot \dfrac{3}{2} + 10 = 4$
(ii)だと $M = 2a + 1 = 2 \cdot \dfrac{3}{2} + 1 = 4$

必ず同じ値！

パターン22 下に凸の2次関数の最大値

パターン 23　2次方程式1（判別式）

$D=b^2-4ac$ の符号で判断する

2次方程式の実数解の個数には，次の3つの場合があります。

例
$\begin{cases} ① \ x^2-5x+4=0 \longrightarrow \text{解は } x=1,\ 4\ (\text{2個ある}) \\ ② \ x^2-8x+16=0 \longrightarrow \text{解は } x=4\ (\text{重解}) \\ ③ \ x^2-x+2=0 \longrightarrow (\text{実数解はなし}) \end{cases}$

解の公式で
$x=\dfrac{1\pm\sqrt{-7}}{2}$ となり
$\sqrt{-7}$（2乗して -7 となる数）
は実数ではない

ここでの目的は

「2次方程式の解を求めずに個数だけ判定する方法」

です。そのためには，**判別式**（$D=b^2-4ac$）を利用します。

2次方程式の実数解の個数

$D=b^2-4ac$ とすると，2次方程式 $ax^2+bx+c=0$ の実数解の個数は

$\begin{cases} ① \ \boldsymbol{D>0} \Leftrightarrow \text{異なる2実数解をもつ} \\ ② \ \boldsymbol{D=0} \Leftrightarrow \text{実数の重解をもつ} \\ ③ \ \boldsymbol{D<0} \Leftrightarrow \text{実数解をもたない} \end{cases}$

2つまとめて
$\boldsymbol{D\geqq 0} \Leftrightarrow \text{実数解をもつ}$

←「数学Ⅱ」では**虚数解をもつ**といいます

しくみ

$ax^2+bx+c=0$ の解は $x=\dfrac{-b\pm\sqrt{b^2-4ac}}{2a}$
($a\neq 0$)　　　　　　　　　　ココが判別式 D

$\dfrac{-b+\sqrt{0}}{2a}$ も $\dfrac{-b-\sqrt{0}}{2a}$ も同じ値

だから $\begin{cases} \boldsymbol{D=0} \text{ のとき } x=\dfrac{-b\pm\sqrt{0}}{2a} \text{ で実数解は1つ。} \\ \boldsymbol{D>0} \text{ のとき } x=\dfrac{-b+\sqrt{D}}{2a} \text{ と } \dfrac{-b-\sqrt{D}}{2a} \text{ で実数解は2つ。} \\ \boldsymbol{D<0} \text{ のときは } \sqrt{D}=\sqrt{(\text{負の数})} \text{ となりそのような実数は} \end{cases}$

存在しないから，実数解はない。

上の **例** の場合，

$\begin{cases} ① \ D=(-5)^2-4\cdot 1\cdot 4=25-16=9>0\ \text{なので，実数解は2つ} \\ ② \ D=(-8)^2-4\cdot 1\cdot 16=64-64=0\ \text{なので，実数解は1つ} \\ ③ \ D=(-1)^2-4\cdot 1\cdot 2=1-8=-7<0\ \text{なので，実数解はなし} \end{cases}$

と，解を求めることなく実数解の個数を調べることができます。

なお，$ax^2+2b'x+c=0$ のときは D の代わりに $\dfrac{\boldsymbol{D}}{\boldsymbol{4}}=\boldsymbol{b'^2-ac}$ の符号で判別します。

例題 23

(1) 2次方程式 $2x^2 - 5x - 4 = 0$ の実数解の個数を求めよ。
(2) 2次方程式 $3x^2 - 10x + m = 0$ が重解をもつように定数 m の値を求め，そのときの重解を求めよ。
(3) 2つの2次方程式
$$x^2 - 4x + a = 0 \quad \cdots ① \quad と, \quad 2x^2 - 6x + a - 5 = 0 \quad \cdots ②$$
がともに実数解をもつような a の値の範囲を調べよ。

ポイント (1) D の符号を調べます。

(2) 重解なので $D = 0$ です。では，そのときの重解は？

(3) 実数解をもつ $\Leftrightarrow D \geq 0$ です。①，②のそれぞれが実数解をもつ条件を調べます $\left(\dfrac{D}{4} を使ってください\right)$。

解答

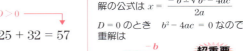

解の公式は $x = \dfrac{-b \pm \sqrt{b^2 - 4ac}}{2a}$
$D = 0$ のとき $b^2 - 4ac = 0$ なので重解は
$$x = \dfrac{-b}{2a}$$
超重要

(1) $D = (-5)^2 - 4 \cdot 2 \cdot (-4) = 25 + 32 = 57$ ($D > 0$)
なので，実数解の個数は 2個。

(2) 重解をもつので $D = 0$
$\therefore \dfrac{D}{4} = (-5)^2 - 3m = 0$ （$\dfrac{D}{4}$ を使います）
$25 - 3m = 0$
$\therefore m = \dfrac{25}{3}$

また，このときの重解は $x = \dfrac{-(-10)}{2 \cdot 3} = \dfrac{10}{6} = \dfrac{5}{3}$

もちろん $m = \dfrac{25}{3}$ を代入して
$3x^2 - 10x + \dfrac{25}{3} = 0$
$9x^2 - 30x + 25 = 0$
$(3x - 5)^2 = 0$
$\therefore x = \dfrac{5}{3}$ でもよい

(3) ①が実数解をもつ $\Leftrightarrow \dfrac{D_1}{4} = (-2)^2 - 1 \cdot a \geq 0$
$4 - a \geq 0$
$\therefore a \leq 4 \quad \cdots ①'$

②が実数解をもつ $\Leftrightarrow \dfrac{D_2}{4} = (-3)^2 - 2(a - 5) \geq 0$
$-2a + 19 \geq 0$
$\therefore a \leq \dfrac{19}{2} \quad \cdots ②'$

判別式が2個出てくるので D_1, D_2 と使い分ける

よって，①，②がともに実数解をもつのは
$a \leq 4$

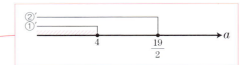

パターン 24　2次方程式2（解と係数の関係）

2解の和は $-\dfrac{b}{a}$，積は $\dfrac{c}{a}$　〈「数学Ⅱ」の内容〉

2次方程式の解と係数の関係

2次方程式 $ax^2 + bx + c = 0$ の解を $x = \alpha, \beta$ とすると，
$$\begin{cases} \alpha + \beta = -\dfrac{b}{a} \\ \alpha\beta = \dfrac{c}{a} \end{cases}$$

　上の公式を**解と係数の関係**といいます。「数学Ⅱ」の範囲なのですが，「数学Ⅰ」の問題を解くときにも役に立ちます。

　たとえば，$2x^2 - 3x - 7 = 0$ の2解を $x = \alpha, \beta$ とすると，上の公式から，
$$\begin{cases} \alpha + \beta = \dfrac{3}{2} \\ \alpha\beta = -\dfrac{7}{2} \end{cases}$$
となります。

> $a = 2, b = -3, c = -7$ だから
> $-\dfrac{b}{a} = -\dfrac{-3}{2}, \dfrac{c}{a} = \dfrac{-7}{2}$

原理

　$2x^2 - 3x - 7 = 0$ の両辺を 2 で割ると，$x^2 - \dfrac{3}{2}x - \dfrac{7}{2} = 0$

　ここで，この2次方程式の左辺は　$x^2 - \dfrac{3}{2}x - \dfrac{7}{2} = (x - \alpha)(x - \beta)$

となるはずです。

> 2次方程式の解が α, β ということは
> （左辺）$= (x - \alpha)(x - \beta)$
> と**因数分解されるはず!!**

　よって，右辺を展開して，
$$x^2 - \dfrac{3}{2}x - \dfrac{7}{2} = x^2 - (\alpha + \beta)x + \alpha\beta$$
（同じ）

　係数を比べると，
$$\begin{cases} \alpha + \beta = \dfrac{3}{2} \\ \alpha\beta = -\dfrac{7}{2} \end{cases}$$

例　$2x^2 - 3x - 7 = 0$ の解を α, β とするとき，$\alpha^2 + \beta^2$ の値を求めよ。

答
$$\begin{aligned}\alpha^2 + \beta^2 &= (\alpha + \beta)^2 - 2\alpha\beta \\ &= \left(\dfrac{3}{2}\right)^2 - 2 \cdot \dfrac{-7}{2} \\ &= \dfrac{9}{4} + 7 = \dfrac{37}{4}\end{aligned}$$

パターン 7　対称式

> ちなみに α, β を直接求めると，
> $x = \dfrac{3 \pm \sqrt{65}}{4}$　（解の公式）
> $\alpha^2 + \beta^2 = \left(\dfrac{3 + \sqrt{65}}{4}\right)^2 + \left(\dfrac{3 - \sqrt{65}}{4}\right)^2$
> となり大変です。

例題 24

(1) x の2次方程式 $x^2 + px + q = 0$ の解が 4 と -3 であるとき，定数 p, q の値を求めよ。

(2) x の2次方程式 $x^2 - ax + 1 = 0$ の1つの解が $2 - \sqrt{3}$ であるとき，定数 a の値を求めよ。また，他の解を求めよ。

ポイント

(1) $\alpha = 4$, $\beta = -3$ として，解と係数の関係を使います!!

(2) 2解を，$2 - \sqrt{3}$（これを α と思う），β として，解と係数の関係を使います!!

解答

(1) 解と係数の関係より，

$$\begin{cases} 4 + (-3) = -p \\ 4 \cdot (-3) = q \end{cases}$$

解くと $p = -1$, $q = -12$

(2) 2解を $2 - \sqrt{3}$（これを α と思う），β とおくと，解と係数の関係より，

$$\begin{cases} (2 - \sqrt{3}) + \beta = a & \cdots ① \\ (2 - \sqrt{3})\beta = 1 & \cdots ② \end{cases}$$

②より，$\beta = \dfrac{1}{2 - \sqrt{3}}$

$= \dfrac{1}{2 - \sqrt{3}} \times \dfrac{2 + \sqrt{3}}{2 + \sqrt{3}}$ ← 有理化

$= 2 + \sqrt{3}$ ← これが他の解

よって，①より，

$$a = (2 - \sqrt{3}) + \beta = (2 - \sqrt{3}) + (2 + \sqrt{3}) = 4$$

補足

◎ (1)を「数学Ⅰ・A」の範囲で解くと，

$$\begin{cases} x = 4 \text{ が解なので，} 16 + 4p + q = 0 & \cdots ③ \\ x = -3 \text{ が解なので，} 9 - 3p + q = 0 & \cdots ④ \end{cases}$$

解⇔代入して成立させる値（パターン 9）

③，④を解いて，$p = -1$, $q = -12$

パターン24　2次方程式2（解と係数の関係）

パターン 25　2次方程式3（与えられた2数を解とする2次方程式の1つ）

$x^2 -$ 和 $x +$ 積 $= 0$ と覚えよう!! 〈「数学Ⅱ」の内容〉

例　3，4 を解とする2次方程式を1つ求めよ。

因数分解の形で答えると，

$(x-3)(x-4) = 0$　…①

解答は次のように書きます。

答　$(x-3)(x-4) = 0$ を展開して，

$x^2 - 7x + 12 = 0$

これを一般化したものが，次の公式です。

2数を解とする2次方程式

2数 α，β を解とする2次方程式の**1つ**は

$x^2 - (\alpha + \beta)x + \alpha\beta = 0$

（$x^2 -$ 和 $x +$ 積 $= 0$ と覚えます）

証明　α，β が解だから

$(x-\alpha)(x-\beta) = 0$

これを展開して

$x^2 - (\alpha + \beta)x + \alpha\beta = 0$

　「1つ」について（Ⓐの部分）

3 と 4 を解とする2次方程式は無数にあります。

$$\begin{cases} ① & x^2 - 7x + 12 = 0 \\ ② & 2x^2 - 14x + 24 = 0 \\ ③ & 3x^2 - 21x + 36 = 0 \\ & \vdots \end{cases}$$

両辺2倍　両辺3倍

これらはすべて 3 と 4 が解です。だから，問題文は

- 3 と 4 を解とする2次方程式を1つ求めよ。（➡ どれを答えてもよい）
- 3 と 4 を解とする2次方程式を求めよ。ただし，x^2 の係数は1とする。

（➡ $x^2 - 7x + 12 = 0$ のこと）

のどちらかになっています。

共通テストでは，**マーク欄に当てはまる**ように答えます。

例題 25

(1) $1+\sqrt{3}$ と $1-\sqrt{3}$ を解とする2次方程式を求めよ。ただし，x^2 の係数は1とする。
(2) 和が1，積が-1となる2数を求めよ。

ポイント

(1) $x^2 - 和 \cdot x + 積 = 0$ に代入します。
(2) 求める2数を α, β とおくと，
$$\begin{cases} \alpha + \beta = 1 \\ \alpha\beta = -1 \end{cases}$$
これより，α, β を解とする2次方程式を作ります。

解答

(1) $\begin{cases} 和 = (1+\sqrt{3}) + (1-\sqrt{3}) = 2 \\ 積 = (1+\sqrt{3})(1-\sqrt{3}) = 1-3 = -2 \end{cases}$

なので $x^2 - 2x + (-2) = 0$ ← $x^2 - 和 \cdot x + 積 = 0$

∴ $x^2 - 2x - 2 = 0$

検算しておこう!!
$x^2 - 2x - 2 = 0$ を解の公式で解くと
$x = -(-1) \pm \sqrt{(-1)^2 - 1 \cdot (-2)}$
$= 1 \pm \sqrt{3}$
ということは**正しい**!!

(2) 求める2数を α, β とおくと，
$\begin{cases} \alpha + \beta = 1 \quad \text{← 和が1} \\ \alpha\beta = -1 \quad \text{← 積が}-1 \end{cases}$

ここで α, β を解とする2次方程式は
$x^2 - 1 \cdot x + (-1) = 0$ ← $x^2 - (\alpha+\beta)x + \alpha\beta = 0$ に当てはめた

∴ $x^2 - x - 1 = 0$

これを解いて，
$x = \dfrac{-(-1) \pm \sqrt{(-1)^2 - 4 \cdot 1 \cdot (-1)}}{2 \cdot 1} = \dfrac{1 \pm \sqrt{5}}{2}$ ← 解の公式

よって，求める2数は $\dfrac{1+\sqrt{5}}{2}$ と $\dfrac{1-\sqrt{5}}{2}$

α, β を解とする2次方程式を解いたので，この解の $\dfrac{1\pm\sqrt{5}}{2}$ は α と β です（当り前）

パターン25 2次方程式3（与えられた2数を解とする2次方程式の1つ）

パターン 26 2次関数 $y=ax^2+bx+c$ のグラフと x 軸との共有点

2次方程式 $ax^2+bx+c=0$ の解を調べよ

再び2次関数の話に戻ります。2次関数と2次方程式には次の関係があります。

> 2次関数 $y=ax^2+bx+c$ のグラフと **x軸との共有点**（のx座標）

$y=0$ を代入すると

> 2次方程式 $ax^2+bx+c=0$ の **解**

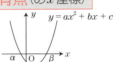

x軸との共有点
＝（イコール）
グラフ上の点で
y座標が 0 となるところ

これに パターン23 の判別式を組み合わせると，次の公式になります。

公式

2次関数のグラフと x 軸との共有点　　$D=b^2-4ac$

$y=ax^2+bx+c\ (a\neq 0)$ の判別式を D とすると，

① $D>0$　　　② $D=0$　　　③ $D<0$

$-\dfrac{b}{2a}$　　　$-\dfrac{b}{2a}$　　　$-\dfrac{b}{2a}$

x軸と2点で交わる　　x軸と接する　　x軸と共有点をもたない

たとえば，①は
$D>0$
⇕ パターン23
$ax^2+bx+c=0$ の実数解が2つ
⇕ 上で説明
x軸との共有点が2つ
ということです

注意 x軸との共有点の個数は頂点のy座標の符号でも判断できます。
①（頂点のy座標）＜0，②（頂点のy座標）＝0，③（頂点のy座標）＞0

下に凸のときです

また，$y=ax^2+bx+c$ の**軸は $x=-\dfrac{b}{2a}$**

これも覚えておくこと!!　← 例題23 (2)も参照

ふだんやっている平方完成を
文字のままでやっているだけ

証明
$$y=ax^2+bx+c=a\left\{x^2+\dfrac{b}{a}x\right\}+c$$
$$=a\left\{\left(x+\dfrac{b}{2a}\right)^2-\left(\dfrac{b}{2a}\right)^2\right\}+c$$
$$=a\left(x+\dfrac{b}{2a}\right)^2-\dfrac{b^2}{4a}+c$$

よって，軸の位置は
$$x=-\dfrac{b}{2a}$$

例題 26

(1) 2次関数 $y = x^2 - 4x + 1$ のグラフと x 軸の共有点の座標を求めよ。
(2) 2次関数 $y = x^2 - x + 5$ のグラフと x 軸の共有点の個数を求めよ。
(3) 2次関数 $y = 2x^2 - 3x + k$ のグラフが x 軸と接するような定数 k の値を求めよ。また，そのときの共有点の x 座標を求めよ。

ポイント

(1) 共有点の**座標** ➡ $y = 0$ を代入して2次方程式を解く
(2) 共有点の**個数** ➡ $D = b^2 - 4ac$ の符号を調べる

目的に応じて使い分けます

(3) 接するということは
$$D = 0 \quad \cdots (\ast)$$
(k の式)

($\ast$) を k の**方程式**とみなして解きます。

解答

(1) $y = 0$ を代入して， ← x軸との共有点 ⇔ $y=0$ を代入した2次方程式の解

$x^2 - 4x + 1 = 0$

∴ $x = 2 \pm \sqrt{3}$ ← 2次方程式を解いた

よって，$(2 + \sqrt{3}, 0), (2 - \sqrt{3}, 0)$

x軸との共有点だから y 座標は 0

(2) $D = (-1)^2 - 4 \cdot 1 \cdot 5 = 1 - 20 = -19 < 0$ より，

x 軸との共有点の個数は **0個**

(3) 条件は $D = 0$ ← x軸と接する ⇔ $D=0$

$(-3)^2 - 4 \cdot 2 \cdot k = 0$

$9 - 8k = 0$

∴ $k = \dfrac{9}{8}$

$y = 2x^2 - 3x + k$

(共有点の x 座標) = (軸)

このとき，共有点の x 座標は

$x = -\dfrac{b}{2a} = \dfrac{3}{4}$

$D = 0$ のとき
(共有点の x 座標) = 軸 = $-\dfrac{b}{2a}$
(例題23 (2)も参照)

パターン26　2次関数 $y = ax^2 + bx + c$ のグラフと x 軸との共有点

パターン 27　2次関数がx軸から切り取る線分の長さ

$\sqrt{(\alpha+\beta)^2-4\alpha\beta}$（パターン 7）と
「解と係数の関係」（パターン 24）を利用せよ!!

2次関数がx軸から切り取る線分の長さは

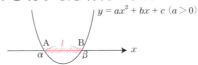

上図の線分ABの長さです。つまり，**x軸との2共有点間の距離**のこと。この距離をlとすると，

$$l = |\beta - \alpha|$$

←　$|\beta - \alpha|$ → αとβの距離（パターン 3）

と表されます。そして対称式の公式（パターン 7）より

$$l = |\beta - \alpha| = \sqrt{(\alpha+\beta)^2 - 4\alpha\beta}$$

最後にα，βは2次方程式 $ax^2 + bx + c = 0$ の解（パターン 26）だから「解と係数の関係」を使えば

$$\begin{cases} \alpha + \beta = -\dfrac{b}{a} \\ \alpha\beta = \dfrac{c}{a} \end{cases} \quad (\text{パターン } 24)$$

となるから，これを代入してlを求めます。

例題 27

(1) 次の2次関数のグラフがx軸から切り取る線分の長さlを求めよ。
　(ⅰ) $y = x^2 - 4x + 2$ 　　(ⅱ) $y = -2x^2 + 7x + 2$
　(ⅲ) $y = 3x^2 - 6x + 1$

(2) 2次関数 $y = x^2 - ax + a$ のグラフがx軸から切り取る線分の長さが$\sqrt{5}$ となるような定数aの値を求めよ。

ポイント

(2) （x軸から切り取る線分の長さ）= $\sqrt{5}$ 　導く→　a の方程式

を作って解きます。

解答

x 軸との共有点の x 座標を α, β とおく。

(1) (i) $\alpha + \beta = 4$, $\alpha\beta = 2$ であるから, ← 解と係数の関係
$$l = \sqrt{(\alpha + \beta)^2 - 4\alpha\beta} = \sqrt{4^2 - 4 \cdot 2} = \sqrt{8} = 2\sqrt{2}$$

(ii) $\alpha + \beta = \dfrac{7}{2}$, $\alpha\beta = -1$ であるから, ← 解と係数の関係
$$l = \sqrt{(\alpha + \beta)^2 - 4\alpha\beta} = \sqrt{\left(\dfrac{7}{2}\right)^2 - 4 \cdot (-1)} = \sqrt{\dfrac{49}{4} + 4} = \sqrt{\dfrac{65}{4}} = \dfrac{\sqrt{65}}{2}$$

(iii) $\alpha + \beta = 2$, $\alpha\beta = \dfrac{1}{3}$ であるから, ← 解と係数の関係 　有理化
$$l = \sqrt{(\alpha + \beta)^2 - 4\alpha\beta} = \sqrt{2^2 - 4 \cdot \dfrac{1}{3}} = \sqrt{4 - \dfrac{4}{3}} = \sqrt{\dfrac{8}{3}} = \dfrac{2\sqrt{2}}{\sqrt{3}} = \dfrac{2\sqrt{6}}{3}$$

(2) $\alpha + \beta = a$, $\alpha\beta = a$ であり, 条件は
$$\sqrt{(\alpha + \beta)^2 - 4\alpha\beta} = \sqrt{5}$$
$$\sqrt{a^2 - 4a} = \sqrt{5} \quad \leftarrow \text{「解と係数の関係」を代入}$$
$$a^2 - 4a = 5 \quad \leftarrow \text{両辺を2乗}$$
$$(a-5)(a+1) = 0 \quad \leftarrow \text{移項して因数分解}$$
$$\therefore \quad a = -1, \ 5$$

コメント 解の公式で2解を直接求めても計算することができます。

たとえば, (1) の (ii) なら次のようになります。

2次方程式 $-2x^2 + 7x + 2 = 0$ の解は
$$2x^2 - 7x - 2 = 0$$
$$\therefore \quad x = \dfrac{7 \pm \sqrt{65}}{4} \quad \leftarrow x = \dfrac{-b \pm \sqrt{b^2 - 4ac}}{2a}$$

これより l は
$$l = \dfrac{7 + \sqrt{65}}{4} - \dfrac{7 - \sqrt{65}}{4} = \dfrac{2\sqrt{65}}{4} = \dfrac{\sqrt{65}}{2}$$

← これはメンドウです

パターン 28 2次関数の決定

使い分けが ポイント
- (i) $y = a(x-p)^2 + q$ とおく ← 頂点に関する情報が与えられたとき
- (ii) $y = a(x-\alpha)(x-\beta)$ とおく ← x軸との共有点が与えられたとき
- (iii) $y = ax^2 + bx + c$ とおく ← 3点を通るとき

ここでは，与えられた条件 から 2次関数を決定 する方法を紹介します。基本的には，上の3つを使い分けます。大事なことは

使う文字をいかに少なくおけるか!!

です。

例❶ 頂点が $(2, 3)$ の2次関数
→ $y = a(x-2)^2 + 3$ とおいて a を求めます。 ← 文字1つ
((i)のパターン)

例❷ 軸が $x = 5$ の2次関数
→ これも頂点に関する情報なので，(i)を利用して
$y = a(x-5)^2 + q$ とおいて a, q を求めます。 ← 文字2つ

例❸ x軸との共有点が $(4, 0)$ と $(7, 0)$ の2次関数
→ $y = a(x-4)(x-7)$ とおいて a を求めます。
((ii)のパターン)

なぜおけるのか

「(x軸との共有点のx座標) ＝ (2)次方程式の解」です（パターン 26）
よって，解が $x = 4, 7$ なら $ax^2 + bx + c = a(x-4)(x-7)$ と**因数分解されるはず!!**
したがって，上の形でおくことができます

例❹ 3点を通る
→ $y = ax^2 + bx + c$ とおいて，3点を代入して a, b, c を求めます。
((iii)のパターン)

確認
- $y = x^2 + 4$ は $(1, 5)$ を通る………あ
- $y = x^2 + 4$ は $(1, 6)$ は通らない…い

- $x = 1, y = 5$ を代入して
$5 = 1^2 + 4$ が成立
∴ $(1, 5)$ を通る
- $x = 1, y = 6$ を代入して
$6 = 1^2 + 4$ は不成立
∴ $(1, 6)$ は通らない

グラフが点を通るっていうのは

代入して成り立つこと

です。きちんと書くと下のようになります。

グラフが点 (a, b) を通る条件

$y = f(x)$ のグラフが点 (a, b) を通る ⇔ $b = f(a)$ が成立 $\begin{pmatrix} x = a \text{ のときに} \\ y = b \text{ となる} \end{pmatrix}$

例題 28

2次関数のグラフが次の条件を満たすとき,その2次関数を求めよ.
(1) 頂点が $(2, 5)$ で,点 $(3, 7)$ を通る.
(2) x 軸との共有点が $(1, 0), (3, 0)$ で,かつ最大値が 4
(3) 3点 $(0, -3), (1, 0), (2, 7)$ を通る.

解答

(1) 頂点が $(2, 5)$ より, ← 頂点に関する情報なので,(i)を利用

$$y = a(x-2)^2 + 5$$

とおける.これが $(3, 7)$ を通るので,

$$7 = a(3-2)^2 + 5$$ ← (3, 7)を代入

これを解くと, $a = 2$

$$\therefore\ y = 2(x-2)^2 + 5$$

(2) x 軸との共有点が $(1, 0), (3, 0)$ より,

$$y = a(x-1)(x-3)$$

とおける.これが $(2, 4)$ を通るので, ← 理由

$$4 = a(2-1)(2-3)$$ ← (2, 4)を代入

$$4 = a \cdot 1 \cdot (-1)$$

$$a = -4$$

$$\therefore\ y = -4(x-1)(x-3)$$

← x軸との共有点が与えられているときは(ii)を利用

放物線の軸に関する対称性から軸は $x=2$(1と3の中央)だから $(2, 4)$ を通ります

(3) 求める2次関数を

$$y = ax^2 + bx + c \text{ とおく.}$$ ← 3点を通るときは(iii)を利用

これが $(0, -3), (1, 0), (2, 7)$ を通るので

$$\begin{cases} -3 = a \cdot 0^2 + b \cdot 0 + c \cdots ① \\ 0 = a \cdot 1^2 + b \cdot 1 + c \cdots ② \\ 7 = a \cdot 2^2 + b \cdot 2 + c \cdots ③ \end{cases}$$

← (0, -3)を代入
← (1, 0)を代入
← (2, 7)を代入

$c = -3$ より,
$$\begin{cases} 0 = a + b - 3 & \cdots ② \\ 7 = 4a + 2b - 3 & \cdots ③ \end{cases}$$
この連立方程式を解く

①より, $c = -3$ これを②,③に代入して解くことにより,

$$a = 2,\ b = 1$$

$$\therefore\ y = 2x^2 + x - 3$$

パターン 29　a, b, c の符号決定問題

b は軸の符号から考えよ!!

2次関数 $y = f(x) = ax^2 + bx + c$ のグラフから a, b, c の符号を決定するには，いくつかのポイントがあります。

(i) **a の符号**

これは，グラフが
- 下に凸(∨)なら正
- 上に凸(∧)なら負

(ii) **c の符号**

c は y 切片になります。← y軸との共有点のことを y 切片といいます

$y = f(x) = ax^2 + bx + c$ に $x = 0$ を代入すると $f(0) = c$

だから，y 軸との交点が
- 原点より上なら正
- 原点を通るなら 0
- 原点より下なら負

(iii) **b の符号** 重要

b は軸から判断します。$y = ax^2 + bx + c$ の軸は $x = -\dfrac{b}{2a}$ です。 パターン26

だから，

軸：$x = -\dfrac{b}{2a} \begin{matrix}>\\or\\<\\or\end{matrix} 0$　両辺に $-2a$ を掛ける　

というように，軸の符号がわかれば，その両辺に $-2a$ を掛けて b の符号は決まります。ただし，

　　$-2a$ が正か負かによって不等号の向きが変わる可能性がある

ので注意してください。 ← 負の数を掛けると向きが逆になる

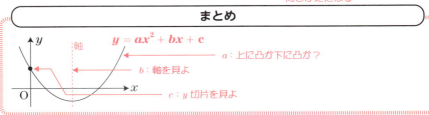

まとめ

- a：上に凸か下に凸か？
- b：軸を見よ
- c：y 切片を見よ

例題 29

2次関数 $y = ax^2 + bx + c$ のグラフが次のように与えられているとき、a, b, c, $b^2 - 4ac$, $a + b + c$ の符号をそれぞれ調べよ。

(1) 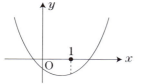   (2)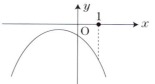

ポイント

$b^2 - 4ac$ は判別式だから，**x軸との共有点の個数**で判断します。

$a + b + c$ は

$$x = 1 \text{のときの} y \text{の値}$$

$x = 1$ を代入すると，
$y = a \cdot 1^2 + b \cdot 1 + c = a + b + c$

です。よって，$x = 1$ のときの y 座標が 正か負かを調べます。

解答

(ア) a について
 (1) は正，(2) は負

(イ) b について
 (1) は軸が $-\dfrac{b}{2a} > 0$ より $b < 0$
 (2) は軸が $-\dfrac{b}{2a} < 0$ より $b < 0$

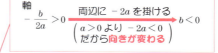
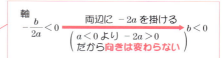

(ウ) c について
 c は y 切片だから，y 軸との共有点で判断すると，
 (1) は負，(2) は負

(エ) $b^2 - 4ac$ について
 (1) は x 軸との共有点の個数が2個だから正
 (2) は x 軸との共有点の個数が0個だから負

(オ) $a + b + c$ について
 $x = 1$ のときの y 座標だから，
 (1) は負，(2) は負

パターン29 a, b, c の符号決定問題

パターン 30 2次関数の係数の符号変化

- a の符号変化 ➡ 点 $(0, c)$ に対する対称移動
- b の符号変化 ➡ y 軸対称移動
- c の符号変化 ➡ y 軸方向に $-2c$ だけ平行移動

2次関数 $y = ax^2 + bx + c$ の係数 a, b, c の符号だけを変化させると，グラフは上記のようになります。丸暗記ではなく自分で導けるようにしてください。

(i) $y = -ax^2 + bx + c$ のグラフ ← a だけが符号変化した場合

平方完成すると

$$y = -a\left(x - \frac{b}{2a}\right)^2 + \frac{b^2}{4a} + c$$

より，このグラフは，$y = ax^2 + bx + c$ を点 $(0, c)$ に関して対称移動したものになります。

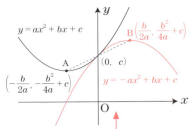

線分 AB の中点が $(0, c)$ となるので2つのグラフは点 $(0, c)$ に関して対称です

(ii) $y = ax^2 - bx + c$ のグラフ ← b だけが符号変化した場合

これは，$y = ax^2 + bx + c$ のグラフを y 軸対称移動したものです。実際，$y = ax^2 + bx + c$ を y 軸対称移動すると，

$$y = a(-x)^2 + b(-x) + c \quad ← \text{パターン 18}$$

∴ $y = ax^2 - bx + c$

(iii) $y = ax^2 + bx - c$ のグラフ ← c だけが符号変化した場合

これは，$y = ax^2 + bx + c$ のグラフを y 軸方向に $-2c$ だけ平行移動したものです（y 切片の符号が逆になるように上下に平行移動したもの）。

実際，$y = ax^2 + bx + c$ を y 軸の方向に $-2c$ だけ平行移動したグラフは，

$$y - (-2c) = ax^2 + bx + c \quad ← \text{パターン 17}$$

∴ $y = ax^2 + bx - c$

例題 30

右図は $y = ax^2 + bx + c$ のグラフである。a, b, c の値を次のように変更すると，グラフはどのようになるか。 ア ～ オ に当てはまるものを次の ⓪ ～ ⑤ から一つずつ選べ。

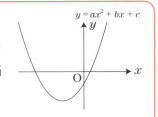

70 パターン編

(1) b, c の値を変えずに，a の値を符号のみ変えたもの　ア
(2) a, c の値を変えずに，b の値を符号のみ変えたもの　イ
(3) a, b の値を変えずに，c の値を符号のみ変えたもの　ウ
(4) a の値を変えずに，b, c の値を符号のみ変えたもの　エ
(5) c の値を変えずに，a, b の値を符号のみ変えたもの　オ

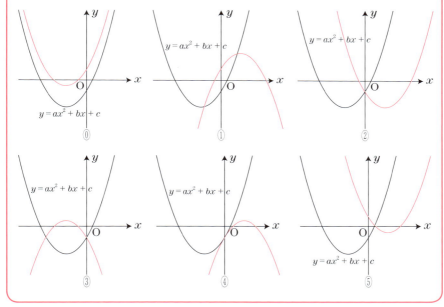

ポイント

(4)まず，b の値の符号を変えて((2)の答になる)，そのあと c の値の符号を変えます。(5)も同様です。

c の値の符号を変えて，そのあと b の値の符号を変えても OK です

解答

(1) ④　←　$(0,\ c)$ に関して対称移動したもの
(2) ②　←　y 軸に関して対称移動したもの
(3) ⓪　←　y 軸の方向に $-2c$ だけ平行移動したもの
(4) ⑤　←　②のグラフを y 軸方向に $-2c$ だけ平行移動したもの
(5) ③　←　②のグラフを $(0,\ c)$ に関して対称移動したもの

パターン 31 置き換えて2次関数

置き換えたら範囲に注意する!!

ここで使う手法は，2次関数だけではなく，「数学Ⅱ」の「三角関数，指数・対数関数」でもよく用いられます。

例 $y = x^4 + 4x^2 + 5$ の最小値を求めよ。

上は x の4次関数です。$t = x^2$ …① とおくと，

$\boxed{y = x^4 + 4x^2 + 5}$ —$t = x^2$ とおくと→ $\boxed{y = t^2 + 4t + 5 \quad \cdots ②}$ ← $x^4 = x^2 \cdot x^2 = t \cdot t = t^2$

ところが

$$y = t^2 + 4t + 5 = (t+2)^2 + 1 \quad \cdots ②$$

より，y の最小値は 1 ($t = -2$ のとき)とはなりません!!

$t = -2$ のときは

$$x^2 = -2 \quad \text{←①に代入}$$

を意味するけど，これは**起こりえません!!** ← (実数)$^2 \geq 0$ に矛盾する

これは

　　　t の範囲を無視している

からダメなのです。

〈正しい **答**〉

①より $t \geq 0$

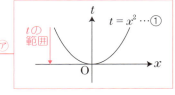

したがって，**$t \geq 0$ の範囲**で，②の最小値を考えることになるので，正しいグラフは右図。よって，最小値は

　　5 ($t = 0$，つまり①より $x = 0$ のとき)

となります。

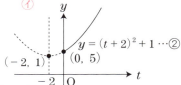

この問題は

$\begin{cases} ㋐ & 置き換えのグラフ(t の範囲を求めるグラフ) \\ ㋑ & 最大，最小を求めるグラフ \end{cases}$

の2つが出てくるけど，混乱しないようにしてください(例題③ も ㋐, ㋑ と区別しています)。

例題 ③

(1) $y = (x^2 - 3)^2 - 4(x^2 - 3) + 8$ の最小値を求めよ。
(2) $y = (x^2 - 2x + 5)^2 - 2(x^2 - 2x + 5) + a$ の最小値が 10 となるような、定数 a の値を求めよ。

ポイント

㋐置き換えのグラフと、㋑最大、最小を求めるグラフに注意!!

(2) は最小値を求めて、

(最小値) = 10 ← a の方程式

を解く問題です。

解答

(1) $t = x^2 - 3 \cdots ①$ とおくと、$t \geqq -3$ ←範囲 ㋐

このとき、与えられた関数は、
$y = t^2 - 4t + 8$ ← $t \geqq -3$ の範囲でこの関数の最小値を考える
$= (t - 2)^2 + 4$

これよりグラフは右のようになり、

最小値は 4

$\begin{pmatrix} t = 2 \text{ のとき、①より } 2 = x^2 - 3 \text{ だから} \\ x = \pm\sqrt{5} \text{ のとき} \end{pmatrix}$

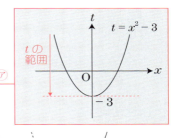

(2) $t = x^2 - 2x + 5$ とおくと、
$t = (x - 1)^2 + 4$ ←範囲 ㋐
より、$t \geqq 4$

このとき、与えられた関数は
$y = t^2 - 2t + a$ ←ポイント
$= (t - 1)^2 - 1 + a$

条件は $t \geqq 4$ においてこの関数の最小値が 10 ということ

より、条件は
$8 + a = 10$ ← (最小値) = 10
$\therefore \quad a = 2$

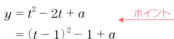

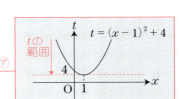

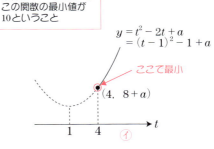

パターン31 置き換えて2次関数

パターン 32　2次不等式の解法

2次不等式は不等号の向きで判断せよ!!

2次不等式 $ax^2 + bx + c > 0$ の解は，2次方程式 $ax^2 + bx + c = 0$ の解と**関連しています**。

2次不等式の解法

① 2次方程式が2実数解 α, β ($\alpha < \beta$) をもつとき ($D > 0$ 型)
 - (ア) $(x - \alpha)(x - \beta) < 0$ ⇔ $\alpha < x < \beta$ ← < は α と β の**内側**
 - (イ) $(x - \alpha)(x - \beta) > 0$ ⇔ $x < \alpha$, $x > \beta$ ← > は α と β の**外側**

② 2次方程式が重解をもつ，または実数解をもたないとき ($D \leq 0$ 型)
 → グラフをかいて考える

〈①について〉

たとえば，$(x-3)(x-5) < 0$ の解で説明します。$y = (x-3)(x-5)$ とおくと，

$(x-3)(x-5) < 0$ となるところ ⟺ グラフで $y < 0$ となるところ

そこで $y = (x-3)(x-5)$ のグラフにおいて $y < 0$ のところを考えると　$3 < x < 5$ ← 3 と 5 の**内側**
となります。同様に

$(x-3)(x-5) > 0$ の解 ⇔ $y = (x-3)(x-5)$ のグラフにおいて $y > 0$ となるところ ⇔ $x < 3$, $x > 5$
　　3 と 5 の**外側**

2実数解をもつタイプはよく出てくるので，グラフをかかずに不等号の**向き**で**内側か外側か**判断できるようにします。

注意　ちなみに，$-(x-3)(x-5) < 0$ は < だけど，**外側**になります。
これは，両辺に -1 を掛ければ $(x-3)(x-5) > 0$ となります。
x^2 の係数は**必ず正**としてから，不等号の向きで判断します。

〈②について〉

重解のときと，実数解をもたないときは1回ごとにグラフをかく（または頭に思い浮かべる）ようにします。

例題 32

次の2次不等式を解け。
(1) $x^2 - 8x + 15 \geqq 0$ (2) $x^2 - 2x - 1 < 0$ (3) $x^2 - 6x + 9 \leqq 0$
(4) $x^2 - x + 2 > 0$ (5) $x^2 - x + 2 < 0$

ポイント

(1)は因数分解できて，$D > 0$　(3)は $D = 0$　(2), (4), (5)ははじめに D を計算します。すると，(2)は $D > 0$ だから向きで判断。(4), (5)は $D < 0$ だからグラフをかいて考えます。

解答

(1) $x^2 - 8x + 15 = 0$ の解は
　　$x = 3, \ 5$ ← $(x-3)(x-5)=0$ より
　よって，$x^2 - 8x + 15 \geqq 0$ の解は
　　$x \leqq 3, \ x \geqq 5$ ← $\geqq$ は外側!!

(2) $x^2 - 2x - 1 = 0$ の解は $x = 1 \pm \sqrt{2}$ ← 解の公式
　よって，$x^2 - 2x - 1 < 0$ の解は
　　$1 - \sqrt{2} < x < 1 + \sqrt{2}$ ← $<$ は内側!!

(3) $y = x^2 - 6x + 9$ とおき，$y \leqq 0$ となる範囲を調べる。
　$y = (x-3)^2$ より，グラフは右図。
　よって，$y \leqq 0$ となるのは
　　$x = 3$（のみ）

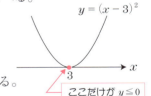
ここだけが $y \leqq 0$

(4) $y = x^2 - x + 2$ とおき，$y > 0$ となる範囲を調べる。

$y = \left(x - \dfrac{1}{2}\right)^2 + \dfrac{7}{4}$ より，グラフは下図。
（平方完成）

よって，$x^2 - x + 2 > 0$ の解は
　すべての（実数）x

(5) (4)と同じグラフになる。
　よって，$x^2 - x + 2 < 0$ の解は
　　解なし

(4)すべての x に対し $y > 0$ となる
(5) $y < 0$ となる x はない
グラフを読み取る

パターン32　2次不等式の解法　75

パターン 33 条件付き最大・最小問題

1文字消去せよ（範囲に注意!!）

◎条件付き最大・最小問題とは

2つの変数 x, y が，ある条件式（たとえば $x + y = 1$ のような式）を満たすとき，x, y の2変数関数（つまり，x, y の入った式のこと）の最大・最小を求める問題を**条件付き最大・最小問題**といいます。

条件付き最大・最小問題を解くコツは

1文字消去する

ということです。ただし，条件式が2次式のときは　　　たとえば $x^2 + y^2 = 1$ のような式

範囲が出てくる!! ◀── 要注意!!

ので，これは**要注意**です。

なお，x, y のどちらを消去してもよいのですが，どちらを消すかによって計算量が変わるときもあります。◀── どちらを消すべきか考えてください

例題 33

x, y を実数とする。
(1) $x - 3y = 2$ のとき，$x^2 + y^2$ の最小値を求めよ。
(2) $x^2 + y^2 = 1$ のとき，$2x + 4y^2$ の最小値，最大値を求めよ。

ポイント

(1) $x = 2 + 3y$ として，$x^2 + y^2$ に代入します（つまり x を消去）。
(2) $y^2 = 1 - x^2$ として，$2x + 4y^2$ に代入します。
　　ただし，条件式が2次式なので，範囲に注意!!

解答

(1) $x - 3y = 2$ より　$x = 2 + 3y$　…①
　　これより　$x^2 + y^2$
　　　　　　$= (2 + 3y)^2 + y^2$ ◀── 代入した
　　　　　　$= 10y^2 + 12y + 4$ ◀── 展開して整理
　　　　　　$= 10\left(y + \dfrac{3}{5}\right)^2 + \dfrac{2}{5}$ ◀── 平方完成

$f(y) = 10\left(y + \dfrac{3}{5}\right)^2 + \dfrac{2}{5}$

y の関数なので横軸は y 軸

$-\dfrac{3}{5}$

よって，最小値は $\dfrac{2}{5}$ $\left(y=-\dfrac{3}{5},\ x=\dfrac{1}{5}\ のとき\right)$

> $y=-\dfrac{3}{5}$ を①に代入して
> $x=2+3\cdot\left(-\dfrac{3}{5}\right)=\dfrac{1}{5}$

(2) $x^2+y^2=1$ より，$y^2=1-x^2$ …②

これより，$2x+4y^2$
$\quad = 2x+4(1-x^2)$ ← 代入した
$\quad = -4x^2+2x+4$ ← 整理
$\quad = -4\left(x-\dfrac{1}{4}\right)^2+\dfrac{17}{4}$ ← 平方完成

ここで，x の範囲は $-1\leqq x\leqq 1$ であるので，グラフは次のようになる。 **ポイント**

> ②において
> （左辺）$=y^2\geqq 0$
> なので
> （右辺）$=1-x^2\geqq 0$
> $\quad x^2-1\leqq 0$
> $\quad (x+1)(x-1)\leqq 0$
> $\therefore\ -1\leqq x\leqq 1$ Ⓐ

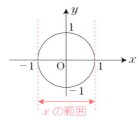

軸に関する対称性より
軸から遠い $x=-1$ のとき最小

> $x=\dfrac{1}{4}$ を②に代入して $y^2=1-\left(\dfrac{1}{4}\right)^2=\dfrac{15}{16}$
> $\therefore\ y=\pm\dfrac{\sqrt{15}}{4}$

よって，
最大値は $\dfrac{17}{4}$ $\left(x=\dfrac{1}{4},\ y=\pm\dfrac{\sqrt{15}}{4}\ のとき\right)$
最小値は -2 $(x=-1,\ y=0\ のとき)$

> $x=-1$ を②に代入して $y^2=1-(-1)^2=0$
> $\therefore\ y=0$

補足

Ⓐのところは「数学Ⅱ」の「円の方程式」を使うと **カンタン** です。

（条件式）$x^2+y^2=1$ ← (0, 0)中心，半径1の円

これを図示すると

図より x の範囲は $-1\leqq x\leqq 1$ となります。

パターン33 条件付き最大・最小問題

パターン 34 絶対不等式

すべてで成り立つ→最大値,最小値で判断する

「すべての x に対し，$f(x) \geq 0$ が成立する」

このような不等式を<u>絶対不等式</u>といいます。まずはイメージから。

例 10人が100mを走る。すべての人が20秒以内で走るとはどういうことか？

START　この人に注目!!　GOAL

「すべての人が20秒以内で走る」の真偽の判定では，**全員のタイムを計る必要はありません**。というのは，**「一番足の遅い人」**（図の○の人）**が20秒以内だったら，間違いなく全員20秒以内**だからです。
（逆に，全員が20秒以内ならば，もちろん「一番足の遅い人」も20秒以内!!）。

よって，

すべての人が20秒以内（絶対不等式） ⇔（同値）⇔ 一番足の遅い人が20秒以内

が成り立ちます。

まとめ

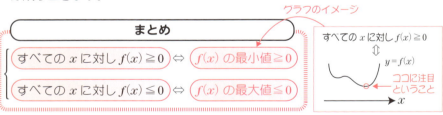

$\begin{cases} \text{すべての } x \text{ に対し } f(x) \geq 0 \Leftrightarrow f(x) \text{ の最小値} \geq 0 \\ \text{すべての } x \text{ に対し } f(x) \leq 0 \Leftrightarrow f(x) \text{ の最大値} \leq 0 \end{cases}$

グラフのイメージ：すべての x に対し $f(x) \geq 0$ ⇔ $y=f(x)$ ココに注目ということ

例題 34

(1) すべての実数 x に対して $x^2 - 2ax + 2a + 3 > 0$ が成り立つように，定数 a の値の範囲を求めよ。

(2) $x \geq 0$ のすべての x に対して $x^2 - 2ax + 2a + 3 > 0$ が成り立つように，定数 a の値の範囲を求めよ。

ポイント

「最小値で判断する！」がポイント。

(1) x がすべての実数を動くときの最小値だから，頂点で最小です。
(2) $x \geq 0$ のときの最小値だから，場合分けして求めます（パターン21 参照）。

解答

$f(x) = x^2 - 2ax + 2a + 3$ とおく。

(1) （$f(x)$ の最小値）> 0 であればよい。

$f(x) = (x-a)^2 - a^2 + 2a + 3$ ← 平方完成

条件は
$$-a^2 + 2a + 3 > 0$$
$$a^2 - 2a - 3 < 0 \quad \times(-1)$$
$$(a-3)(a+1) < 0$$
$$\therefore \ -1 < a < 3$$

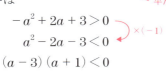

参考 (1)は $D < 0$ でやってもOKです
$\dfrac{D}{4} < 0 \Leftrightarrow (-a)^2 - (2a+3) < 0$
$\Leftrightarrow a^2 - 2a - 3 < 0$
（同じ不等式）

(2) $\begin{pmatrix} x \geq 0 \text{ における} \\ f(x) \text{ の最小値} \end{pmatrix} > 0$ であればよい。 ← これが条件

(ⅰ)のとき　　(ⅱ)のとき

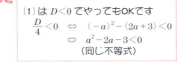

(ⅰ) $a \geq 0$ のとき
条件は $-a^2 + 2a + 3 > 0$
$\therefore \ -1 < a < 3$
よって，$0 \leq a < 3$

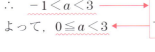

(ⅱ) $a < 0$ のとき
条件は $f(0) > 0$
$$2a + 3 > 0$$
$$\therefore \ a > -\dfrac{3}{2}$$
よって，$-\dfrac{3}{2} < a < 0$

最後は(ⅰ)，(ⅱ)の和集合

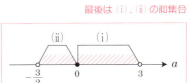

(ⅰ)，(ⅱ)より，求める a の値の範囲は
$$-\dfrac{3}{2} < a < 3$$

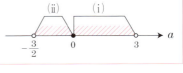

パターン 35 解の配置

(i) 解の範囲が1つずつ指定 ➡ 端点だけで判断
(ii) 解の範囲が2ついっぺんに指定 ➡ 判別式と解と係数の関係

《(i)について》

例 $f(x) = ax^2 + bx + c \ (a>0)$ とする。$y = f(x)$ のグラフが、$2 < x < 3$ と $4 < x < 5$ で x 軸とそれぞれ1点で交わるための条件を求めよ。

"x軸との共有点" = "2次方程式の解" です（**パターン26**）。

上の例のように、その解の範囲が**1つずつ指定**されているときは**端点**（範囲の端(はし)の点）の**y座標の正・負**だけで判断できます。だから、上の例の場合、右のグラフより、条件は

$$\begin{cases} f(2) > 0 \\ f(3) < 0 \\ f(4) < 0 \\ f(5) > 0 \end{cases}$$

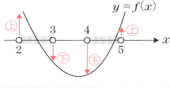

範囲の端の点（この場合 $x = 2, 3, 4, 5$）の y 座標の正負で判断

となります。

《(ii)について》

1解ずつではなく、**2解いっぺんに指定**されたときは次の公式を使います。共通テストの大部分は下のやり方で解けますが、もう少し複雑なものは次の**パターン36**を使います。

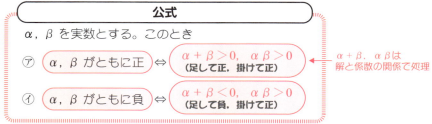

$\alpha + \beta$, $\alpha\beta$ は解と係数の関係で処理

《㋐の 証明》

α, β がともに正ならば、$\alpha + \beta > 0$, $\alpha\beta > 0$ は明らか。

逆に $\alpha + \beta > 0$, $\alpha\beta > 0$ とする。$\alpha\beta > 0$ より、(α, β) は（正, 正）か（負, 負）であるが、$\alpha + \beta > 0$ なので、α, β はともに正。

80　パターン編

例題 35

2次方程式 $x^2 - 2kx + 2k^2 - 4k = 0$ の解が次の条件を満たすように，定数 k の値の範囲を求めよ。

(1) 異符号の解をもつ
(2) 異なる2つの正の実数解をもつ

ポイント

(1) 1つずつ指定です（2解の1つは $x > 0$，もう1つは $x < 0$）。
(2) 2解がともに正なので，左ページ㋐を利用。

解答

(1) $f(x) = x^2 - 2kx + 2k^2 - 4k$ とおく。
このとき，条件は
$$f(0) < 0 \quad \text{← 端点で判断}$$
$$2k^2 - 4k < 0$$
$$k(k-2) < 0$$
∴ $0 < k < 2$

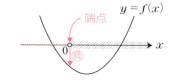

(2) x 軸との共有点の x 座標を α, β とおく。
このとき，条件は

$\begin{cases} ① & D > 0 \\ ② & \alpha + \beta > 0 \\ ③ & \alpha\beta > 0 \end{cases}$

計算すると
$-k^2 + 4k > 0$
$k^2 - 4k < 0$
$k(k-4) < 0$
∴ $0 < k < 4$

解と係数の関係より
$\begin{cases} \alpha + \beta = -(-2k) = 2k \\ \alpha\beta = 2k^2 - 4k \end{cases}$
（パターン24）

①は $\dfrac{D}{4} = (-k)^2 - (2k^2 - 4k) > 0$ より，$0 < k < 4$
②は $2k > 0$ より，$k > 0$
③は $2k^2 - 4k > 0$ より，$k < 0$, $k > 2$

以上より，$2 < k < 4$

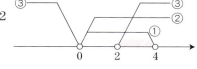

パターン35 解の配置

パターン 36 やや複雑な「2解がともに～」型の解の配置

判別式，軸，端点で判断!!

ここでは，パターン 35 よりももう少し難しい問題を扱います。考え方は少し難しいけど，慣れるとこちらのほうが使いやすいよ。

例 $f(x) = x^2 + bx + c$ とする。2次方程式 $f(x) = 0$ の異なる2つの実数解がともに正であるための条件を求めよ。

まず，**異なる2実数解**だから $D > 0$
次に，**2解がともに正**なので **軸 > 0**
それから端点の $f(0) > 0$
だから求める条件は

答 $D > 0$, 軸 > 0, $f(0) > 0$

逆にこのとき2解はともに正になります

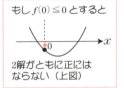

軸は α, β の真ん中にあるので $\alpha, \beta > 0$ ならば 軸 > 0

このように，「2解がともに～」といったら

① 判別式， ② 軸の位置， ③ 端点の y 座標
（$D \geq 0$ か $D > 0$）（解の範囲と同じ）（下に凸なら正 上に凸なら負）

の3つで判断できます。

もし $f(0) \leq 0$ とすると

2解がともに正にはならない（上図）

よって，**条件に適するグラフをかいて，①～③を判断**します。

例題 36

2次方程式 $x^2 - 2(a+1)x + 4 = 0$ が $x < -1$ に異なる2実数解をもつとき，定数 a の値の範囲を求めよ。

ポイント

まずは条件を満たす2次関数のグラフをかきます!! そして，

① 判別式， ② 軸， ③ 端点

を読み取ります。

解答 $f(x) = x^2 - 2(a+1)x + 4$ とおく。
右のグラフより条件を読み取ると，

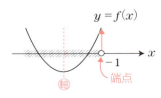

$$\begin{cases} ① & D>0 \\ ② & 軸<-1 \\ ③ & f(-1)>0 \end{cases}$$

計算部分
$a^2+2a-3>0$
$(a+3)(a-1)>0$

①は, $\dfrac{D}{4}=(a+1)^2-4>0$

これより, $a<-3,\ a>1$

②は, $a+1<-1$

$\therefore\ a<-2$

$y=ax^2+bx+c$ の軸は $x=-\dfrac{b}{2a}$
この場合は
$x=-\dfrac{-2(a+1)}{2\cdot 1}=a+1$

③は, $f(-1)=(-1)^2-2(a+1)(-1)+4>0$

$2a+7>0$

$\therefore\ a>-\dfrac{7}{2}$

これより, 求める a の値の範囲は

$-\dfrac{7}{2}<a<-3$

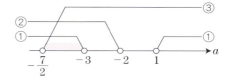

コメント パターン 35 のようにもできます。

別解 $x^2-2(a+1)x+4=0$ の2解を $\alpha,\ \beta$ とする。

(ア) $D>0$ より, $a<-3,\ a>1$ ← 上と同じ

(イ) $\begin{cases}\alpha<-1\\ \beta<-1\end{cases}$ ⇔ $\begin{cases}\alpha+1<0\\ \beta+1<0\end{cases}$ ⇔ $\begin{cases}(\alpha+1)+(\beta+1)<0\cdots\text{(ウ)}\\ (\alpha+1)(\beta+1)>0\ \cdots\text{(エ)}\end{cases}$

(2解がともに -1 より小さい) (移項してともに負の形に) (和が負, 積が正)

(ウ) より, $\alpha+\beta<-2$

$2(a+1)<-2$

$\therefore\ a<-2$

解と係数の関係より
$\begin{cases}\alpha+\beta=2(a+1)\\ \alpha\beta=4\end{cases}$ (パターン 24)

(エ) より, $\alpha\beta+(\alpha+\beta)+1>0$

$4+2(a+1)+1>0$

$\therefore\ a>-\dfrac{7}{2}$

これより,

$-\dfrac{7}{2}<a<-3$

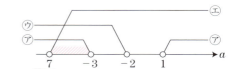

パターン36 やや複雑な「2解がともに～」型の解の配置

パターン 37　代表値

- 平均値 ➡ データの総和をデータの個数で割ったもの
- 最頻値 ➡ 最も個数の多い値
- 中央値 ➡ データの真ん中の値

データの特徴を表す1つの数値を**代表値**といいます。代表値には，**平均値**，**最頻値**，**中央値**の3つがあります。

◎平均値

変量 x についてのデータが $x_1, x_2, \cdots\cdots, x_n$ であるとき，それらの総和をデータの個数（大きさ）n で割ったものをデータの**平均値**といいます。

$$（平均値）= \frac{x_1 + x_2 + \cdots\cdots + x_n}{n}$$

← 平均値は $\overline{x}$ で表します

例 3, 4, 4, 6 の平均値 $\overline{x}$ を求めよ。

答 $\overline{x} = \dfrac{3+4+4+6}{4} = \dfrac{17}{4} = 4.25$ ← 4個のデータを足して4で割ったもの

◎最頻値（モード）

データにおいて最も個数の多い値をそのデータの**最頻値（モード）**といいます。度数分布表の場合は，度数の最も大きい階級の**階級値**（階級の中央の値）をいいます。

たとえば，右のような靴のサイズ別の販売数において最頻値は25cmです。

サイズ(cm)	販売数
24	3
25	⑩
26	7
27	4

◎中央値（メジアン）

データを大きさ順に並べたとき，中央にくる値を**中央値（メジアン）**といいます。データの個数が偶数個のときと奇数個のときで定義が違うので注意してください。

例❶ 1, 3, 6, 7, 14 の中央値

答 中央値は 6 ← データの個数が5個の場合は3番目の値が中央値

例❷ 2, 4, 5, 8 の中央値

答 中央値は $\dfrac{4+5}{2} = 4.5$ ← データの個数が4個の場合は2番目と3番目の値の平均値が中央値

例題 37

次の表は生徒21人のテストの得点と人数を示したものである。

得点(点)	5	6	7	8	9	10	計
人数(人)	1	2	a	b	4	3	21

(ただし, a, b は自然数)

(1) 得点の最頻値が7点のとき, a, b の値を求めよ。
(2) 得点の中央値が7点のとき, a, b の値を求めよ。
(3) 得点の平均値が8点のとき, a, b の値を求めよ。

ポイント

合計が21人なので, $a + b = 11$ (人) とわかります。 ← $21 - (1 + 2 + 4 + 3)$

(1) a が最も大きな値ということです。
(2) 21人なので, 11番目 (真ん中の人) が7点ということです。
(3) 連立方程式を作って解きます。

解答

$$a + b = 21 - (1 + 2 + 4 + 3) = 11 \quad \cdots ①$$

(1) 7点の人数がいちばん多いので

$$a > 4 \quad かつ \quad a > b$$

← このとき, 最頻値は7点になる

であればよい。よって,

$$(a, b) = (6, 5), (7, 4), (8, 3), (9, 2), (10, 1)$$

← $a + b = 11$ に注意

(2) 得点が低いほうから11番目の人が7点であるから,

$$a \geq 8$$

← a が8以上なら11番目の人は7点

であればよい。よって

$$(a, b) = (8, 3), (9, 2), (10, 1)$$

← $a + b = 11$ に注意

5点が1人
6点が2人
7点がa人
8点がb人
9点が4人
10点が3人
の得点の総和

(3) 平均値が8点なので,

$$\frac{(21人の得点の総和)}{21} = \frac{5 \times 1 + 6 \times 2 + 7 \times a + 8 \times b + 9 \times 4 + 10 \times 3}{21} = 8$$

$$7a + 8b + 83 = 168$$ ← 分母を払った

$$\therefore \quad 7a + 8b = 85 \quad \cdots ②$$

①, ②より

$$(a, b) = (3, 8)$$

← 計算部分

$\begin{cases} 7a + 8b = 85 & \cdots ② \\ a + b = 11 & \cdots ① \end{cases}$
② - ① × 7 より
$b = 8$
①に代入して $a = 3$

パターン37 代表値　85

パターン 38 四分位数

中央値でデータを2等分せよ!!

データの分析では，ちらばり（データのばらつき）を調べることが重要です。

データを小さい順に並べたときに，4等分する位置にくる値を**四分位数**といい，小さい順に，**第1四分位数**（Q_1），**第2四分位数**（Q_2），**第3四分位数**（Q_3）といいます。なお，Q_2は中央値のことです。

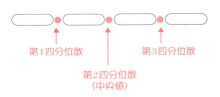

四分位数がわかると，箱ひげ図を作ることができます。

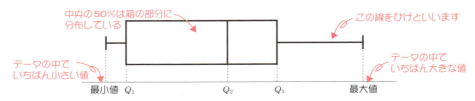

$Q_3 - Q_1$を**四分位範囲**といいます。四分位範囲は中央の50%の範囲の幅を表します。これが大きいときは，ちらばりが大きいことを意味します。また，最大値と最小値の差を**範囲**といいます。これもちらばりを表すひとつの指標です。

たとえば，右の(A)と(B)では，(A)のほうがちらばりが大きいとわかります。

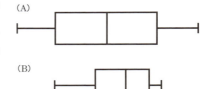

四分位数の求め方

(ⅰ) 中央値を求める（これがQ_2）
(ⅱ) 中央値でデータを上位，下位に2等分し
　　中央値より上位のデータの中央値を求める（これがQ_3）
　　中央値より下位のデータの中央値を求める（これがQ_1）

＊データの個数の偶奇によって扱いが変わることに注意!!

データの個数が偶数のときは，単純に2等分します。

〈12個の場合〉

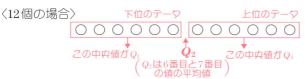

データの個数が奇数のときは，中央値を除いて2等分します。

〈13個の場合〉

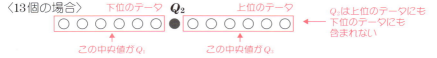

例題 38

次のデータの四分位数と四分位範囲を求めよ。
(1) 2, 3, 3, 4, 5, 6, 6, 7, 8 (2) 1, 1, 2, 2, 4, 5, 6, 7, 7, 8, 9, 9

ポイント

(1)はデータの個数が9個なので，中央値は5番目の値。(2)はデータの個数が12個なので，中央値は6番目と7番目の値の平均値になります。

解答

(1) $Q_2 = 5$ ← 5番目の値 ← 5は上位のデータにも下位のデータにも含まれない

このとき，下位のデータ ｜ 2 3 3 4 ｜ 5 ｜ 6 6 7 8 ｜ 上位のデータ
中央値は　　　　中央値は

$Q_1 = \dfrac{3+3}{2} = 3$ $Q_3 = \dfrac{6+7}{2} = 6.5$ ← 2番目と3番目の値の平均値が中央値

よって，$Q_1 = 3$, $Q_2 = 5$, $Q_3 = 6.5$
また，四分位範囲は $Q_3 - Q_1 = 3.5$

(2) $Q_2 = \dfrac{5+6}{2} = 5.5$ ← 6番目と7番目の値の平均値

このとき，下位のデータ ｜ 1 1 2 2 4 5 ｜ ｜ 6 7 7 8 9 9 ｜ 上位のデータ
中央値は　　　　中央値は

$Q_1 = \dfrac{2+2}{2} = 2$ $Q_3 = \dfrac{7+8}{2} = 7.5$ ← 3番目と4番目の値の平均値が中央値

よって，$Q_1 = 2$, $Q_2 = 5.5$, $Q_3 = 7.5$
また，四分位範囲は $Q_3 - Q_1 = 5.5$

パターン 39 分散，標準偏差

分散は（偏差）²の平均値

n個のデータx_1, x_2, ……, x_nの平均値を$\bar{x}$とするとき，平均値からの差

$$x_1-\bar{x}, \ x_2-\bar{x}, \ \cdots\cdots, \ x_n-\bar{x}$$

を偏差といいます。

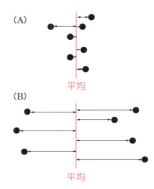

(A)

(B)

平均

偏差もちらばりを表します。右図で（B）のほうがデータの各値が平均からはなれたところに分布しているので，ちらばりが大きくなっています。

偏差の平均的な値を調べたいのですが，偏差を平均すると，プラスの部分とマイナスの部分で打ち消されて，0になってしまいます。

〈4個のデータ a, b, c, d の場合だと……〉

$\bar{x}=\dfrac{a+b+c+d}{4}$ である。偏差 $a-\bar{x}$, $b-\bar{x}$, $c-\bar{x}$, $d-\bar{x}$ の平均値は

$$\dfrac{(a-\bar{x})+(b-\bar{x})+(c-\bar{x})+(d-\bar{x})}{4}=\dfrac{a+b+c+d-4\bar{x}}{4} \quad \bar{x}=\dfrac{a+b+c+d}{4} \text{を代入}$$

$$=\dfrac{a+b+c+d-4\cdot\dfrac{a+b+c+d}{4}}{4}=0$$

そこで，偏差の2乗（2乗すると，すべて0以上になる）の平均値を考え，これを分散（s^2）といいます。また，分散の正の平方根を標準偏差（s）といいます。

分散：$s^2 = \dfrac{(x_1-\bar{x})^2+(x_2-\bar{x})^2+\cdots\cdots+(x_n-\bar{x})^2}{n}$

（標準偏差）＝ $\sqrt{（分散）}$

また，分散については，次が成り立ちます。

分散についての重要公式

$$s^2 = \overline{x^2} - (\bar{x})^2 \quad \longleftarrow \text{（分散）＝（2乗の平均値）－（平均値の2乗）}$$

例題 39

次の表は、変量 x, y のデータである。

x	4	5	6	4	6
y	8	2	3	9	10

x, y の分散、標準偏差を求めよ。

ポイント

直感的に y のほうがちらばりが大きいとわかるので、分散、標準偏差はともに y のほうが大きくなります。また、y の平均値は整数ではありません。このような場合、分散は、前ページの 公式 を利用したほうが簡単です。

解答

x, y の平均値をそれぞれ $\overline{x}$, $\overline{y}$ とすると、

$$\overline{x} = \frac{4+5+6+4+6}{5} = 5 \qquad \overline{y} = \frac{8+2+3+9+10}{5} = \frac{32}{5} = 6.4$$

よって、x の各値の偏差は

$$4-5,\ 5-5,\ 6-5,\ 4-5,\ 6-5$$

計算すると
$-1,\ 0,\ 1,\ -1,\ 1$

であるから、x の分散 s_x^2 は、(偏差の2乗の平均値)

$$s_x^2 = \frac{(-1)^2+0^2+1^2+(-1)^2+1^2}{5} = \frac{4}{5} = 0.8$$

また、x の標準偏差は $s_x = \sqrt{0.8}$

一方、y^2 の平均値 $\overline{y^2}$ は

$$\overline{y^2} = \frac{8^2+2^2+3^2+9^2+10^2}{5} = \frac{64+4+9+81+100}{5} = \frac{258}{5}$$

よって、y の分散 s_y^2 は

$$s_y^2 = \overline{y^2} - (\overline{y})^2 \quad \text{←前ページの公式}$$
$$= \frac{258}{5} - \left(\frac{32}{5}\right)^2 = \frac{266}{25}$$

$$s_y^2 = \frac{(8-6.4)^2+(2-6.4)^2+(3-6.4)^2+(9-6.4)^2+(10-6.4)^2}{5}$$
$$= \frac{1.6^2+(-4.4)^2+(-3.4)^2+2.6^2+3.6^2}{5}$$

とやると、計算が大変です

したがって、y の標準偏差は

$$s_y = \sqrt{\frac{266}{25}} = \frac{\sqrt{266}}{5}$$

$s_y > s_x$ になっています
（直感と一致する）

パターン 40 相関係数 1

偏差 $x-\bar{x}$, $y-\bar{y}$ の表を作れ!!

2つの変量 x, y について，一方が増えると他方が増える傾向にあるとき（図1），2つの変量には**正の相関関係**があるといいます。逆に，一方が増えると他方が減る傾向にあるとき（図2），2つの変量には**負の相関関係**があるといいます。

どちらの傾向もないときは，**相関関係がない**といいます。

相関関係の正負とその強弱は，相関係数という数値で表されます。相関係数を計算するには，共分散を求める必要があります。

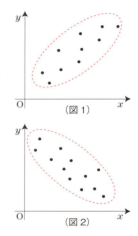
（図1）
（図2）

◎ 共 分 散

2つの変量 x, y に対し，x の偏差と y の偏差の積 $(x_k-\bar{x})(y_k-\bar{y})$ の平均値を x と y の共分散といい，s_{xy} で表します。

$$s_{xy} = \frac{(x_1-\bar{x})(y_1-\bar{y})+(x_2-\bar{x})(y_2-\bar{y})+\cdots\cdots+(x_n-\bar{x})(y_n-\bar{y})}{n}$$

◎ 相関係数

2つの変量 x, y に対し，x と y の共分散 s_{xy} を x と y の標準偏差の積 $s_x s_y$ で割ったものを x と y の相関係数といい，r で表します。

$$r = \frac{s_{xy}}{s_x s_y}$$

計算するときは，各値の偏差 $x-\bar{x}$, $y-\bar{y}$ の表を作ることがポイントです。

$x-\bar{x}$	a_1	a_2	……	a_n
$y-\bar{y}$	b_1	b_2	……	b_n

このとき，「$\{a_k b_k\}$ の平均値」が共分散，「$\{a_k^2\}$ の平均値」が x の分散，「$\{b_k^2\}$ の平均値」が y の分散になります。

（標準偏差）は $\sqrt{分散}$

例題 40

右の表は生徒5人の国語のテストの点数 x と英語のテストの点数 y の結果である。

番号	1	2	3	4	5
x	4	7	9	9	6
y	5	6	8	9	7

このとき, x と y の相関係数 r を求めよ。

ポイント

x と y の平均値を計算して, 偏差の表を作成します。

解答

x と y の平均値をそれぞれ $\overline{x}$, $\overline{y}$ とすると

$$\overline{x} = \frac{4+7+9+9+6}{5} = \frac{35}{5} = 7, \quad \overline{y} = \frac{5+6+8+9+7}{5} = \frac{35}{5} = 7$$

これより, x と y の各値の偏差の表は次のようになる。

番号	1	2	3	4	5
$x - \overline{x}$	-3	0	2	2	-1
$y - \overline{y}$	-2	-1	1	2	0

← 平均値からの差が偏差

これより, 共分散 s_{xy} は

$$s_{xy} = \frac{(-3)(-2) + 0 \cdot (-1) + 2 \cdot 1 + 2 \cdot 2 + (-1) \cdot 0}{5} = \frac{12}{5}$$

←「偏差の積」の平均値

一方, 標準偏差 s_x, s_y は

$$s_x = \sqrt{\frac{(-3)^2 + 0^2 + 2^2 + 2^2 + (-1)^2}{5}} = \sqrt{\frac{18}{5}}$$

$$s_y = \sqrt{\frac{(-2)^2 + (-1)^2 + 1^2 + 2^2 + 0^2}{5}} = \sqrt{2}$$

←「偏差の2乗」の平均値が分散。分散の正の平方根が標準偏差

これより,

$$r = \frac{s_{xy}}{s_x s_y} = \frac{\frac{12}{5}}{\sqrt{\frac{18}{5}} \times \sqrt{2}} = \frac{2\sqrt{5}}{5} \quad (\fallingdotseq 0.89)$$

パターン40 相関係数1

パターン 41 相関係数2

散布図からおおよその相関係数を読み取れ

相関係数 r について，次の性質が成り立ちます。

相関係数の性質

(1) $-1 \leqq r \leqq 1$ である。
(2) （i） r の値が1に近いとき，強い正の相関関係がある。r が1に近ければ近いほど，傾きが正の直線に近い分布をする。
　　（ii）r の値が-1に近いとき，強い負の相関関係がある。r が-1に近ければ近いほど，傾きが負の直線に近い分布をする。
　　（iii）r の値が0に近いとき，直線的な相関関係はない。

散布図からおおよその相関係数が推定できるようにしてください。

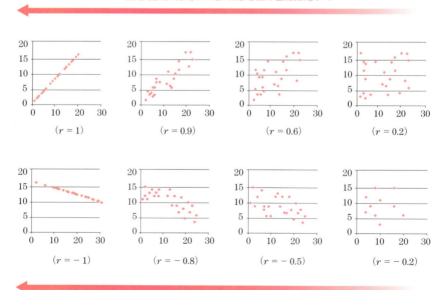

相関関数が1に近づくと，傾きが正の直線に近づく

相関関数が-1に近づくと，傾きが負の直線に近づく

例題 41

次のそれぞれの散布図に最も近い相関係数 (r) はどれか。

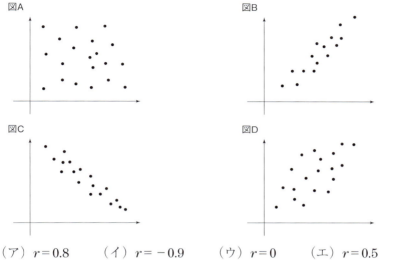

（ア） $r=0.8$　　（イ） $r=-0.9$　　（ウ） $r=0$　　（エ） $r=0.5$

ポイント

散布図から相関係数を読み取る際には、細かいこと（たとえば0.7なのか0.67なのか）は読み取れません!!

正の相関関係，負の相関関係，相関関係がない

のうちどれかを見抜いて、その強弱を読み取ってください。上図では、図Bと図Dは正の相関関係があり、その強弱は、図Bのほうが強いとわかります。また、図Cは負の相関関係で、図Aは相関関係がありません。

解答

図Aは （ウ）　←── 相関係数は0に近い値なので(ウ)

図Bは （ア）　←── 正の相関関係で図Bのほうが図Dより
　　　　　　　　　 強いので，(ア)が図B，(エ)が図D
図Cは （イ）　←

図Dは （エ）　←── 負の相関関係なので(イ)

パターン 42 変量xにpを加えた新しい変量$x_1 = x + p$を考えると

- 平均値はpだけ増える!!
- 分散,標準偏差,共分散,相関係数は変わらない!!

変量xの各データの値にpを加えることによって,新しい変量$x_1 = x + p$を作ることができます。このとき,2つの平均値$\overline{x}$, $\overline{x_1}$の間には,

$$\overline{x_1} = \overline{x} + p \quad \cdots ①$$

← 平均値はpだけ増える

が成り立ちます。

たとえば,変量xが3個のデータa, b, cのとき, ← このとき,$\overline{x} = \dfrac{a+b+c}{3}$

新しい変量x_1のデータは

$$a + p,\ b + p,\ c + p$$

なので,x_1の平均値は

$$\overline{x_1} = \frac{(a+p)+(b+p)+(c+p)}{3} = \frac{a+b+c}{3} + p = \overline{x} + p$$

となり,①が成り立つことがわかります。また,このとき,

データの各値の偏差は変わりません!!

上の例の場合,x_1の各値の偏差は,

$$a + p - \overline{x_1},\ b + p - \overline{x_1},\ c + p - \overline{x_1}$$

← 平均値からの差が偏差

となり,$\overline{x_1} = \overline{x} + p$を代入すると,

$$a - \overline{x},\ b - \overline{x},\ c - \overline{x} \quad ← pが消える$$

なので,これは,xの各値の偏差と一致します。

ここで,分散s_x^2,標準偏差s_xの定義は

← ということは各値の偏差が一致すればその値の2乗の平均値も一致する

$$s_x^2 = (「xの偏差の2乗」の平均値),\ s_x = \sqrt{(分散)}$$

なので,xとx_1では分散,標準偏差が一致し,

$$s_x^2 = s_{x_1}^2,\ s_x = s_{x_1}$$

← xとx_1は分散,標準偏差が変わらない

が成り立ちます。

さらに,

← 各値の偏差が変わらなければ共分散も変わらない

$$(xとyの共分散) = (「xとyの偏差の積」の平均値)$$

$$(xとyの相関係数) = \frac{s_{xy}}{s_x s_y}$$

← 共分散と標準偏差が変わらなければ相関係数も変わらない

なので,

$$(x と y の共分散) = (x_1 と y の共分散)$$
$$(x と y の相関係数) = (x_1 と y の相関係数)$$

が成り立ちます。

〈イメージ〉

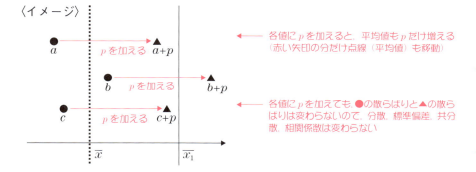

各値に p を加えると, 平均値も p だけ増える(赤い矢印の分だけ点線(平均値)も移動)

各値に p を加えても, ●の散らばりと▲の散らばりは変わらないので, 分散, 標準偏差, 共分散, 相関係数は変わらない

例題 42

(1) 右の表は、学力テストの点数 x についての結果をまとめたものである。変量 u を $u = x - 50$ で定義するとき, u の平均値, 分散, 標準偏差を求めよ。

	平均値	分散	標準偏差
x	62.1	16	4

(2) 2つの変量 x, y があり, x と y の共分散は, -3.24, 相関係数は, -0.42 とする。新しい変量 u を $u = x - 50$ で定義するとき, u と y の共分散, 相関係数を求めよ。

解答

(1) 平均値は, $62.1 - 50 = 12.1$ ← $\overline{u} = \overline{x} - 50$
 分散は, 16 ⎫
 標準偏差は, 4 ⎭ 分散と標準偏差は変わらない

(2) 共分散は, -3.24 ⎫
 相関係数は, -0.42 ⎭ 共分散と相関係数は変わらない

パターン 43 変量 x を k 倍した新しい変量 $x_2 = kx$ を考えると

- 平均値，標準偏差，共分散は k 倍
- 分散は k^2 倍
- 相関係数は変わらない

今度は，変量 x の各データの値を k 倍して，新しい変量 $x_2 = kx$ を作ります。このとき，2つの平均値 $\overline{x}$，$\overline{x_2}$ の間には

$$\boxed{\overline{x_2} = k\overline{x}} \quad \leftarrow \text{平均値は } k \text{ 倍になる}$$

が成り立ちます。これも パターン42 で扱った3個のデータの場合で確かめてみましょう。新しい変量 $x_2 = kx$ のデータは

$$ka, \quad kb, \quad kc$$

です。よって，x_2 の平均値は $\qquad \overline{x} = \dfrac{a+b+c}{3} \text{ より}$

$$\overline{x_2} = \frac{ka+kb+kc}{3} = k \cdot \frac{a+b+c}{3} = k\overline{x}$$

また，x_2 のデータの各値の偏差は $\qquad$ 平均値からの差が偏差

$$ka - \overline{x_2}, \quad kb - \overline{x_2}, \quad kc - \overline{x_2}$$

なので，$\overline{x_2} = k\overline{x}$ を代入すると $\qquad$ x の各値の偏差 $a - \overline{x}, b - \overline{x}, c - \overline{x}$ の k 倍になっている

$$k(a - \overline{x}), \quad k(b - \overline{x}), \quad k(c - \overline{x})$$

となり，x_2 の各値の偏差は x の各値の偏差の k 倍になっていることがわかります。

これより，

$$\boxed{s_{x_2}^2 = k^2 s_x^2} \quad \leftarrow \text{分散は } k^2 \text{ 倍}$$

が成り立ちます。実際，上の例の場合

$$s_{x_2}^2 = \frac{\{k(a-\overline{x})\}^2 + \{k(b-\overline{x})\}^2 + \{k(c-\overline{x})\}^2}{3} \quad \leftarrow \text{分散は偏差の2乗の平均値}$$

$$= k^2 \cdot \frac{(a-\overline{x})^2 + (b-\overline{x})^2 + (c-\overline{x})^2}{3}$$

$$= k^2 s_x^2$$

さらに，標準偏差は $\sqrt{\text{分散}}$ なので，$s_{x_2} = k s_x$ も成り立ちます。

同様に，

$$\boxed{(x_2 \text{ と } y \text{ の共分散}) = k \times (x \text{ と } y \text{ の共分散})}$$

が成り立ちます。

これも，94ページの例に変量 y を加えた右の表で計算すると，

x	a	b	c
x_2	ka	kb	kc
y	d	e	f

$(x_2$ と y の共分散$)$

$= \dfrac{k(a-\overline{x})(d-\overline{y}) + k(b-\overline{x})(e-\overline{y}) + k(c-\overline{x})(f-\overline{y})}{3}$ ← 共分散は偏差の積の平均値

$= k \times \dfrac{(a-\overline{x})(d-\overline{y}) + (b-\overline{x})(e-\overline{y}) + (c-\overline{x})(f-\overline{y})}{3}$

$= k \times (x$ と y の共分散$)$

よりわかります。また，相関係数の定義は，

$r = \dfrac{s_{xy}}{s_x s_y}$

なので，x が x_2 になると，共分散は k 倍，標準偏差も k 倍。よって，相関係数は変わらない（分母・分子がそれぞれ k 倍されても値は変わらない），つまり，

$(x_2$ と y の相関係数$) = (x$ と y の相関係数$)$

が成り立ちます。

例題 43

(1) 右の表は，学力テストの点数 x についての結果をまとめたものである。変量 u を $u = \dfrac{1}{3}x$ で定義するとき，u の平均値，分散，標準偏差を求めよ。

	平均値	分散	標準偏差
x	62.1	16	4

(2) 2つの変量 x, y があり，x と y の共分散は -3.24，相関係数は -0.42 とする。新しい変量 u を $u = \dfrac{1}{3}x$ で定義するとき，u と y の共分散，相関係数を求めよ。

解答

(1) 平均値は $\dfrac{1}{3} \times 62.1 = 20.7$ ← 平均値は k 倍

分散は $\left(\dfrac{1}{3}\right)^2 \times 16 = \dfrac{16}{9}$ ← 分散は k^2 倍

標準偏差は $\dfrac{1}{3} \times 4 = \dfrac{4}{3}$ ← 標準偏差は k 倍

(2) 共分散は $\dfrac{1}{3} \times (-3.24) = -1.08$ ← 共分散は k 倍

相関係数は -0.42 ← 相関係数は変わらない

パターン 43　変量 x を k 倍した新しい変量 $x_2 = kx$ を考えると

パターン 44 集合に関する記号

どこを指すか瞬時に判別できるように練習せよ!!

まずは，集合の扱い方から。

◎ **共通部分，和集合，補集合**

① **共通部分** $A \cap B$ → 集合 A, B のどちらにも属する要素全体の集合
　「かつ」と読む

② **和集合** $A \cup B$ → 集合 A, B の少なくとも一方に属する要素全体の集合
　「または」と読む

③ **補集合** $\overline{A}$ → 全体集合 U の部分集合 A に対して，A に属さない U の要素全体の集合
　「Aバー」と読む

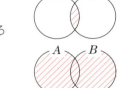

これが定義です。もっと端的にいうと，

$A \cap B$ → **A でしかも B のところ**（A と B の重なり）
$A \cup B$ → **A と B をくっつけた集合**
$\overline{A}$ → **A の外側**

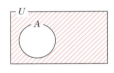

と解釈できます。たとえば，

$\overline{A \cap B}$ → $A \cap B$ の**外側**
$\overline{A} \cup \overline{B}$ → $\overline{A}$ と $\overline{B}$ を**くっつける**

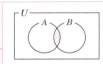

なので

$$\overline{A \cap B} = \overline{A} \cup \overline{B}$$

これを**ド・モルガンの法則**といいます。

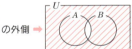

ド・モルガンの法則

① $\overline{A \cap B} = \overline{A} \cup \overline{B}$
② $\overline{A \cup B} = \overline{A} \cap \overline{B}$

覚え方　―――― を ― 2つに分解すると
　　　　（長いバー）（短いバー）
　　　　$\cap$ と $\cup$ が**逆**になる
　　　　かつ　または

98　パターン編

例題 44

全体集合 $U = \{1, 2, 3, 4, 5, 6, 7, 8, 9, 10\}$ の部分集合を A, B とする。
(1) $A \cap B = \{1, 4, 5\}$, $A \cap \overline{B} = \{3, 9, 10\}$ のとき，集合 A を求めよ。
(2) (1)において，さらに $\overline{A} \cap \overline{B} = \{2, 6\}$ のとき，集合 B, $A \cup B$ を求めよ。

ポイント

ベン図（集合の関係を表す図）のどこを指すか考えて図に書き込みます。

解答

(1) $A \cap B = \{1, 4, 5\}$
　　$A \cap \overline{B} = \{3, 9, 10\}$
をベン図で表すと右図のようになる。

$A \cap \overline{B}$ は，B の外でしかも A のところ

これより
　　$A = \{1, 3, 4, 5, 9, 10\}$ ← 小さい順に並べておく

(2) $\{2, 6\} = \overline{A} \cap \overline{B} = \overline{A \cup B}$ （ド・モルガンの法則）

$A \cup B$ の外

これと(1)を合わせて考えると，右図のようになる。
よって，
　　$B = \{1, 4, 5, 7, 8\}$
　　$A \cup B = \{1, 3, 4, 5, 7, 8, 9, 10\}$

この部分は全体集合から $\{1, 2, 3, 4, 5, 6, 9, 10\}$ を除くと $\{7, 8\}$

補足

集合の表し方は，2つあります。
　　$A = \{1, 3, 5, 7, 9\}$　← 要素を書き並べる
　　$B = \{x \mid x$ は1桁の奇数$\}$　← $\{x \mid$ 条件$\}$ と書き，「条件を満たす x の集合」を表す

この場合，A と B は同じ集合なので $A = B$ です。また
　　$C = \{x \mid x^2 - 4x + 3 = 0\}$
は，$x^2 - 4x + 3 = 0$ の解からなる集合を表します。

パターン 45 整数の集合の個数

目印をつけて植木算にもちこむ

◎**集合の個数について**

有限集合 A に対して，$n(A)$ で A の要素の個数を表します。

要素が有限個である集合 　　　　　　　　たとえば $A = \{2, 5, 10, 12\}$ のとき，$n(A) = 4$

集合の要素の個数に関する公式 1

① $n(A \cup B) = n(A) + n(B) - n(A \cap B)$

② $n(\overline{A}) = n(U) - n(A)$ 　（ただし，U は全体集合）

この公式は次のように，方程式的に利用します。

例 $n(A \cup B) = 100$, $n(A) = 30$, $n(A \cap B) = 10$ のとき $n(B)$ を求めよ。

答 公式①より，

$100 = 30 + n(B) - 10$ ← $n(B)$ の方程式

∴ $n(B) = 80$

3個の集合 A, B, C に対しては，次が成立します。

集合の要素の個数に関する公式 2

$n(A \cup B \cup C) = n(A) + n(B) + n(C)$
$\qquad - n(A \cap B) - n(B \cap C) - n(C \cap A)$
$\qquad + n(A \cap B \cap C)$

◎**個数の数え方について** ← 重要

① 連続する整数の個数 ➡ 植木算（両端を引いて1を足す）で数える

たとえば，$\{3, 4, 5, 6, 7\}$ は $7 - 3 + \mathbf{1} = 5$（個）

同様に $\{5, 6, 7, \cdots\cdots, 70\}$ は $70 - 5 + \mathbf{1} = 66$（個）

② 〜の倍数の個数 ➡ 目印の個数として数える

たとえば，6の倍数の集合

$\{18, 24, 30, \cdots\cdots, 66\}$ に対して，**目印**

$\{6 \cdot \mathbf{3}, 6 \cdot \mathbf{4}, 6 \cdot \mathbf{5}, \cdots\cdots, 6 \cdot \mathbf{11}\}$ をつけることにより，

集合 $\{3, 4, 5, \cdots\cdots, 11\}$ の個数を数えればよい。

よって，①より 　$11 - 3 + \mathbf{1} = 9$（個）

③, ④, ⑤, ⑥, ⑦
$7-3$ で⑦と③の幅4が出てこれに $+\mathbf{1}$ をすると個数が出ます

例題 45

次のような2桁の自然数は何個あるか。
(1) 3の倍数
(2) 3の倍数または2の倍数
(3) 2の倍数かつ3の倍数であるが，5の倍数でない数

ポイント 「2の倍数かつ3の倍数」は「6の倍数」となります。一般に，

公式

m の倍数かつ n の倍数 $\Leftrightarrow$ (m, n の最小公倍数)の倍数

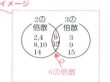

解答
$\begin{cases} A \to 2\text{桁の 3 の倍数全体の集合} \\ B \to 2\text{桁の 2 の倍数全体の集合} \\ C \to 2\text{桁の 5 の倍数全体の集合} \\ D \to 2\text{桁の 6 の倍数全体の集合} \end{cases}$ とおく。 ← $D = A \cap B$ 目印

(1) $A = \{12, 15, 18, \cdots\cdots, 99\} = \{3\cdot\mathbf{4}, 3\cdot\mathbf{5}, 3\cdot\mathbf{6}, \cdots\cdots, 3\cdot\mathbf{33}\}$ より，
$n(A) = 33 - 4 + \mathbf{1} = 30$ ← 植木算

(2) $B = \{10, 12, 14, \cdots\cdots, 98\} = \{2\cdot\mathbf{5}, 2\cdot\mathbf{6}, 2\cdot\mathbf{7}, \cdots\cdots, 2\cdot\mathbf{49}\}$ より，
$n(B) = 49 - 5 + \mathbf{1} = 45$
$A \cap B = \{12, 18, 24, \cdots\cdots, 96\} = \{6\cdot\mathbf{2}, 6\cdot\mathbf{3}, 6\cdot\mathbf{4}, \cdots\cdots, 6\cdot\mathbf{16}\}$ より，
（6の倍数の集合 (D)）
$n(A \cap B) = 16 - 2 + \mathbf{1} = 15$
∴ $n(A \cup B) = n(A) + n(B) - n(A \cap B)$ ← 公式
$= 30 + 45 - 15 = 60$ ← 「2の倍数かつ3の倍数」＝「6の倍数」

(3) 求めるものは「6の倍数であるが5の倍数でない数」であるので，下図の斜線部分の個数である。 ← $n(\overline{C} \cap D)$ を求めればよい

ここで， (5, 6の最小公倍数)の倍数
$C \cap D$ は30の倍数より，
$\{30, 60, 90\}$ の3個。 ← 植木算を使うまでもなく普通に数えたほうが速い

よって，求める答は
$n(\overline{C} \cap D)$
$= n(D) - n(C \cap D)$
　　(2)で求めた
$= 15 - 3 = 12$

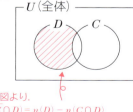

上の図より，
$n(\overline{C} \cap D) = n(D) - n(C \cap D)$

パターン45　整数の集合の個数　101

パターン 46 和の法則・積の法則

和の法則 ➡ 場合分けをするとき
積の法則 ➡ 順序立てして考えるとき

順序立ての仕方は パターン 48

和の法則と積の法則について説明します。

〈当り前の 例①〉 次のトランプから1枚を選ぶ方法は 何通りあるか。

← (答)は明らかに 6 通り

積の法則は**物事を順序立てして考えるとき**に使います。上の例だと

① ♥か♠かをきめる ➡ ② AかKかQかをきめる
　　2通り　　　　そのあと　　　3通り

というように，1枚選ぶということを①，②と**順序立て**できます。このようなときは，**積の法則**により，

$$2 \times 3 = 6 \text{(通り)}$$
　　　　（積の法則）

となります。

積の法則が使えるとき

♥ でも♠でも
枝の本数は3本ずつ

しかし，次の例では積の法則は**使えません**。

〈当り前の 例②〉 次のトランプから1枚を選ぶ方法は 何通りあるか。

← (答)は明らかに 5 通り

上の場合，♥か♠かを決めたあと，枝の本数が変わるので（下の樹形図），積の法則は使えません!! このようなときは，

場合を分けて和の法則になります。

答

$\begin{cases} ♥を選ぶ場合，3通り \\ ♠を選ぶ場合，2通り \end{cases}$ なので $3 + 2 = 5 \text{(通り)}$
　　　　　　　　　　　　　　　　　（和の法則）

積の法則が使えないとき

♥か♠かでそのあとの枝の本数が変わる。こういうときは積の法則が使えない!!

ちなみに，例① で和の法則を使うのはOKです。

◎ 和の法則の注意点

A の場合，B の場合と場合分けしたときに，$A \cap B$ が起こりうる場合，和の法則は

注意!!

$$(Aの場合の数) + (Bの場合の数) - (A \cap Bの場合の数)$$

となります。

例3 大小2個のさいころを同時に投げるとき，2つの目の最小値が4である場合の数は何通りあるか。

答 2つの場合がある。
- ① (4, 4以上)型 ⇒ (4, 4), (4, 5), (4, 6)の3通り
- ② (4以上, 4)型 ⇒ (4, 4), (5, 4), (6, 4)の3通り

ポイント: ①かつ②も起こることに注意

①かつ②は, (4, 4)の1通り
∴ 求める場合の数は, 3+3−1=5(通り)

＊"最小値，最大値"の一般的なやり方は **パターン63** を見てください。

例題46
(1) 大小2個のさいころを同時に投げるとき，目の和が5の倍数になる場合の数は何通りあるか。
(2) 3桁の自然数は何個あるか。

ポイント
(1) 目の和が5の倍数 ⇔ ①目の和が5 または，②目の和が10 （場合分け）
(2) 3桁の自然数……百の位，十の位，一の位と順序立てて決定する。

解答
(1) 目の和が5の倍数
⇔ { ①目の和が5 ⇒ (4, 1), (3, 2), (2, 3), (1, 4)の4通り
    ②目の和が10 ⇒ (6, 4), (5, 5), (4, 6)の3通り

①，②と場合分け（①∩②は起こらない）

よって，求める場合の数は
4+3=7(通り) ← 場合分けしたら和の法則

(2) 3桁の自然数は

① 百の位をきめる	② 十の位をきめる	③ 一の位をきめる
1~9 の9通り	そのあと 0~9 の10通り	そのあと 0~9 の10通り

の順序で考えて
9×10×10=900(個) ← 順序立てしたら積の法則

パターン 47　$_nP_r$ と $_nC_r$ の違い

$_nP_r$ ➡ 選んだ r 個の順序を考慮しなければいけない場合
$_nC_r$ ➡ 選んだ r 個の順序を考慮しなくてもよい場合

P と C の違いを理解しよう!!

例
(1) 1, 2, 3, 4, 5 の 5 個の数字から異なる 3 個の数字を用いてできる 3 桁の整数はいくつあるか。
(2) 右図の正五角形の 5 個の頂点のうち，3 個の頂点を結んでできる三角形はいくつあるか。

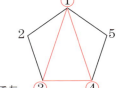

(1), (2) ともに 1, 2, 3, 4, 5 から 3 個を選びます。でも

(1) は 3 個の順序が 問題 になります!!
　理由：123 と 321 は **違う 3 桁の整数**　← ということは順序も考慮

(2) は 3 個の順序は 無関係 です!!
　理由：$\{1, 3, 4\}$ と $\{3, 4, 1\}$ は **同じ三角形**
　　　　　　　　　　　　　　↑ ということは順序は考慮しなくてよい

よって，(1) は $_5P_3 = 5 \cdot 4 \cdot 3 = 60$（個），(2) は $_5C_3 = \dfrac{5 \cdot 4 \cdot 3}{3 \cdot 2 \cdot 1} = 10$（個）。

また，$_nC_r$ の計算では次の公式は重要です。

公式　$_nC_r = {}_nC_{n-r}$

$_{10}C_8 = \dfrac{10 \cdot 9 \cdot 8 \cdot 7 \cdot 6 \cdot 5 \cdot 4 \cdot 3}{8 \cdot 7 \cdot 6 \cdot 5 \cdot 4 \cdot 3 \cdot 2 \cdot 1} = 45$
とやると大変

これを使うと，たとえば，
$_{10}C_8 = {}_{10}C_2 = \dfrac{10 \cdot 9}{2 \cdot 1} = 45$　とカンタンに計算できます。

例題 47

(1) A, B, C, D, E, F, G の 7 人の生徒から議長，副議長を 1 人ずつ選ぶ方法は何通りあるか。
(2) 赤球 5 個と白球 2 個を 1 列に並べる方法は何通りあるか。
(3) 4 本の平行線と，それらに交わる 5 本の平行線とによってできる平行四辺形の総数を求めよ。

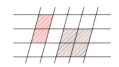

ポイント

(1) 7人から2人選ぶのですが，議長と副議長なので，順序を考慮します。

(2) これは，同じものを含む順列（パターン51）で解く問題ですが，ここでは次のようにします。

右図のように1〜7のワクから白球の入る場所2か所を選べば，7個の球の並べ方は自動的に決まります。

ここで，$\{2, 6\}$ と選んでも，$\{6, 2\}$ と選んでも右図の並べ方を指すことに注意してください（順序は関係ないので $_nC_r$）。

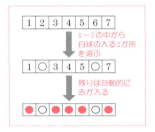

(3) 平行四辺形は順序立てて計算できます。

解答

(1) $_7P_2 = 42$（通り） ← (議長，副議長)が(A, B)と(B, A)は違うので，区別して2人を選ぶ

(2) 右図の1〜7の中から，白球の位置を2か所選べばよいので

$_7C_2 = 21$（通り） ← 2個の順序は考慮しない

1〜7の中から白球2個をどこに入れるかを考える

(3) 右図のように記号をつける。
平行四辺形の作り方は

① $a \sim d$ から2本選ぶ　$_4C_2$通り
そのあと
② 1〜5から2本選ぶ　$_5C_2$通り

$\{a, b\}$ と選んでも $\{b, a\}$ と選んでもできる平行四辺形は同じなので，$_nC_r$

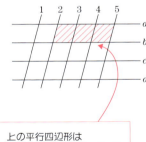
上の平行四辺形は
① $\{a, b\}$ → ② $\{2, 5\}$
と選んだ平行四辺形

と順序立てできる。
よって，

$$_4C_2 \times {}_5C_2 = 6 \times 10 = 60\,(個)$$ ← 順序立てたら積の法則

パターン 48 積の法則の順序立て

条件の強い順に決めていく

ここでは，積の法則の順序の立て方について説明します。
積の法則の順序立ては

> 条件の強い順に決めていく

のが基本です。

例 TEA の 3 文字を 1 列に並べるとき，左端が母音であるような並べ方は何通りか。

この例は，左端に条件がついています。だから，
右端や真ん中から決めると**積の法則が使えなく**なります。
たとえば，右端から決めた場合，樹形図は次の通り。

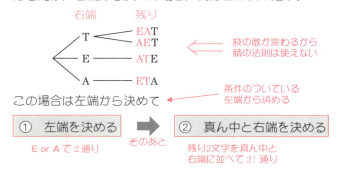

と考えると，積の法則が使える樹形図となり（下図），

$2 \times 2! = 4$（通り）

となります。

106 パターン編

例題 48

5個の数字 0, 1, 2, 3, 4 から異なる4個の数字を用いて4桁の整数を作るとき，次のような数はいくつできるか。
(1) 4桁の整数
(2) 4桁の偶数

ポイント

(1) 4桁の整数の条件は，□□□□（0以外 ← 千の位は0になれない）。だから，千の位から決めていきます。

(2) 4桁の偶数の条件は □□□□（0以外／2 or 4 or 0 一の位は偶数）

一の位の条件のほうが強い!!
理由
　一の位 → 2 or 4 or 0　　3通り
　千の位 → 1 or 2 or 3 or 4　4通り
なので一の位のほうが条件は強い

① 一の位 → ② 千の位 → ③ 十，百の位

の順序立てでいきます。ただし，一の位が0か0以外かで状況が変わるので，場合分けして和の法則になります。

← 下を見よ

解答

(1) ①千の位を決める → ②一，十，百の位を決める
　　0以外だから4通り　　そのあと　千の位で使った数字以外(4個)から3個選ぶ(順序は考慮)

と順序立てると，

$$4 \times {}_4P_3 = 4 \times 24 = 96 \text{（個）} \leftarrow \text{積の法則}$$

(2) ㋐ 一の位が 0 のとき

①一の位 → ②千，百，十の位
0の1通り　　そのあと　0以外の4個から3個選んで並べる

より　$1 \times {}_4P_3 = 24 \text{（個）}$

㋑ 一の位が 0 以外の偶数のとき

①一の位 → ②千の位 → ③十，百の位
2 or 4 の　　そのあと　「一の位と0以外」　そのあと　「一の位，千の位以外」
2通り　　　　　　の3個から選んで3通り　　　の3個から2個選んで並べる

より　$2 \times 3 \times {}_3P_2 = 36 \text{（個）}$

∴　$24 + 36 = 60 \text{（個）} \leftarrow$ 場合分けしたら和の法則

ポイント

㋐ 一の位が 0 のとき
　0以外 ← この条件は意味がない（0はすでに使われている）
㋑ 一の位が 0 以外のとき
　0以外 ← この条件は意味をもつ（0はまだ使ってない）
㋐と㋑で状況が変わるから場合分け!!

パターン48　積の法則の順序立て　107

パターン 49 円順列

ひとつ（1種類）固定せよ

円順列とは，回転して一致するものは同じものとみなす並べ方です。

例 A，B，C，D の 4 人を円形に並べる円順列の総数を求めよ。

答 円順列だから B(A)D / C と D(A)C / B は同じもの。ということは

(A固定) のタイプの円順列だけ考えれば，すべての円順列を考えていることになります。しかも

重複することもない!!

だから，残っている3か所にB, C, D をどう並べるかという問題に帰着され，求める答は 3! = 6（通り）

理由
たとえば D(B)C / A という円順列は **考える必要はない!!**
代わりに C(A)D / B を考えれば上は必要ありません

理由
○(A)○○ と △(A)△△ は回転して一致することはありません（回転するとAの位置がズレル）

ちなみに，A, A, B, B, B, C, C の円順列では，2個の A をいっぺんに固定します。この場合，

← これを1種類固定するといいます

① 2個の A が隣り合って固定される場合

② 2個の A があいだを1個あけて固定される場合

③ 2個の A があいだを2個あけて固定される場合

①，②，③それぞれの場合，B, B, B, C, Cの並べ方は $_5C_2$ 通りあるので 求める場合の数は

← 空いている5か所から C の入る場所2か所を選ぶ!!（順序は考慮しなくてよい）

$10 + 10 + 10 = 30$（通り）

← 場合分けしたら 和の法則

になります。

例題 ㊾

男子4人，女子2人の6人全員が円形のテーブルに着席するとき，
(1) すべての座り方は何通りあるか。
(2) 女子が向かい合って座る方法は何通りあるか。
(3) 女子が隣り合って座る方法は何通りあるか。

ポイント 男子 a, b, c, d，女子 e, f とします。女子についての条件なので，女子 e を固定して，残り5人の並べ方を考えるのですが，f の位置がポイントになります。

解答

(1) 女子 e を固定して，残り5人の並べ方を考えると，
   $5! = 120$（通り）

(2) 女子 e を固定すると，女子 f の位置は自動的に定まる。よって，残り4人の並べ方を考えると，
   $4! = 24$（通り）

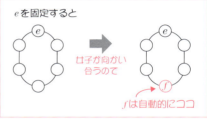

(3) 女子 e を固定すると，女子 f の位置は，右図の2か所のいずれかである。

   よって

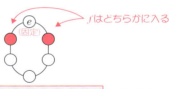

① f の位置を決める（2通り） ⟹ ② a, b, c, d の位置を決める（残り4か所に並べて 4!通り） と順序立てると，

   $2 \times 4! = 48$（通り） ← 積の法則

コメント 「〜が隣り合う」は パターン56 で扱います。それを使うと (3) は，

① e, f をまとめてひとつとみなし 箱 を作る（2通り ← 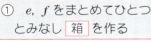 ）⟹ ② $a, b, c, d,$ 箱 の5個を円形に並べる（4!通り）と順序立てると $2 \times 4! = 48$（通り）

パターン 50 じゅず順列

$$（左右対称型）+ \frac{（左右非対称型）}{2}$$

いくつかのものを円形に並べ，回転または裏返して一致するものは同じとみなすとき，その並び方を**じゅず順列**といいます。

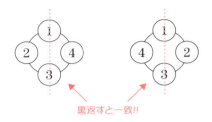

裏返すと一致!!

例 a, b, b, c のじゅず順列

まず，円順列を考えると

$_3C_1 = 3$（通り）

a を固定して，残り3か所に b, b, c を並べる。

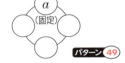

パターン 49

全部書いてみると下のようになります。

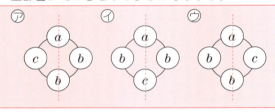

ここで，じゅず順列においては

 ⑦ と ⑨ は同じものとみなされる!!   ⑦と⑨は裏返すと一致する

ので，求める答は 2通り になります。

このように左右非対称（⑦と⑨のこと）なものは，じゅず順列を考えるときには，『**2個1セットで同じもの**』（パターン 54 参照）となります。

> **じゅず順列の求め方**
> ① 円順列が何通りあるか調べる。
> ② ①の円順列を
> { 左右対称型
>   左右非対称型 } に分類する。
> ③ じゅず順列は
> $（左右対称型）+ \dfrac{（左右非対称型）}{2}$ 通り

上の例の場合

①は3通り

↓

② { 左右対称型は1通り （⑦）
    左右非対称型は2通り （⑦と⑨）

↓

③ $1 + \dfrac{2}{2} = 2$

例題 50

(1) a, b, c, d の4つの玉で腕輪を作ると，何通りの腕輪ができるか。
(2) 黒1個，白2個，赤4個の合計7個の玉にひもを通してネックレスを作るとき，作り方は何通りあるか。

ポイント

(1) 相異なる4つの玉（すべて1個ずつ）の場合，左右対称型は作れません!!
すべて左右非対称型になります。
(2) 前ページの手順でやります。

左右対称型はこの2個は同じもの
すべて1個ずつの場合，左右対称型は作れない

解答

(1) ① 円順列は，$(4-1)! = 6$（通り）
② ①の円順列の内訳は
$$\begin{cases} 左右対称型\cdots 0通り \\ 左右非対称型\cdots 6通り \end{cases}$$
③ ②より，じゅず順列は
$$\frac{6}{2} = 3（通り） \quad \leftarrow 0 + \frac{6}{2}$$

(2) ① 円順列は
$${}_6C_2 = 15（通り）$$

黒を固定して，残り6か所に白2赤4を並べる

② ①の円順列の内訳は
$$\begin{cases} 左右対称型\cdots 3通り \quad \leftarrow 左右対称型は少ないから書き上げる（下図）\\ 左右非対称型\cdots 15 - 3 = 12（通り）\quad \leftarrow （全体）-（左右対称型）\end{cases}$$

〈左右対称型〉

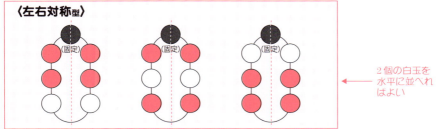

2個の白玉を水平に並べればよい

③ ②より，じゅず順列は
$$3 + \frac{12}{2} = 9（通り） \quad \leftarrow （左右対称型）+ \frac{（左右非対称型）}{2}$$

パターン 51 同じものを含む順列

順序指定されたら,「同じものとみなす」

同じものを含む順列

n 個の中に, 同じものがそれぞれ p 個, q 個, r 個, …… 含まれるとき, これら n 個全部を 1 列に並べる順列の総数は,

$$\frac{n!}{p!\,q!\,r!\cdots} \quad (p+q+r+\cdots = n)$$

例1 a, a, a, b, b, c の 6 個の文字を並べてできる順列の総数を求めよ。

 上の公式より $\dfrac{6!}{3!\,2!\,1!} = 60$ (通り)

> |1, 2, 5| でも |5, 2, 1| でも同じところに a が入ります。順序を考慮しないから $_nC_r$

上の公式を使わずに, $_nC_r$ を使う方法もあります。

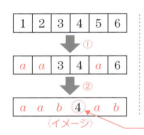

① 左の 1〜6 から a の入る 3 か所を選ぶ → $_6C_3$ 通り

  そのあと

② 残った 3 か所から b の入る 2 か所を選ぶ → $_3C_2$ 通り

> 残り 1 か所は自動的に c

よって, 積の法則より

$_6C_3 \times _3C_2 = 20 \times 3 = 60$ (通り)

ここは自動的に c

順序指定の公式 ← ①, ②と順序立てて積の法則

① 順序指定されたものを同じもの(仮に○としておく)としてから並べる。
② ○のところに出題者が指定した順に数字(または文字)を書いていく。

例2 a, b, c, d, e の 5 個を 1 列に並べるとき, a が b より左にあるものは何通りか。

① a, b を○とみなし
○, ○, c, d, e を並べ, $\dfrac{5!}{2!} = 60$ (通り)
② 2 個の○に左から a, b と書く → 1 通り
よって, $60 \times 1 = 60$ (通り)

原理

a, b の順序を出題者が指定
 ↓ ということは
a, b の順序を考えなくてよい ← 出題者が指定しているから
 ↓ ということは
a, b を同じものとして並べてよい

---

① $c, d, ○, e, ○$ と並べて, → ② $c, d, ⓐ, e, ⓑ$ とする

例題 51

SAPPORO の7個の文字を全部使って，1列に並べるとき，次のような並べ方は何通りあるか。
(1) すべての並べ方
(2) S，A，R の順がこのままの並べ方
(3) S は A より左側にあり，かつ S は R より左側にある並べ方

ポイント

S，A，R の順序が指定されているのですが，(2)，(3) で微妙に違います。
(2) S，A，R の順。
(3) S，A，R または S，R，A の順。 ← A と R の順序は指定してない!!

解答

(1) P：2個，O：2個，S，A，R：1個ずつの計7文字の同じものを含む順列だから
$$\frac{7!}{2!\,2!} = 1260\,(通り)$$

(2) S，A，R を同じものとみなし，○，○，○ とする。

① ○，○，○，P，P，O，O を並べる ⇒ $\dfrac{7!}{3!\,2!\,2!} = 210\,(通り)$

そのあと

② ○に左からS，A，Rと書く ⇒ 1通り

イメージ
たとえば ○P○○○P と並べて ← ①
↓
⑤P④○○®P とする ← ②
これで S，A，R はこの順!!

よって，
$210 \times 1 = 210\,(通り)$ ← 積の法則

(3) S，A，R を同じものとみなし，○，○，○ とする。

① ○，○，○，P，P，O，O を並べる ⇒ $\dfrac{7!}{3!\,2!\,2!} = 210\,(通り)$

そのあと

② ○に左からS，A，R または S，R，A と書く ⇒ 2通り

イメージ
たとえば ○P○○○PO と並べて ← ①
↓
{ ⑤P④®OPO
  または   とする ← ②
  ⑤P®④OPO }
これで順序指定OK!!

よって，
$210 \times 2 = 420\,(通り)$ ← 積の法則

パターン 52 最短経路

パスカルの三角形(数学Ⅱ)の要領で数え上げ!!

例 右図において,A地点からB地点に行く最短の道順は何通りあるか。

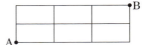

(教科書的な 答)

AからBへ行くには,3個の→と2個の↑を並べればよい。だから同じものを含む順列(パターン51)の公式より,

$\dfrac{5!}{2!\,3!} = 10$(通り)

最短経路の問題では,通過点とか非通過点があるとメンドウです。共通テストの場合は,上の方法と次の数え上げ方を使い分けてください。

最短経路の数え上げ方の原理

右図のRを通過するのは,「①Pを通過してRを通過する または ②Qを通過してからRを通過する」の2つの場合があります。

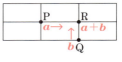

よって,**和の法則**より, 場合分けしたら和の法則

「**Rを通る最短経路数**」=「**Pを通る最短経路数**」+「**Qを通る最短経路数**」

となります。

これより

Aの所に1と書き,「和の法則」をくり返し使うことにより下のように答は出ます。

だから最短経路は10通り

コツ 右斜めの列に沿って順に書いていく

例題 52

右図の地点Aから地点Bへ行く最短経路で，次の条件を満たすものは何通りか。

(1) すべての最短経路
(2) 地点Cを通る
(3) 地点Pおよび地点Qは通らない

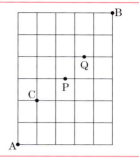

ポイント

これは，東北大の問題です（一部改）。前ページのやり方をうまく使うとカンタンに解けてしまいます。

解答

(1) 5個の→と6個の↑を並べて

$$\frac{11!}{5!\,6!} = 462（通り）$$

条件がないときは
普通にやったほうが速い

(2) Cを通るので，右の経路に数字を書きこむと，求める場合の数は

210通り

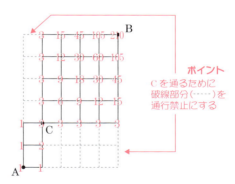

ポイント
Cを通るために破線部分（-----）を通行禁止にする

(3) P, Qを通らないので，右の経路に数字を書きこむと，求める場合の数は

287通り

に沿って書いていく！

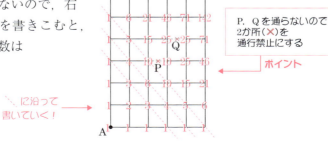

P, Qを通らないので2か所（×）を通行禁止にする

ポイント

パターン 53 球に区別がないときの組分け

球に区別がない ➡ 個数だけ考えよ

パターン53，パターン54，パターン55 では組分けの仕方を扱います。まずは，例❶，例❷ の違いを理解してください。

例❶ 区別のつかない3個の球を A，B 2つの箱に入れる入れ方は何通りか。
ただし，1つも球が入らない箱があってもよいものとする。

球に区別がないので，どの球が入るかということはわかりません。わかるのは個数だけ。
だから，求める答は

(A, B) = (3個, 0個), (2個, 1個), (1個, 2個), (0個, 3個) の 4通り

例❷ ⓐ, ⓑ, ⓒ の3個の球を A，B 2つの箱に入れる入れ方は何通りか。
ただし，1つも球が入らない箱があってもよいものとする。

答❶ ← 普通はこのようには解かない

球に区別があるとき，どの球が入るかということも問題になります。
(A, B) の個数で場合分けして
$\begin{cases} ① & (3個, 0個) のとき 1通り \\ ② & (2個, 1個) のとき 3通り \\ ③ & (1個, 2個) のとき 3通り \\ ④ & (0個, 3個) のとき 1通り \end{cases}$

よって，$1 + 3 + 3 + 1 = 8$(通り) ← 和の法則

答❷ ← 普通はこう解く!!

次のように順序立てる。

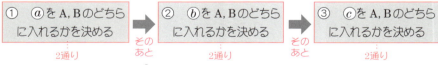

よって，$2 \times 2 \times 2 = 2^3 = 8$(通り)

＊ 例❷ を 重複順列 といいます。 ← 詳しくは パターン55

例題 53

(1) 区別のつかない4個の球を3つの箱に入れる。以下，それぞれの場合の入れ方は何通りあるか。ただし，1つも球が入らない箱があってもよいものとする。
　(i) 箱に区別がないとき
　(ii) 箱に区別があるとき
(2) 4人でじゃんけんをするとき，4人の手の出し方は何通りあるか。

ポイント

(1) 球に区別がないから個数の問題。(i)はさらに箱にも区別がないので，**(2個，1個，1個)と(1個，2個，1個)は同じもの**とみなされます。具体的に書きあげればオシマイ。

(2) グー，チョキ，パーを重複を許して4個とり，1列に並べる重複順列です。

解答

(1) (i) 3つの箱に入る球の個数をすべて書き上げて
$$(4, 0, 0), (3, 1, 0), (2, 2, 0), (2, 1, 1)$$
の 4通り

←(2, 1, 1)と(1, 2, 1)は同じもの。
大きい順に書く!! ようにすると，ダブリなく書けます

(ii) 個数の問題であるが，その順序も問題になる。

$$\begin{cases} ① & (4, 0, 0)型 \Rightarrow 3通り \\ ② & (3, 1, 0)型 \Rightarrow 6通り \\ ③ & (2, 2, 0)型 \Rightarrow 3通り \\ ④ & (2, 1, 1)型 \Rightarrow 3通り \end{cases}$$

← (4, 0, 0), (0, 4, 0), (0, 0, 4)の3通り

(3, 1, 0), (3, 0, 1)
(1, 0, 3), (1, 3, 0)
(0, 3, 1), (0, 1, 3)
の6通り
← 3個の並べ方は3!通り

よって，3 + 6 + 3 + 3 = 15 (通り) ← 場合分けしたら和の法則

(2) $3^4 = 81$ (通り) ← を4個並べる重複順列

コメント

(1)(ii) は重複組合せ (パターン 58) でも解けます。

パターン 54　球に区別があるときの組分け 1

n 個を
●個, ●個, …, ●個に分ける

手順
(i) 組に名前をつけて, 積の法則で組分け
(ii) 何個 1 セットか考える ← 入れ換え可能な組を見つけよ

まずは, ここでやりたいことのイメージから。

例①　下に 8 個のコーヒーカップがある。同じものは区別しないとすると何種類のコーヒーカップがあるか。

　①　　②　　③　　④　　⑤　　⑥　　⑦　　⑧

答　①と②, ③と④, ⑤と⑥, ⑦と⑧は同じものです。
　　だから答は, 4 種類。　　　　　　　　　　　　　← この考え方を 2 個 1 セット といいます
　　次に, 当り前の **例** を見てください。

〈当り前の **例**〉
　右図の A, B, C, D から異なる 2 点を選んで結ぶ
ことにより得られる線分はいくつできるか。

もちろん, 答は $_4C_2 = 6$ です。　← 1, 2, 3, 4 から順番を考慮せずに 2 個選ぶ
これを $_nP_r$ を使うと次のようになります。

$_nP_r$ を使った解答　← 普通はやらない

　A, B, C, D から順番を考慮して 2 個選ぶ方法は, $_4P_2 = 12$ (通り)
ところが, **線分 AB と線分 BA は同じものなので**, この 12 個は **2 個 1 セットで同じもの** とみなされる。

同じもの
①(A, B)　③(A, C)　⑤(A, D)　⑦(B, C)　⑨(B, D)　⑪(C, D)　　ポイント
②(B, A)　④(C, A)　⑥(D, A)　⑧(C, B)　⑩(D, B)　⑫(D, C)

　　　　　　　　　　　　　　　　　　　　　　　　　　　12 個あっても 2 個 1 セットにすると 6 種類になる

したがって, 求める答は $\dfrac{12}{2} = 6$

では, いよいよ本題です。

例②　p, q, r, s の 4 人を, 2 人, 2 人の 2 組に分ける方法は何通りか。

答　まず, (i) A 組 2 人, B 組 2 人として組分けする。　← 上の手順 (i)

① 4人からA組の2人を選ぶ → ② 残った2人からB組の2人を選ぶ

そのあと

$_4C_2 \times {_2C_2} = 6$(通り)
　①　　②

(ii) (i)において，たとえば $\{p, q\}^A$, $\{r, s\}^B$ と $\{r, s\}^A$, $\{p, q\}^B$ は同じものとみなされる。 ← 2個1セット

よって，求める答は $\dfrac{6}{2} = 3$(通り) ← これが手順(ii)

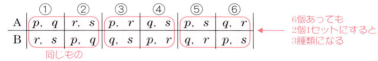

6個あっても2個1セットにすると3種類になる

同じもの

このように，「入れ換え可能な組」を見つけて，○個1セットと考えて，割り算します。

例題 54

異なる6個の球 p, q, r, s, t, u を次のように分ける方法は何通りあるか。
(1) A，B，Cの3組に2個ずつ分ける
(2) 2個ずつ3組に分ける

ポイント

A，B，Cの入れ換えは3!個ある

(2)は，(1)のA，B，Cの3組が入れ換え可能で，6個1セットで同じものとなります。

解答

残り2個は自動的にC組に入る

(1) ① A組の2個を選ぶ → ② 残り4個からB組の2個を選ぶ と考えて，

そのあと

$_6C_2 \times {_4C_2} = 90$(通り)
　①　　　②

(2) (1)において，A，B，C の3つの組は入れ換え可能な組であるので，**6個1セット**で同じものとみなされ，求める答は

$\dfrac{90}{6} = 15$(通り)

たとえば

A	B	C
pq	rs	tu
pq	tu	rs
rs	pq	tu
rs	tu	pq
tu	pq	rs
tu	rs	pq

(2)ではこの6個は同じものとみなされる

パターン 55 球に区別があるときの組分け2

区別のある n 個を A, B, C に分ける といったら **空箱ができてもよい分け方は 3^n 通り**

パターン54 では，●個，●個，●個というように **個数の決まっている組分け** を扱いました。今度は **個数の決まっていない組分け** です。

例 ⓐ，ⓑ，ⓒ，ⓓ 4つの球を A，B 2つの箱に空箱がないように入れる方法は，何通りあるか。

答 空箱ができてもよい分け方は，次のように順序立てることができます。

① ⓐを A, B のどちらに入れるかを決める → そのあと ② ⓑを A, B のどちらに入れるかを決める → そのあと … そのあと → ④ ⓓを A, B のどちらに入れるかを決める

これは，2^4 通り。このうち，すべての球が1箱に入る（空箱ができる）のは，2通りあるので，求める答は
↑積の法則

$2^4 - 2 = 14$（通り）

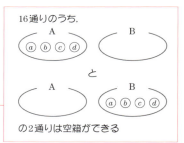

空箱ができてもよい入れ方は 重複順列 になります。

―――― **重複順列の公式** ――――
異なる n 個の中から，重複を許して r 個とり，1列に並べた順列の総数は
n^r 通り

上の **例** だと…

	箱A	箱B		
●	ⓐ ⓒ ⓓ	ⓑ	対応	A B A A
●	ⓑ ⓒ	ⓐ ⓓ	対応	B A A B
●	ⓒ ⓓ	ⓐ ⓑ	対応	B B A A
	⋮	⋮		

A, B から重複を許し，4個並べた ↗

このような順列は 2^4 通りある

120 パターン編

例題 55

a, b, c, d, e の5個の球を A, B, C の3つの箱に空箱がないように入れる方法は何通りあるか。

ポイント

空箱ができてもよい入れ方は，3^5 通りあります。ここから，空箱ができる場合(6つの場合があります)を引き算します。

解答

空箱ができてもよい入れ方は，$3^5 = 243$（通り） ← A, B, Cを5個並べる重複順列

このうち，空箱ができるものは，次の6つの場合がある。

① AとBが空箱 ← つまり，すべての球がCに入るということ!!
② BとCが空箱
③ CとAが空箱
④ Aだけが空箱
⑤ Bだけが空箱
⑥ Cだけが空箱

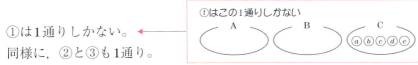

①は1通りしかない。
同様に，②と③も1通り。
一方，④は，BとCの2箱に空箱ができないように入れる入れ方なので，

$$2^5 - 2 = 30（通り）$$ ← 左ページの 例 と同様

同様に，⑤と⑥も30通り。
したがって，求める答は

$243 - (1 + 1 + 1 + 30 + 30 + 30)$ ①〜⑥の合計
$= 150$（通り）

パターン **56** 〜が隣り合う

まとめてひとつとみなし、箱を作ってから並べる

まず、次の 例 を見てください。

例 A, A, B, C の 4 個の文字を 1 列に並べるとき、A が隣り合う並べ方は何通りあるか。

全部書き上げると、右の 6 通りです。
これは、

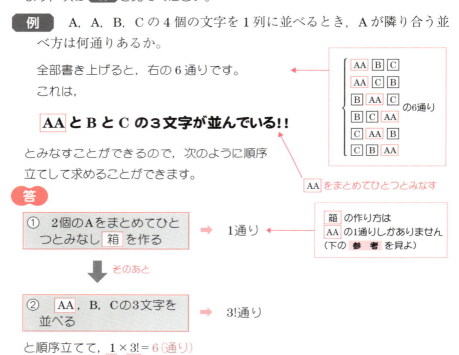

の 6 通り

AA と B と C の 3 文字が並んでいる!!

とみなすことができるので、次のように順序立てして求めることができます。

AA をまとめてひとつとみなす

答

① 2 個の A をまとめてひとつとみなし 箱 を作る　→　1 通り

箱 の作り方は
AA の 1 通りしかありません
（下の 参考 を見よ）

そのあと

② AA, B, C の 3 文字を並べる　→　3! 通り

と順序立てて、$\underset{①}{1} \times \underset{②}{3!} = 6$ （通り）

参考

たとえば、X と Y が隣り合うとき、箱 の作り方は、XY と YX の 2 通りあります（例題56 参照）。

例題 56

A, B, C, D, E, F の6人が1列に並ぶとき，次の並べ方は何通りあるか。

(1) AとBが隣り合う
(2) AとBが隣り合いかつCとDが隣り合わない

ポイント

(2) ベン図で考えます。集合 P, Q を

$$\begin{cases} P：AとBが隣り合う並べ方の集合 \\ Q：CとDが隣り合う並べ方の集合 \end{cases}$$

とおくと，右の斜線部分が答になります。

よって，

$$（Pの要素の個数）-（P \cap Qの要素の個数）$$

として求めます。

解答

(1) ① A, Bをまとめてひとつとみなし 箱 を作る → ② 箱, C, D, E, F の5個を並べる

と順序立てて，

$$\underset{①}{2!} \times \underset{②}{5!} = 240（通り）$$

たとえば
① BA と箱を作り
そのあと
② CF BA ED と並べる

(2) 集合 P, Q を ポイント のようにおく。このとき，

P の要素の個数は，(1)より 240通り。

一方，$P \cap Q$ の要素の個数は，

① AとB, CとDをそれぞれまとめてひとつとみなし 箱₁, 箱₂ を作る → ② 箱₁, 箱₂, E, F の4個を並べる

と順序立てて，

$$\underset{①}{(2!)^2} \times \underset{②}{4!} = 96（通り）$$

たとえば
① BA, DC と箱を作り
そのあと
② E DC F BA と並べる

これより，求める答は

$$240 - 96 = 144（通り）$$

$n(P \cap \overline{Q}) = n(P) - n(P \cap Q)$

パターン 57 ～が隣り合わない

あとからすき間と両端に入れる

次は，「～が隣り合わない」並べ方です。

例 A，A，B，C の 4 個の文字を 1 列に並べるとき，A が隣り合わない並べ方は何通りあるか。

答❶ （全体）から（Aが隣り合う）を引く方法 ← 確率では余事象という（パターン 61）

すべての並べ方は $\dfrac{4!}{2!} = 12$（通り） ← 同じものを含む順列（パターン 51）

このうち，A が隣り合う並べ方は，6通り ← 前のページの 例

したがって，求める答は，

（全体）－（Aが隣り合う）
= 12 － 6 ＝ 6（通り）

この方法でももちろんOKですが，このやり方は，3個以上のものが隣り合わないときは計算が複雑です（次ページ参照）。

隣り合わないときは，次のように順序立てることができます。

答❷ あとからすき間と両端に入れる方法

これより，$2! \times {}_3C_2 = 6$（通り）

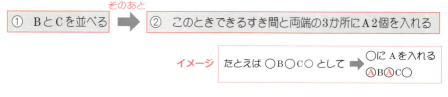

このように，A が隣り合わないときは，

　　A はあとからすき間と両端に入れる

ようにしてください。

例題 57

男子4人，女子3人が次のように並ぶとき，次の並び方は何通りあるか。
(1) 女子どうしが隣り合わないように1列に並ぶ
(2) 女子どうしが隣り合わないように円形に並ぶ

ポイント

(1) 男子を並べておいて，あとから女子をすき間と両端に入れます。
(2) まず，男子を円形に並べておいて，あとから女子をすき間に入れます。

解答

男子(♂)a, b, c, d，女子(♀)e, f, gとする。

(1)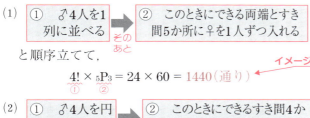

と順序立てて，

$$4! \times {}_5P_3 = 24 \times 60 = 1440 \text{ (通り)}$$

(2)

と順序立てて，

$$3! \times {}_4P_3 = 6 \times 24 = 144 \text{ (通り)}$$

注意

（♀が隣り合わない）＝（全体）−（♀が隣り合う）

は間違いです。正しくは

（♀が隣り合わない）＝（全体）−（♀の少なくとも2人が隣り合う）

つまり，(2)の場合，

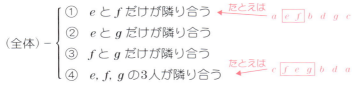

となります。

パターン 58 重複組合せ

○と｜で図式化せよ

n 種類のものから重複を許して r 個取り出す組合せが **重複組合せ** です。
（同じ種類のものを何個とってもよい／r 個の順番はどうでもよい）

例 赤玉，白玉，黒玉がたくさんある。この中から 2 個取り出す方法は何通りあるか。

2 個取り出すのだけど，玉は色以外は区別がつきません。だから **色ごとの個数の問題** になります（パターン 53）。

全部書き上げると，次のようになります。

答 全部書き上げて

(赤, 白, 黒) = (2個, 0個, 0個), (1個, 1個, 0個)
　　　　　　(0個, 2個, 0個), (1個, 0個, 1個)　の 6 通り
　　　　　　(0個, 0個, 2個), (0個, 1個, 1個)

これは次のように○と｜の図を対応させて数え上げることができます。

赤玉	白玉	黒玉	
2個	0個	0個	○○｜｜
0個	2個	0個	｜○○｜
0個	0個	2個	｜｜○○
1個	1個	0個	○｜○｜
1個	0個	1個	○｜｜○
0個	1個	1個	｜○｜○

〈図の作り方〉
｜は赤と白の仕切り，白と黒の仕切りなので 2 個用意します。そして○を
　（赤の個数）｜（白の個数）｜（黒の個数）
とおきます。たとえば
　　○｜○｜
　　赤1　白1　黒0
です

こうすると，重複組合せは，

○と｜の図がいくつ作れるか？ ← ココがポイント

という問題に帰着されます。

そしてこの図は，2 個の○と 2 個の｜が並んでいる図なので，その並べ方の個数は，

$$\frac{4!}{2!\,2!} = 6 \,(通り)$$ ← 同じものを含む順列（パターン 51）

このように，計算式で求めることができます。

126　パターン編

例題 58

6個の柿をA，B，Cの3人に分ける方法は，次の場合何通りあるか。
(1) 1個ももらえない人がいてもよい
(2) どの人も少なくとも1個はもらう

ポイント

6個の柿なので○は6個，3人に分けるので仕切り（｜）は2個。この8個の並び方を考えます。

○｜○○○｜○○　図を対応　A1個　B3個　C2個

ただし，(2)では次の並べ方は禁止です!!

$\begin{cases} \text{｜が端にくる} \Rightarrow ○｜○○○○○｜ \longleftrightarrow \text{A1個　B5個　C0個} \\ \text{｜が隣り合う} \Rightarrow ○○○○｜｜○○ \longleftrightarrow \text{A4個　B0個　C2個} \end{cases}$

解答

(1) ○6個，｜2個を1列に並べて

$$\frac{8!}{6!\,2!} = 28（通り）$$

(2) (1)において，『｜が隣り合わない，かつ｜が端にこない並べ方』を考える。 ―― 隣り合わない（パターン 57）

① ○6個を並べる ➡ ○○○○○○の1通り

② すき間5か所から2個選んで｜を入れる。 ➡ $_5C_2$通り

使えない　　　使えない
両端は使えないので｜はこの5か所に入る

よって，$1 × {_5C_2} = 10（通り）$

別解

―― 少なくとも1個はもらうので

まず，A，B，Cの3人が1個ずつもらっておく。すると

残り3個をA，B，Cに分ける方法は何通りあるか？

という問題に帰着される。

残り3個に関しては
1個ももらえない人がいてもよい
（ということは，(1)と同様に求められる）

よって，○3個と｜2個の並べ方を考えて

$$\frac{5!}{2!\,3!} = 10（通り）$$

パターン58　重複組合せ

パターン 59 確率の基本1

同じものでも区別する（番号をつけろ）

確率と場合の数ではものの数え方が違います。 ← 確率は場合の数を単に分数にするわけではありません

例 展開図が下の図であるようなサイコロを1回振るとき，

```
  1
1 1 1 3
  2
```

(1) 出る目は全部で何通りか。
(2) 1が出る確率を求めよ。

1が出る，2が出る，3が出るの3通り

(1)は 3通り です。ここで，問題となるのは(2)です。
(1)が3通りだからといって(2)を

$$\frac{1}{3}$$

Ⓐ 全体 → {1, 2, 3} の3通り。だから1は $\frac{1}{3}$ の確率で出ると考えた

とするのは正しくありません!!
では，正しい答はいくつだと思いますか？

もちろん $\frac{4}{6}$ です。　**ココがポイント!!**　← 分母が6だから

(1)ではすべての場合の数を3通りとしたけど，(2)では**6通り**にしています。

```
    1b
1a 1c 1d 3
    2
```

じつは，確率では，**4つある1を区別**して，左のようなサイコロだと思わないと**同様に確からしい（等確率）**ということが**ダメ**になってしまうのです。

Ⓑ このとき全体の場合の数は {1a, 1b, 1c, 1d, 2, 3} の6通りだから1は $\frac{4}{6}$ の確率で出る

- Ⓐのように全体を①②③とする　$\frac{4}{6} \frac{1}{6} \frac{1}{6}$　⟹ 等確率でない
- Ⓑのように全体を①a①b①c①d②③とする ⟹ 等確率
  $\frac{1}{6} \frac{1}{6} \frac{1}{6} \frac{1}{6} \frac{1}{6} \frac{1}{6}$

したがって，確率では，**同じものでも区別する**というのが基本になります。

例題 59

袋の中に赤玉が4個，白玉が5個入っている。玉を同時に5個取り出すとき，
(1) 同じ色の玉が2個出る確率を求めよ。
(2) 白玉が3個以上出る確率を求めよ。

ポイント

(●：赤玉　○：白玉)

同じものでも区別するので，①〜⑨と番号をつける。

(1) $\begin{cases} ⑦ & 赤2白3型 \\ ⑦ & 赤3白2型 \end{cases}$ の場合があります。

(2) **余事象**（パターン61）を利用します。

解答

すべての取り出し方は $_9C_5 = 126$（通り） ← $_9C_5 = _9C_4 = \dfrac{9\cdot 8\cdot 7\cdot 6}{4\cdot 3\cdot 2\cdot 1}$

(1) 2つの場合がある。

$\begin{cases} ⑦ & 赤玉2個，白玉3個型 \\ ⑦ & 赤玉3個，白玉2個型 \end{cases}$

⑦は $\underbrace{_4C_2}_{赤玉の選び方} \times \underbrace{_5C_3}_{白玉の選び方} = 6 \times 10 = 60$（通り）

⑦は $_4C_3 \times _5C_2 = 4 \times 10 = 40$（通り）

∴ $60 + 40 = 100$（通り） ← 場合分けしたら和の法則

求める確率は，$\dfrac{100}{126} = \dfrac{50}{63}$

(2) 余事象は ⑨ 白玉2個，赤玉3個型，または ㊀ 白玉1個，赤玉4個型

⑨は 40通り ← ⑦と同じ

㊀は $\underbrace{_5C_1}_{白玉の選び方} \times \underbrace{_4C_4}_{赤玉の選び方} = 5$（通り）

∴ $40 + 5 = 45$（通り） ← 場合分けしたら和の法則

よって，求める確率は，$1 - \dfrac{45}{126} = \dfrac{9}{14}$　　余事象の確率の公式は パターン61

※⑦⑦⑨㊀ は原文では丸囲みのア・イ・ウ・エ

パターン 60　確率の基本2

分子は分母に合わせて数える!!

僕が確率の授業をしているときに，次のようなことを質問されます。
「これは $_n\mathrm{P}_r$ で数えるのですか？　それとも $_n\mathrm{C}_r$ ですか？」

確率では，どちらで考えてもよいものもあります!!

例　赤玉が3個，白玉が2個入った袋から2個の玉を取り出すとき，赤玉と白玉を1つずつ取り出す確率を求めよ。

答

$_n\mathrm{C}_r$ を使った解答

すべての取り出し方は　$_5\mathrm{C}_2 = 10$（通り）

このうち，赤，白1つずつ取り出すのは

$\begin{cases} ① & 赤の選び方 \Rightarrow 3通り \\ ② & 白の選び方 \Rightarrow 2通り \end{cases}$

なので　$3 \times 2 = 6$（通り）　よって，求める答は　$\dfrac{6}{10} = \dfrac{3}{5}$

番号をつけておく
（パターン59）

順序立てたら積の法則

順番を考慮して取り出しても，求める確率は変わらない!!

$_n\mathrm{P}_r$ を使った解答

すべての取り出し方は，順番を考慮すると　$_5\mathrm{P}_2 = 20$（通り）

このうち，赤，白1つずつ取り出すのは，順番を考慮すると，2つの場合がある。

$\begin{cases} ① & 赤白の順の場合 \Rightarrow 3 \times 2 = 6（通り） \\ ② & 白赤の順の場合 \Rightarrow 2 \times 3 = 6（通り） \end{cases}$

和の法則より，$6 + 6 = 12$（通り）　よって，求める答は　$\dfrac{12}{20} = \dfrac{3}{5}$

このように確率では，

$\begin{cases} ① & 分母を\underline{順列}扱いしたら，分子は順番を考慮 \\ ② & 分母を\underline{組合せ}扱いしたら，分子は順番を考慮せず \end{cases}$

に数えます。

これが **分子は分母に合わせて数える** ということ!!

ただし，分母を**順列**扱いしかできないものもあります（例題60 (2)参照）。

例題 60

(1) 1から4までの番号札が2枚ずつ合計8枚ある。この中から無作為に1枚ずつ計2枚取り出すとき
 (i) 2枚とも2以下である確率を求めよ。
 (ii) (1枚目の数字) > (2枚目の数字) である確率を求めよ。

(2) 3個のサイコロを同時に投げるとき，目の和が6となる確率を求めよ。

ポイント

(1) (i) $_nP_r$ でも $_nC_r$ でもよいので $_nC_r$ を使います。← 1枚ずつ2枚とっても 2枚同時にとっても確率は同じ

 (ii) 分子は順番を考慮する場合の数なので，分母も $_nP_r$ で数えなければいけません。← たとえば，分子は (3, 4) はNG, (4, 3) はOK この場合，分母も順番を考慮して数える必要があります

(2) 3個のサイコロは区別します。

このとき，すべての目の出方は，$6^3 = 216$ 通り。これは**重複順列**だから**順列扱い**。よって，分子は，順番を考慮して目の和が6となるものを数えます。

解答

(1) 8枚を $1_a, 1_b, 2_a, 2_b, 3_a, 3_b, 4_a, 4_b$ とする。← 同じものでも区別する

 (i) 2枚とも2以下である確率は

$$\frac{_4C_2}{_8C_2} = \frac{6}{28} = \frac{3}{14}$$

← $1_a, 1_b, 2_a, 2_b$ から2枚選ぶ
← 8枚から2枚選ぶ

 (ii) 順番を考えると，すべての取り出し方は $_8P_2 = 56$ (通り)

このうち，(1枚目の数字) > (2枚目の数字) であるのは，場合分けして

$\begin{cases} ① \ 1枚目4, 2枚目3以下 \Rightarrow 2 \times 6 \\ ② \ 1枚目3, 2枚目2以下 \Rightarrow 2 \times 4 \\ ③ \ 1枚目2, 2枚目1 \Rightarrow 2 \times 2 \end{cases}$

← 1枚目4_a or 4_b, 2枚目$3_a, 3_b, 2_a, 2_b, 1_a, 1_b$ から選ぶ

よって，$12 + 8 + 4 = 24$ (通り)

場合分けしたら和の法則

これより，$\dfrac{24}{56} = \dfrac{3}{7}$

(2) すべての目の出方は，$6^3 = 216$ (通り)

このうち，目の和が6であるのは

$\begin{cases} ① \ 1+1+4 型 \Rightarrow 3 通り \\ ② \ 1+2+3 型 \Rightarrow 6 通り \\ ③ \ 2+2+2 型 \Rightarrow 1 通り \end{cases}$

← (1,1,4), (1,4,1), (4,1,1) の3通り
← 1, 2, 3 の並べかえは 3! 通り

ポイント
まず，小さい順で和が6となるものを考え，**並び方はあとから考える**のが**コツ**

よって，$3 + 6 + 1 = 10$ (通り) であるので，求める確率は $\dfrac{10}{216} = \dfrac{5}{108}$

和の法則

パターン 61 余事象の確率

「少なくとも〜」は余事象!!
（特に「積が〜の倍数」は余事象を使え!）

> **余事象の確率**
> $\overline{A}$：A が起こらない事象とするとき
> $P(\overline{A}) = 1 - P(A)$

← $P(X)$ で X の起こる確率を表します

$\overline{A}$ を A の **余事象** といいます。次の例のように「少なくとも」とあったら，余事象の利用を考えます。

例 赤玉が 3 個，白玉が 4 個入っている袋から 3 個の玉を同時に取り出すとき，少なくとも 1 個が赤玉である確率を求めよ。

答 余事象は3個とも白玉であることです。

$\begin{cases} 7個の玉から3個を取り出すすべての取り出し方 \Rightarrow {}_7C_3 通り \\ そのうち，3個とも白玉である取り出し方 \Rightarrow {}_4C_3 通り \end{cases}$

① ② ③
④ ⑤ ⑥ ⑦

よって $1 - \dfrac{{}_4C_3}{{}_7C_3} = 1 - \dfrac{4}{35} = \dfrac{31}{35}$

まともにやると…

少なくとも1個が赤玉 ⇔ $\begin{cases} ① & 3個とも赤玉 \\ ② & 赤玉2個，白玉1個 \\ ③ & 赤玉1個，白玉2個 \end{cases}$ ← 場合分けがメンドー

この余事象が特に有効なのが

「積が〜の倍数」

です。たとえば，

$24 = 2^3 \cdot 3$
$36 = 2^2 \cdot 3^2$
のように 4 の倍数は
2 が少なくとも2つ必要

$\begin{cases} 積が4の倍数 \Rightarrow 素因数分解において，2が少なくとも2つ \\ 積が6の倍数 \Rightarrow 素因数分解において，「2が少なくとも1つ」かつ「3が少なくとも1つ」 \end{cases}$

というように，「少なくとも」が出てきます。だから余事象!!

例題 61

8枚のカードに 1 から 8 までの数字が 1 つずつ書いてある。この 8 枚のカードの中から，3 枚同時に抜き出したとき，
(1) 積が偶数である確率を求めよ。
(2) 積が 4 の倍数である確率を求めよ。
(3) 積が 6 の倍数である確率を求めよ。

🔴ポイント

(1) 余事象は，積が奇数，つまり3枚とも奇数。
(2) 1～8を素因数2の個数に応じて，3つにグループ分けします。
(3) 積が6の倍数は「少なくとも」が2回出てきます。
「少なくとも」が2回以上出てくるときは，
ベン図を利用して処理します。

> 素因数分解において
> 「2 が少なくとも1つ」
> かつ
> 「3 が少なくとも1つ」

解答

すべての取り出し方は $_8C_3 = 56$（通り）

(1) 余事象は，「3枚とも奇数である」なので $_4C_3 = 4$（通り） ← 1, 3, 5, 7 から3枚選ぶ

求める確率は，$1 - \dfrac{4}{56} = \dfrac{13}{14}$

(2) 1～8を次の3つのグループに分ける。

$A = \{1, 3, 5, 7\}$ ← 素因数2がないグループ
$B = \{2, 6\}$ ← 素因数2が1個のグループ
$C = \{4, 8\}$ ← 素因数2が2個以上のグループ

余事象は，次の2つの場合がある。

$\begin{cases} ① \quad 3枚とも A から選ぶ \Rightarrow {}_4C_3 = 4（通り） \\ ② \quad A から2枚，B から1枚選ぶ \Rightarrow {}_4C_2 \times {}_2C_1 = 12（通り） \end{cases}$

または

> ポイント
> 積が4の倍数でない（余事象）は
> 素因数2が1個以下なので
> $\begin{cases} C は使えない \\ B は1個までしか使えない \end{cases}$
> と考えます

よって，$4 + 12 = 16$（通り） ← 和の法則

求める確率は，$1 - \dfrac{16}{56} = \dfrac{5}{7}$

(3) 右のベン図において

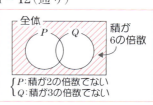

$\begin{cases} P は3枚とも奇数より，{}_4C_3 = 4（通り） \\ Q は3枚とも「3の倍数でない」より，{}_6C_3 = 20（通り） \\ P \cap Q は3枚とも「奇数」かつ「3の倍数でない」 \end{cases}$

より，$\{1, 5, 7\}$ の1通り ← 3枚とも $\{1, 2, 4, 5, 7, 8\}$ から選ぶ

余事象は $P \cup Q$ であるので

$4 + 20 - 1 = 23$（通り） ← $n(P \cup Q) = n(P) + n(Q) - n(P \cap Q)$

求める確率は，$1 - \dfrac{23}{56} = \dfrac{33}{56}$

💬コメント

「積が6の倍数」=「積が2の倍数」∩「積が3の倍数」 $= \overline{P} \cap \overline{Q} = \overline{P \cup Q}$

ド・モルガンの法則

パターン61　余事象の確率　133

パターン 62 和が〜の倍数

〜で割った余りで分類（グループ分け）

次は，「和が〜の倍数」です。

これは全部書き上げてしまうことも可能ですが，**書き忘れ**や**ダブルカウント**（同じものを2回書く間違い）が，起こりやすくなります。

次のやり方をマスターしよう。

例 2数の和が4の倍数になる条件

4で割った余りで分類すると，すべての整数は

$$\begin{cases} A: 4m \text{型} & (4の倍数) \\ B: 4m+1 \text{型} & (4で割った余りが1) \\ C: 4m+2 \text{型} & (4で割った余りが2) \\ D: 4m+3 \text{型} & (4で割った余りが3) \end{cases}$$

の4つに分類されます。

このとき，和が4の倍数になるのは

$$\begin{cases} (\text{i}) & (4m \text{型}) + (4m \text{型}) \\ (\text{ii}) & (4m+1 \text{型}) + (4m+3 \text{型}) \\ (\text{iii}) & (4m+2 \text{型}) + (4m+2 \text{型}) \end{cases}$$

の3つの場合しかありません。

〈2数の和を4で割った余り〉

	$4m$型	$4m+1$型	$4m+2$型	$4m+3$型
$4m$型	0	1	2	3
$4m+1$型	1	2	3	0
$4m+2$型	2	3	0	1
$4m+3$型	3	0	1	2

〈(ii)の場合の **証明**〉

$(4m+1 \text{型})$ は $4k+1$，$(4m+3 \text{型})$ は $4l+3$ と表せるので（k, l は整数），

$(4m+1 \text{型}) + (4m+3 \text{型}) = (4k+1) + (4l+3)$

$= 4(k+l+1)$ ← $4 \times$（整数）の形

∴ $(4m+1 \text{型}) + (4m+3 \text{型})$ は4の倍数。

（他も同様に証明できます）

あとはそれぞれの場合の数を求めて，和の法則で合計します。

例題 62

8枚のカードに1から8までの数字が1つずつ書いてある。
(1) この8枚のカードから2枚同時に抜き出したとき，和が3の倍数である確率を求めよ。
(2) この8枚のカードから3枚同時に抜き出したとき，和が3の倍数である確率を求めよ。

ポイント 1～8を3つのグループに分類します。

$A = \{3, 6\}$ ← $3m$型　　$B = \{1, 4, 7\}$ ← $3m+1$型　　$C = \{2, 5, 8\}$ ← $3m+2$型

あとはどう組み合わせるか考えてみてください。解答中では $(3m型) + (3m+1型)$ を省略して，$A+B$型などと書きます。

解答

(1) すべての取り出し方は　$_8C_2 = 28$（通り）

このうち，2数の和が3の倍数になるのは，次の2つの場合。

$\begin{cases} ① & A+A型 \Rightarrow {}_2C_2 = 1（通り） \quad ← 3+6 の1通り \\ ② & B+C型 \Rightarrow {}_3C_1 \times {}_3C_1 = 9（通り） \end{cases}$

（Aから2つ選ぶ / Bから1つ選ぶ　Cから1つ選ぶ）

よって，$1 + 9 = 10$（通り） ← 場合分けしたら和の法則

求める答は　$\dfrac{10}{28} = \dfrac{5}{14}$

(2) すべての取り出し方は　$_8C_3 = 56$（通り）

※ Aが2個しかないので，「3枚ともA」は起こりえない

このうち，3数の和が3の倍数になるのは次の3つの場合。

$\begin{cases} ① & B+B+B型 \Rightarrow {}_3C_3 = 1（通り） \quad ← 1+4+7 の1通り \\ ② & C+C+C型 \Rightarrow {}_3C_3 = 1（通り） \quad ← 2+5+8 の1通り \\ ③ & A+B+C型 \Rightarrow {}_2C_1 \cdot {}_3C_1 \cdot {}_3C_1 = 18（通り） \end{cases}$

（Bから3つ選ぶ / Cから3つ選ぶ / Aから1つ Bから1つ Cから1つ）

証明 k_1, k_2, k_3 を整数とすると
$3k_1 + (3k_2+1) + (3k_3+2)$
$= 3(k_1+k_2+k_3+1)$ ← 3の倍数

よって，$1 + 1 + 18 = 20$（通り） ← 場合分けしたら和の法則

求める答は　$\dfrac{20}{56} = \dfrac{5}{14}$

パターン62　和が～の倍数　135

パターン 63 最大値，最小値

余事象を利用してベン図をかけ

ここでは最小値について説明します。最大値についても不等号の向きを変えると，同様の結果が得られます。

◎ **最小値がk以上，最小値がk以下**

パターン 34 で次のことを学びました。

すべての x に対し $f(x) \geq k$ ⇔ $f(x)$ の最小値 $\geq k$ ← 絶対不等式は最大値・最小値で判断

今回はこれを逆に使います。

例 1つのサイコロを2回投げるとき，目の最小値が3以上になる確率を求めよ。

答 上を使うと，

最小値が3以上 ⇔ すべて(2回とも)3以上

となるから，$4^2 = 16$ (通り) 2回とも 3, 4, 5, 6

∴ 求める確率は $\dfrac{16}{36} = \dfrac{4}{9}$

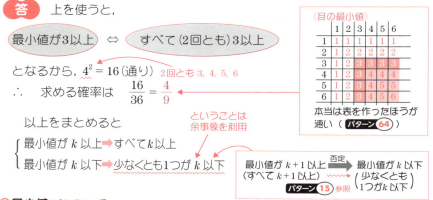

〈目の最小値〉

	1	2	3	4	5	6
1	1	1	1	1	1	1
2	1	2	2	2	2	2
3	1	2	3	3	3	3
4	1	2	3	4	4	4
5	1	2	3	4	5	5
6	1	2	3	4	5	6

本当は表を作ったほうが速い（パターン 64）

以上をまとめると

$\begin{cases} \text{最小値が } k \text{ 以上} \Rightarrow \text{すべて} k \text{ 以上} \\ \text{最小値が } k \text{ 以下} \Rightarrow \text{少なくとも1つが } k \text{ 以下} \end{cases}$

ということは余事象を利用

最小値が $k+1$ 以上 —否定→ 最小値が k 以下
(すべて $k+1$ 以上)　　　(少なくとも1つが k 以下)
パターン 15 参照

◎ **最小値kについて**

上の **例** で最小値が3となる確率を求めます。

最小値が3以上というのは，下の4つの場合からなる集合です。

最小値が3以上 ⇔ $\begin{cases} ① \text{ 最小値 3} \\ ② \text{ 最小値 4} \\ ③ \text{ 最小値 5} \\ ④ \text{ 最小値 6} \end{cases}$ Ⓐ ← この4つの集まりが最小値3以上

この4つから，上のⒶの部分を取り除けば，最小値3の部分が求まります。ここで，Ⓐは「最小値が4以上」を表します。

したがって，

「最小値が 3」＝「最小値が 3 以上」－「最小値が 4 以上」
$$= 4^2 - 3^2 = 7 \text{（通り）}$$
すべて 3, 4, 5, 6　　すべて 4, 5, 6

よって，求める確率は $\dfrac{7}{36}$

ココが最小値 3
全体
最小値 3 以上
最小値 4 以上

例題 63

1つのサイコロを3回投げるとき，目の最大値が 5 となる確率を求めよ。

ポイント

最小値のときと不等号の向きが逆

最大値だから，最大値が k 以下を1つずらして引きます。

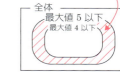
ココが最大値 5
全体
最大値 5 以下
最大値 4 以下

解答

すべての目の出方は　$6^3 = 216$（通り）

このうち，

$\begin{cases} \text{最大値5以下} \Leftrightarrow \text{すべて（3回とも）5以下} \Rightarrow 5^3 = 125 \text{（通り）} \\ \text{最大値4以下} \Leftrightarrow \text{すべて（3回とも）4以下} \Rightarrow 4^3 = 64 \text{（通り）} \end{cases}$

であるから，最大値が 5 となるのは

$125 - 64 = 61$（通り）

これより，求める確率は，$\dfrac{61}{216}$

注意　下のようにやる人がいます。どこが間違いかわかりますか？

誤答　最大値が 5 ➡ $3 \times 5^2 = 75$（通り）

何回目に　　他の2回は
5 が出るか　すべて5以下

これは　1回目　2回目　3回目

$\begin{cases} ① & 5 & 5 以下 & 5 以下 \\ ② & 5 以下 & 5 & 5 以下 \\ ③ & 5 以下 & 5 以下 & 5 \end{cases}$

原因
この考え方だと
1回目　2回目　3回目
　5　　　5　　　3
は①にも②にも含まれる

と場合分けして，$25 + 25 + 25 = 25 \times 3$ ということです。この場合，□ の中に書いているように **同じものを重複して数えています**。だからダメ!!

パターン63　最大値，最小値　137

パターン 64 2個のサイコロの問題

2個のサイコロの問題は，迷わず表を作れ!!

2個のサイコロの問題は，

6 × 6 = 36個の表を作って解くようにします。

たとえば，パターン63 で扱った 例 も，表を作ると，簡単です。

2個のサイコロの問題は，いろいろな技法とか考えるまでもなく，表を作ったほうが速く解けます。

例題 64

2個のサイコロを1回投げるとき，次の確率を求めよ。
(1) 目の和が3の倍数となる確率
(2) 一方が他方の倍数または約数となる確率

ポイント

(1) 和が3の倍数となるのは，和が3, 6, 9, 12の4つの場合があります。よって，和の法則でもできますが，表を作ったほうが速く解けます。

(2) 迷わず表を作りましょう。

解答

(1) 目の和が3の倍数となるのは，

右の表から，12通り

よって，求める確率は $\dfrac{12}{36} = \dfrac{1}{3}$

> 36個の表の中に和を全部書くと時間がもったいないので，実際には表に数値は書かず○印をつけてください（下の表参照）

(2) 一方が他方の倍数または約数となるのは，

右の表から，22通り

よって，求める確率は $\dfrac{22}{36} = \dfrac{11}{18}$

〈目の和が3の倍数〉

	1	2	3	4	5	6
1	2	3	4	5	6	7
2	3	4	5	6	7	8
3	4	5	6	7	8	9
4	5	6	7	8	9	10
5	6	7	8	9	10	11
6	7	8	9	10	11	12

〈一方が他方の倍数または約数〉

	1	2	3	4	5	6
1	○	○	○	○	○	○
2	○	○		○		○
3	○		○			○
4	○	○		○		
5	○				○	
6	○	○	○			○

◎ じゃんけんであいこになる確率

2人でじゃんけんをする場合と3人でじゃんけんをする場合，あいこ（引き分け）になる確率は等しいことが知られています。

2人の場合

すべての手の出し方は $3^2 = 9$（通り）

あいこは，2人とも同じ手を出す場合で3通り。 ← 2人ともグー，2人ともチョキ，2人ともパーの3通り

$$\therefore \quad \frac{3}{9} = \frac{1}{3}$$

3人の場合

すべての手の出し方は $3^3 = 27$（通り）

あいこは，

$$\begin{cases} 3人とも同じ手を出す \Longrightarrow 3通り \\ 3人とも異なる手を出す \Longrightarrow 3! = 6通り \end{cases}$$

← 3人ともグー，3人ともチョキ，3人ともパーの3通り
← 1人がグー，1人がチョキ，1人がパーの並べかえを考える

なので，あいこの確率は

$$\frac{3+6}{27} = \frac{9}{27} = \frac{1}{3}$$

4人以上の場合，あいこは，「全員が同じ手を出す場合」と「少なくとも1人がグー かつ 少なくとも1人がチョキ かつ 少なくとも1人がパー」の場合があるので，面倒です。 ← 「少なくとも」なので余事象を利用します

たとえば，4人の場合は次のように求めます。

すべての手の出し方は $3^4 = 81$（通り）

余事象（つまり，勝負がつく）は

$$\begin{cases} ・4人がグーとチョキに分かれる \Longrightarrow 2^4 - 2 = 14 \text{（通り）} \\ ・4人がグーとパーに分かれる \Longrightarrow 2^4 - 2 = 14 \text{（通り）} \\ ・4人がチョキとパーに分かれる \Longrightarrow 2^4 - 2 = 14 \text{（通り）} \end{cases}$$

← 2^4 から「全員がグー」と「全員がチョキ」の2通りを除きます

合計すると，$14 + 14 + 14 = 42$（通り） ← 場合分けしたら和の法則

求める確率は，

$$1 - \frac{42}{81} = \frac{39}{81} = \frac{13}{27}$$

パターン64 2個のサイコロの問題 139

パターン 65 サイコロに関する頻出問題

- すべて異なる目 ⟹ 順列
- $A<B<\cdots<C$ ⟹ 組合せ
- $A\leqq B\leqq\cdots\leqq C$ ⟹ 重複組合せ

ここでは，サイコロに関する頻出問題を扱います。(1)，(2)，(3)はどう違うのか？ をよく考えて解いてみてください。

例題 65

1つのサイコロを4回投げる。
(1) 出た目がすべて異なる確率を求めよ。
(2) 1回目に出る目をX, 2回目に出る目をY, 3回目に出る目をZ, 4回目に出る目をWとする。$X<Y<Z<W$となる確率を求めよ。
(3) (2)において，$X\leqq Y\leqq Z\leqq W$となる確率を求めよ。

ポイント

すべての目の出方は，6^4通り。

(1), (2)は，両方とも 1, 2, 3, 4, 5, 6 の6個の数字から異なる4個の数字を選ぶことになるんだけど，違いはわかりますか？

(3) $X\leqq Y\leqq Z\leqq W$となるサイコロの目の出方は，重複組合せになります。

解答

すべての目の出方は，6^4 通り

(1) 出た目がすべて異なるのは，$_6P_4$ 通り
これより，求める確率は

$$\frac{_6P_4}{6^4} = \frac{6\cdot 5\cdot 4\cdot 3}{6^4} = \frac{5}{18}$$

(2) $X<Y<Z<W$ となる目の出方は，
$$_6C_4 = 15 (通り)$$
これより，求める確率は

$$\frac{15}{6^4} = \frac{5}{432}$$

(3) $X \leqq Y \leqq Z \leqq W$ となる目の出方は，
|5個と○4個の並べ方に帰着され

$$\frac{9!}{5!\,4!} = 126 (通り)$$

これより，求める確率は

$$\frac{126}{6^4} = \frac{7}{72}$$

パターン **66** 独立な試行

独立のとき，$P(A \cap B) = P(A)P(B)$

2つの試行が独立であるとは，「互いに影響を与えない」ということです。独立のとき，次が成り立ちます。

> **独立な試行の確率**
>
> 2つの独立な試行 S, T を行うとき，S では事象 A が起こり，T で事象 B が起こる事象を $A \cap B$ とすると，
>
> $P(A \cap B) = P(A)P(B)$

例

(1) 1個のサイコロと1枚の硬貨を同時に投げるとき，サイコロは2以下で硬貨は表が出る確率を求めよ（独立の例）。

(2) 10本の中に3本の当たりくじがある。P，Q がこの順に引くとき，2人とも当たりくじを引く確率を求めよ。ただし，引いたくじは元に戻さないものとする（独立でない例）。

〈(1)について〉 1個のサイコロを投げる試行と1枚の硬貨を投げる試行は独立です。 ← サイコロの目の値にかかわらず，硬貨を投げて表の出る確率は $\frac{1}{2}$

よって，サイコロの目が2以下であるという事象を A，硬貨は表が出るという事象を B とすると，

$$P(A \cap B) = P(A)P(B)$$
$$= \frac{2}{6} \cdot \frac{1}{2} = \frac{1}{6}$$

P が当たると，Q は当たりにくくなる
P がはずれると，Q は当たりやすくなる
（互いに影響を与えている）

〈(2)について〉 P がくじを引くという試行と Q がくじを引くという試行は 独立ではありません 。この場合，P が当たりくじを引くという事象を A，Q が当たりくじを引くという事象を B とすると，$P(A \cap B) = P(A)P(B)$ は不成立です。

実際，$P(A) = P(B) = \frac{3}{10}$（くじ引きの公平性 ← p.147 参照）より，

$$P(A)P(B) = \frac{3}{10} \times \frac{3}{10} = \frac{9}{100}$$

また，$P(A \cap B) = \dfrac{1}{15}$ より，$P(A \cap B) = P(A)P(B)$ は成立していません。

◎ $P(A \cap B)$ の計算

その1
$\begin{cases} \text{すべての引き方} \Rightarrow {}_{10}P_2 = 90\text{通り} \\ A \cap B \text{となる引き方} \Rightarrow {}_3P_2 = 6\text{通り} \end{cases}$ $\therefore \dfrac{6}{90} = \dfrac{1}{15}$

その2 $P(A \cap B) = P(A)P_A(B) = \dfrac{3}{10} \cdot \dfrac{2}{9} = \dfrac{1}{15}$ (パターン68 参照)

例題 66

A, B, C の3人がPK（サッカーのペナルティキック）を行う。それぞれ，$\dfrac{1}{2}$, $\dfrac{2}{3}$, $\dfrac{4}{5}$ の確率でゴールするとするとき，次の場合の確率を求めよ。ただし，3人がゴールするかしないかは，互いに独立であるとする。

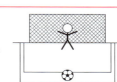

(1) A, B のみゴールする　　(2) 3人のうち少なくとも1人はゴールする

ポイント

(2)「少なくとも1人」なので余事象を使います。

解答

$\begin{cases} \text{事象 } X：\text{「Aがゴールするという事象」} \\ \text{事象 } Y：\text{「Bがゴールするという事象」} \\ \text{事象 } Z：\text{「Cがゴールするという事象」} \end{cases}$ とおく。

(1) $X \cap Y \cap \overline{Z}$ が起こる確率だから　　$1 - P(Z) = 1 - \dfrac{4}{5} = \dfrac{1}{5}$

$P(X \cap Y \cap \overline{Z}) = P(X)P(Y)P(\overline{Z}) = \dfrac{1}{2} \cdot \dfrac{2}{3} \cdot \dfrac{1}{5} = \dfrac{1}{15}$

(2) 余事象は，3人ともゴールしないことであり，$\overline{X} \cap \overline{Y} \cap \overline{Z}$ と表される。

$\therefore \ P(\overline{X} \cap \overline{Y} \cap \overline{Z}) = P(\overline{X})P(\overline{Y})P(\overline{Z}) = \dfrac{1}{2} \cdot \dfrac{1}{3} \cdot \dfrac{1}{5} = \dfrac{1}{30}$

よって，求める確率は　　$1 - \dfrac{1}{30} = \dfrac{29}{30}$

コメント

共通テストで解答するときは，(1) なら

$\underbrace{\dfrac{1}{2}}_{\text{Aがゴール}} \cdot \underbrace{\dfrac{2}{3}}_{\text{Bがゴール}} \cdot \underbrace{\dfrac{1}{5}}_{\text{Cがゴールしない}} = \dfrac{1}{15}$

の部分だけ書けばOKです。← 細かい論述に気を使いすぎないこと!!

パターン 67 反復試行の確率

（パターンの数）×（おのおのの確率）

同一条件のもとである試行をくり返し行うことを<u>反復試行</u>といいます。ただし，5個のサイコロを同時に1回だけ投げるというのも反復試行とみなすことができます。

たとえば，1個のサイコロを10回投げること

1個のサイコロを5回投げるのと確率は変わらない

ここでのキーワードは，
（パターンの数）×（おのおのの確率）

例 1個のサイコロを4回続けて投げるとき，1の目が2回出る確率を求めよ。

答 1の目が2回出るのは下の6つの場合があって，しかも等確率です。

4回中どの2回で1が出るかを考えると，
$_4C_2 = 6$
パターンある

① 1 1 △ △ → $\left(\dfrac{1}{6}\right)^2 \left(\dfrac{5}{6}\right)^2$
② 1 △ 1 △ → $\left(\dfrac{1}{6}\right)^2 \left(\dfrac{5}{6}\right)^2$
③ 1 △ △ 1 → $\left(\dfrac{1}{6}\right)^2 \left(\dfrac{5}{6}\right)^2$
④ △ 1 1 △ → $\left(\dfrac{1}{6}\right)^2 \left(\dfrac{5}{6}\right)^2$
⑤ △ 1 △ 1 → $\left(\dfrac{1}{6}\right)^2 \left(\dfrac{5}{6}\right)^2$
⑥ △ △ 1 1 → $\left(\dfrac{1}{6}\right)^2 \left(\dfrac{5}{6}\right)^2$

（□ → 1が出る　△ → 1以外が出る）

$\begin{cases} 1\text{が出る} \Rightarrow \dfrac{1}{6} \\ 1\text{以外が出る} \Rightarrow \dfrac{5}{6} \end{cases}$ で
順番にかかわりなく
□が2回，△が2回
となる確率は
$\left(\dfrac{1}{6}\right)^2 \left(\dfrac{5}{6}\right)^2$

∴ $6 \times \left(\dfrac{1}{6}\right)^2 \left(\dfrac{5}{6}\right)^2 = \dfrac{25}{216}$

（パターンの数）×（おのおのの確率）

$\left(\dfrac{1}{6}\right)^2 \left(\dfrac{5}{6}\right)^2$ を6回足すのだから，6倍すればよい

これを一般化したものが次の公式です。

反復試行の確率

1回につき確率 p の事象 A（事象Aの起こる確率）が n 回中 r 回起こる確率は，

$$_nC_r \times p^r (1-p)^{n-r}$$

（パターンの数）（おのおのの確率）

事象Aがn回中
$\begin{cases} r\text{回起こり} \\ n-r\text{回起こらない} \end{cases}$
という確率の公式

ただし，これは
$\begin{cases} ① & r\text{回に条件がつくとき（例題67(2)）} \\ ② & \text{起こる，起こらないではない問題（例題67(1)）} \end{cases}$ では使えません!!

大事なのは　（パターンの数）×（おのおのの確率）　です。

144　パターン編

例題 67

(1) 平面上の点Pは，東西南北いずれかへの1メートルの移動をくり返し行う。また，東，西，南，北に移動する確率は各回ともそれぞれ $\frac{1}{10}$, $\frac{3}{10}$, $\frac{4}{10}$, $\frac{2}{10}$ である。Pが3回の移動を終えたとき，最初の位置から東へ1メートルの位置にいる確率を求めよ。

(2) AとBが続けて試合を行い，先に3勝したほうが優勝するという。Aの勝つ確率が $\frac{2}{3}$ のとき，Aが3勝2敗で優勝する確率を求めよ。ただし，引き分けはないものとする。

ポイント

(1) 3回の移動の方向は
- ① 東2回，西1回
- ② 東1回，北1回，南1回

の2つの場合があります。

（○ → Aが勝つ，× → Aが負ける とする。
たとえば
○○○×× は3回戦の時点でAの優勝が決まるので3**勝**2**敗**でAが優勝ではありません）

(2) 5回中，Aが3回勝って2回負ける ではありません。正しくは， **条件付き** 3勝2敗

4戦目まで2勝2敗で，5戦目にAが勝つとなります。
（4戦目までに決着がつかず　5戦目に決着）

解答

(1) 次の2つの場合がある。

- ① 東2回，西1回 → $3 \times \left(\frac{1}{10}\right)^2 \left(\frac{3}{10}\right) = \frac{9}{1000}$ （東，東，西の並べ方／パターンの数／おのおのの確率）
- ② 東1回，北1回，南1回 → $3! \times \left(\frac{1}{10}\right)\left(\frac{2}{10}\right)\left(\frac{4}{10}\right) = \frac{48}{1000}$ （東，北，南の並べ方）

よって，$\frac{9}{1000} + \frac{48}{1000} = \frac{57}{1000}$

(2) 4戦目まで2勝2敗で，5戦目にAが勝てばよい。よって，

$$_4C_2 \times \left(\frac{2}{3}\right)^3 \left(\frac{1}{3}\right)^2 = \frac{16}{81}$$

（パターンの数／おのおのの確率）

∴ $\frac{4!}{2!\,2!} = 6$ (パターン)

（全部書くと右の6通り）

○2回，×2回の並べ方

4戦目まで	5戦目	
○○××	○	すべて
○×○×	○	$\left(\frac{2}{3}\right)^3 \left(\frac{1}{3}\right)^2$
○××○	○	(等確率)
×○○×	○	
×○×○	○	
××○○	○	

パターン67　反復試行の確率

パターン 68 条件付き確率

A を全事象としたときの $A \cap B$ が起こる確率が $P_A(B)$

事象 A が起こったことがわかっているときに，B が起こる確率を「A が起こったときに B が起こる条件付き確率」といい，$P_A(B)$ で表します。

例 1から8までの番号のついた8枚のカードから1枚取り出す。カードの番号が偶数であることがわかっているとき，その番号が3の倍数である確率を求めよ。

答 カードの番号が偶数であることがわかっているので，すべての取り出し方は $\{2, 4, 6, 8\}$ の4通り。 ← 全体の場合の数は8通りではなく4通りであることに注意

そのうち，その番号が3の倍数であるのは，$\{6\}$ の1通り。

よって，求める確率は $\dfrac{1}{4}$

このように，条件付き確率 $P_A(B)$ は，A を全事象（全体の場合の数）としたときの $A \cap B$ が起こる確率のことです。よって，← $n(U)$ は全体の場合の数

$$P_A(B) = \frac{n(A \cap B)}{n(A)} = \frac{\dfrac{n(A \cap B)}{n(U)}}{\dfrac{n(A)}{n(U)}} = \frac{P(A \cap B)}{P(A)}$$

が成り立ちます。上の **例** のように直感的にわからない場合（**例題69** (2)）は，条件付き確率は $\dfrac{P(A \cap B)}{P(A)}$ で計算します。

公式

$$P_A(B) = \frac{P(A \cap B)}{P(A)} \quad \cdots ①$$

特に，$P(A \cap B) = P(A) P_A(B)$ ← ①の分母を払っただけ

← これを乗法定理といいます

例題 68

10本のくじの中に2本の当たりくじがある。X，Yの2人がこの順にくじを1本ずつ引くとき，次の確率を求めよ。ただし，引いたくじは元には戻さないものとする。
(1) Xが当たりくじを引いたときに，Yが当たりくじを引く確率
(2) Yが当たりくじを引く確率

ポイント (1) Xが当たりくじを引いたらどうなるかを考えます。
(2) Xが当たりくじを引くか，はずれくじを引くかで場合分けします。

解答

$\begin{cases} A：Xが当たりくじを引くという事象 \\ B：Yが当たりくじを引くという事象 \end{cases}$

とおく。

(1) Xが当たりくじを引いたとき，残り9本のうち，当たりくじは1本なので

$$P_A(B) = \frac{1}{9}$$

(2) Xが当たり，Yも当たる確率は

$$P(A \cap B) = P(A) P_A(B) = \frac{2}{10} \times \frac{1}{9} = \frac{1}{45}$$

Xがはずれ，Yが当たる確率は

$$P(\overline{A} \cap B) = P(\overline{A}) P_{\overline{A}}(B) = \frac{8}{10} \times \frac{2}{9} = \frac{8}{45}$$

よって，

$$P(B) = P(A \cap B) + P(\overline{A} \cap B) = \frac{1}{45} + \frac{8}{45} = \frac{1}{5}$$

コメント

Yが当たりくじを引く確率は，Xが当たりくじを引く確率 $\left(\dfrac{1}{5}\right)$ と一致します。これを「くじ引きの公平性」といいます。

くじ引きは引く順番によらないということ

パターン 69 原因の確率

$P_E(A) = \dfrac{P(A \cap E)}{P(E)}$ に当てはめて計算せよ!!

事象 E が起こる原因として，A と B の2つがあり，事象 E が起こったことがわかったとき，それが原因 A から起こったと考えられる確率（条件付き確率）$P_E(A)$ を原因の確率といいます。

原因の確率の計算では，例題68(1)のように直感的にとらえることができないので，146ページの公式

$$P_E(A) = \dfrac{P(A \cap E)}{P(E)}$$

を使って計算します。

例題 69

(1) 事象 A, B について，$P(A) = \dfrac{1}{5}$, $P(\overline{B}) = \dfrac{1}{3}$, $P_A(B) = \dfrac{1}{10}$ のとき，次の確率を求めよ。

(i) $P(B)$ (ii) $P(A \cap B)$ (iii) $P_B(A)$ (iv) $P_{\overline{B}}(A)$

(2) Xの箱には白球が3個，黒球が7個，Yの箱には白球が8個，黒球が2個入っている。サイコロを投げて，2以下の目ならXの箱から，3以上の目ならYの箱から1球取り出す。取り出した球が白球であったとき，それがXの箱の白球である確率を求めよ。

ポイント

(1) 乗法定理を使う練習です。機械的に使えるようにしてください。
(2) 取り出した球が白球であるという事象を E とするとき，E の原因が箱Xである確率を求める問題です。

解答

(1) (i) $P(B) = 1 - P(\overline{B}) = 1 - \dfrac{1}{3} = \dfrac{2}{3}$ ← 余事象の確率

(ii) $P(A \cap B) = P(A) P_A(B) = \dfrac{1}{5} \times \dfrac{1}{10} = \dfrac{1}{50}$ ← 乗法定理

(iii) $P_B(A) = \dfrac{P(A \cap B)}{P(B)} = \dfrac{\frac{1}{50}}{\frac{2}{3}} = \dfrac{3}{100}$

(iv) $P(\overline{B} \cap A) = P(A) - P(A \cap B) = \dfrac{1}{5} - \dfrac{1}{50} = \dfrac{9}{50}$ より,

$$P_{\overline{B}}(A) = \dfrac{P(\overline{B} \cap A)}{P(\overline{B})} = \dfrac{\frac{9}{50}}{\frac{1}{3}} = \dfrac{27}{50}$$

> $P_A(\overline{B}) = 1 - P_A(B) = \dfrac{9}{10}$ より,
> $P(\overline{B} \cap A) = P(A) P_A(\overline{B})$ ← 乗法定理
> $= \dfrac{1}{5} \cdot \dfrac{9}{10} = \dfrac{9}{50}$ でも OK

(2) 取り出した球が白球であるという事象を E, 箱Xの球を取り出すという事象を A とおくと,

(★)
$$P(E) = \boxed{P(A \cap E)} + P(\overline{A} \cap E)$$
$$= P(A) P_A(E) + P(\overline{A}) P_{\overline{A}}(E)$$
$$= \dfrac{2}{6} \cdot \dfrac{3}{10} + \dfrac{4}{6} \cdot \dfrac{8}{10}$$
$$= \dfrac{38}{60}$$

ということは, $\overline{A}$ は箱Yの球を取り出すという事象
(箱 X を選んで白球を取り出す)
または (箱 Y を選んで白球を取り出す)

乗法定理

$P(A) = (箱Xの球を取り出す確率) = \dfrac{2}{6}$
$P(\overline{A}) = (箱Yの球を取り出す確率) = \dfrac{4}{6}$

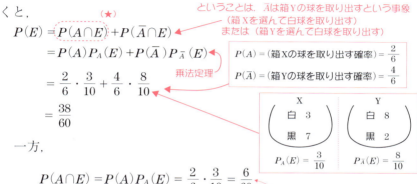

一方,
$$P(A \cap E) = P(A) P_A(E) = \dfrac{2}{6} \cdot \dfrac{3}{10} = \dfrac{6}{60}$$

(★)で計算済み

よって
$$P_E(A) = \dfrac{P(A \cap E)}{P(E)} = \dfrac{\frac{6}{60}}{\frac{38}{60}} = \dfrac{6}{38} = \dfrac{3}{19}$$

コメント

これを一般化したものをベイズの定理といいます。

ベイズの定理

事象 E の原因となる事象を A, B とする (ただし, $\overline{B} = A$)。
$A \cap B = \phi$, $A \cup B = U$ (全事象) ということ

事象 E が起こったとき, それが原因 A から生じたものである確率 $P_E(A)$ は

$$P_E(A) = \dfrac{P(A \cap E)}{P(E)} = \dfrac{P(A \cap E)}{P(A \cap E) + P(B \cap E)} = \dfrac{P(A) P_A(E)}{P(A) P_A(E) + P(B) P_B(E)}$$

(*原因となる事象が3個以上のときも同様の公式が成立します。)

パターン 70 三角比の定義

2つの定義を使い分けよ!!

三角比には，2つの定義があります。

◎ 直角三角形による定義 ← θが鋭角のとき

右図において

$$\sin\theta = \frac{対辺}{斜辺}, \quad \cos\theta = \frac{隣辺}{斜辺}, \quad \tan\theta = \frac{対辺}{隣辺}$$

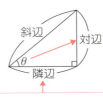

θの隣辺 ➡ θの隣りの辺
θの対辺 ➡ θの向かい側の辺
（矢印）

たとえば，60°の三角比を求めるときは，$\theta = 60°$ の直角三角形（右図）を考えると，

$$\sin 60° = \frac{\sqrt{3}}{2}, \quad \cos 60° = \frac{1}{2}, \quad \tan 60° = \frac{\sqrt{3}}{1} = \sqrt{3}$$

◎ 座標を用いた定義 ← θはどのような角でもよい

原点を中心とする半径 r の円において，x 軸の正の向きから反時計回りに角 θ をとったときの半径を OP とします。このとき，$P(x, y)$ とすると，

$$\sin\theta = \frac{y}{r}, \quad \cos\theta = \frac{x}{r}, \quad \tan\theta = \frac{y}{x}$$

特に，$r = 1$ のとき（この場合が**重要**），← この円を単位円という

$$\begin{cases} \sin\theta \Rightarrow 単位円の y 座標 \\ \cos\theta \Rightarrow 単位円の x 座標 \end{cases} となります。$$

それから，次の2つの三角形は重要です。

① 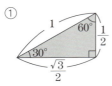 $\frac{1}{2}$ 倍に縮小したもの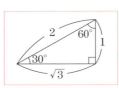

② $\frac{1}{\sqrt{2}}$ 倍に縮小したもの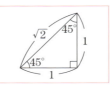

150　パターン編

例題 70

(1) 右図において，
 $\sin\theta$，$\cos\theta$，$\tan\theta$ の値を求めよ。

(2) 次の値を求めよ。
 (i) $\sin 120°$ (ii) $\cos 90°$
 (iii) $\tan 45°$ (iv) $\sin 180°$

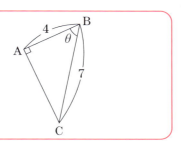

ポイント

(1) AC の長さは，三平方の定理。斜辺，隣辺，対辺はどれか判断してください。
(2) 単位円をかいて，左ページの①，②の三角形をはめこみます。

解答

(1) $AC = \sqrt{7^2 - 4^2} = \sqrt{33}$

これより

$$\sin\theta = \frac{\sqrt{33}}{7},\quad \cos\theta = \frac{4}{7},\quad \tan\theta = \frac{\sqrt{33}}{4}$$

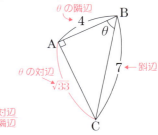

(2) 単位円上に，120°，90°，45°，180°をとると，次のようになる。

(i)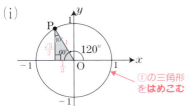

(ii)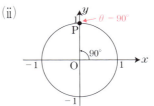

(iii)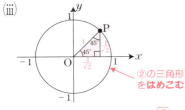

(iv)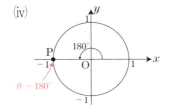

よって，(i) $\sin 120° = \dfrac{\sqrt{3}}{2}$

(ii) $\cos 90° = 0$

(iii) $\tan 45° = \dfrac{y}{x} = 1$

(iv) $\sin 180° = 0$

パターン70 三角比の定義 151

パターン 71 三角方程式

$\begin{cases} \sin\theta \Rightarrow y \text{ とおけ} \\ \tan\theta \Rightarrow \dfrac{y}{x} \text{ とおけ} \end{cases}$ $\cos\theta \Rightarrow x \text{ とおけ}$ ← 単位円との交点を考えよ!!

ここでは三角方程式を扱います。三角不等式に関しては，「数学Ⅱ」の「三角関数」を参照してください。

三角方程式の解法
① $\sin\theta = y$, $\cos\theta = x$, $\tan\theta = \dfrac{y}{x}$ とおく。
② ①の表す直線と単位円の交点が求める答。

$\sin\theta$, $\cos\theta$ はそれぞれ単位円の y 座標，x 座標なので，$\sin\theta = y$, $\cos\theta = x$ とおきます。
$\tan\theta$ は $\dfrac{\sin\theta}{\cos\theta}$ だから $\dfrac{y}{x}$ とおきます

$\dfrac{\sin\theta}{\cos\theta} = \dfrac{\frac{b}{c}}{\frac{a}{c}} = \dfrac{b}{a} = \tan\theta$

例 $0° \leqq \theta \leqq 180°$ のとき，$\sin\theta = \dfrac{\sqrt{3}}{2}$ を解け。

答 まず，

上の手順 $\begin{cases} ① \quad y = \dfrac{\sqrt{3}}{2} \quad \leftarrow \sin\theta = y \text{ とおく} \\ \quad\quad \Downarrow \\ ② \quad y = \dfrac{\sqrt{3}}{2} \text{ と単位円の交点を調べる} \end{cases}$

と考えると，交点は2つあることがわかります（図1）。

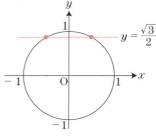
（図1）

次に，パターン70 で出てきた，$1, \dfrac{1}{2}, \dfrac{\sqrt{3}}{2}$
の三角形を2つ「はめこむ」と，
$\theta = 60°, 120°$
になります（図2）。

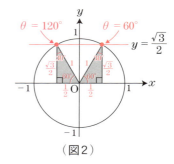
（図2）

例題 71

$0° \leqq \theta \leqq 180°$ のとき，次の方程式を解け。

(1) $\sin\theta = 1$ (2) $\cos\theta = \dfrac{1}{2}$ (3) $\tan\theta = -\sqrt{3}$ (4) $\sin\theta = \dfrac{\sqrt{2}}{2}$

ポイント

直線 $x = k$ のグラフは，y 軸に平行な直線。あとは手順にしたがって解いていきます。

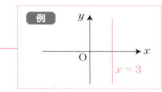

解答

$\sin\theta = y$，$\cos\theta = x$，$\tan\theta = \dfrac{y}{x}$ とおくと，

(1) $y = 1$ (2) $x = \dfrac{1}{2}$ (3) $\dfrac{y}{x} = -\sqrt{3}$ (4) $y = \dfrac{\sqrt{2}}{2}$
 $(y = -\sqrt{3}\,x)$

これらの直線と，単位円の交点は下図のようになる。

(1)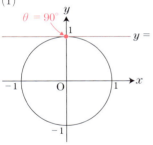

(2)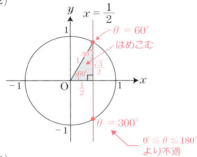

(3)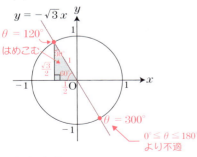

(4)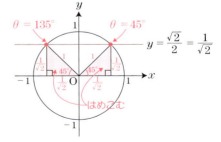

これより

(1) $\theta = 90°$ (2) $\theta = 60°$ (3) $\theta = 120°$ (4) $\theta = 45°,\ 135°$

パターン71 三角方程式 153

パターン **72** 相互関係

ひとつがわかれば,すべて求められる(図を利用せよ)

三角比の相互関係

① $\sin^2\theta + \cos^2\theta = 1$
② $\tan\theta = \dfrac{\sin\theta}{\cos\theta}$
③ $1 + \tan^2\theta = \dfrac{1}{\cos^2\theta}$

← ①の原理

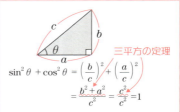

上の公式を**相互関係**といいます。

これを用いると,$\sin\theta$,$\cos\theta$,$\tan\theta$ の1つがわかれば,他をすべて求めることができます。

例 θ が鈍角で $\sin\theta = \dfrac{3}{4}$ のとき,$\cos\theta$,$\tan\theta$ の値を求めよ。

〈相互関係を用いた **解答**〉 ← あまりオススメしない

$\sin^2\theta + \cos^2\theta = 1$ より,$\cos^2\theta = 1 - \sin^2\theta = 1 - \left(\dfrac{3}{4}\right)^2 = \dfrac{7}{16}$

$\cos\theta < 0$ より, $\cos\theta = -\sqrt{\dfrac{7}{16}} = -\dfrac{\sqrt{7}}{4}$
　θ は鈍角だから

また,$\tan\theta = \dfrac{\sin\theta}{\cos\theta} = \dfrac{\dfrac{3}{4}}{-\dfrac{\sqrt{7}}{4}} = -\dfrac{3}{\sqrt{7}}$

僕は,図を利用した解答の方をオススメします。

手順(i)は頭の中に思い浮かべる

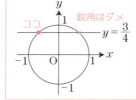

◎ **図を利用した求め方の手順** 第何象限か?

(i) パターン **71** の要領で答の場所を確認する。
(ii) 座標平面上に三角形をかき込む。
(iii) 三平方の定理で,残りの辺を求める。

〈**例** の **別解**〉

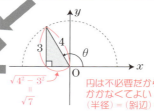

(ii) $\sin\theta = \dfrac{3}{4}$ ← y 座標 より右図のようになる。
　　　　　　　← 半径
(iii) 三平方の定理より,残りの辺は $\sqrt{7}$

∴ $\cos\theta = \dfrac{-\sqrt{7}}{4}$,$\tan\theta = \dfrac{3}{-\sqrt{7}}$

例題 72

(1) θ は鋭角で，$\cos\theta = \dfrac{2}{5}$ のとき，$\sin\theta$，$\tan\theta$ の値を求めよ。

(2) θ は鈍角で，$\tan\theta = -3$ のとき，$\sin\theta$，$\cos\theta$ の値を求めよ。

(3) $0° \leqq \theta \leqq 180°$ で，$\sin\theta = \dfrac{1}{6}$ のとき，$\cos\theta$，$\tan\theta$ の値を求めよ。

ポイント

まずは，頭の中で答の場所を確認すると，(3)は答が2つあるので，三角形も2つかきます。

(2)は $\tan\theta = \dfrac{3}{-1}\begin{smallmatrix}y\\x\end{smallmatrix}$ として三角形をかきます。

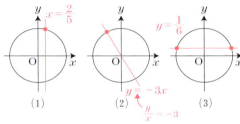

解答

(1) $\cos\theta = \dfrac{2}{5}$ より，右図のようになる。

これより

$$\sin\theta = \dfrac{\sqrt{21}}{5}\,\,\underset{半径}{\underset{\downarrow}{}}\!,\quad \tan\theta = \dfrac{\sqrt{21}}{2}\,\,\underset{\frac{y}{x}}{\underset{\downarrow}{}}$$

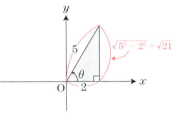

(2) $\tan\theta = \dfrac{3}{-1}$ より，右図のようになる。

これより

$$\sin\theta = \dfrac{3}{\sqrt{10}}\,\,\underset{半径}{\underset{\downarrow}{}}\!,\quad \cos\theta = \dfrac{-1}{\sqrt{10}}\,\,\underset{半径}{\underset{\downarrow}{}}$$

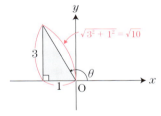

(3) $\sin\theta = \dfrac{1}{6}$ より，右図のようになる。

右の三角形では

$$\cos\theta = \dfrac{\sqrt{35}}{6},\quad \tan\theta = \dfrac{1}{\sqrt{35}}$$

左の三角形では

$$\cos\theta = \dfrac{-\sqrt{35}}{6},\quad \tan\theta = \dfrac{1}{-\sqrt{35}}$$

よって，$\cos\theta = \pm\dfrac{\sqrt{35}}{6}$，$\tan\theta = \pm\dfrac{1}{\sqrt{35}}$（複号同順）

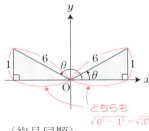

パターン 73　sinθとcosθの対称式

sinθ+cosθを2乗すると，sinθcosθが求められる

パターン7 で扱ったように，すべての対称式は基本対称式で表されます。

そして，$\sin\theta$ と $\cos\theta$ の基本対称式（つまり，$\sin\theta + \cos\theta$ と $\sin\theta\cos\theta$）には，次の関係があります。← **重要**

例　$\sin\theta + \cos\theta = k$ のとき，$\sin\theta\cos\theta$ を k の式で表せ。

答　$\sin\theta + \cos\theta = k$ の両辺を2乗すると，← ココがポイント

$$\underbrace{\sin^2\theta + \cos^2\theta}_{=1} + 2\sin\theta\cos\theta = k^2$$

$$1 + 2\sin\theta\cos\theta = k^2$$

$$\therefore \quad \sin\theta\cos\theta = \frac{k^2-1}{2}$$

これにより，$\sin\theta$ と $\cos\theta$ の対称式は $k(=\sin\theta + \cos\theta)$ だけで表されます。あとは **パターン7** の公式を組み合わせて解きます。

例題 73

$0° \leqq \theta \leqq 180°$，$\sin\theta + \cos\theta = \dfrac{1}{2}$ のとき，次の式の値を求めよ。

(1) $\sin\theta\cos\theta$　　(2) $\sin^3\theta + \cos^3\theta$　　(3) $\cos\theta - \sin\theta$　　(4) $\sin\theta$

ポイント

(1)は $\sin\theta + \cos\theta$ を2乗して求めます。

(2)は $\alpha^3 + \beta^3 = (\alpha+\beta)^3 - 3\alpha\beta(\alpha+\beta)$ を利用（**パターン7**）。

(3)は $|\beta - \alpha| = \sqrt{(\alpha+\beta)^2 - 4\alpha\beta}$（**パターン7**）ですが，$\beta - \alpha$ の符号が問題です。(4)は(3)と $\sin\theta + \cos\theta = \dfrac{1}{2}$ を利用します。

解答

(1) $\sin\theta + \cos\theta = \dfrac{1}{2}$ の両辺を2乗すると，

$$1 + 2\sin\theta\cos\theta = \frac{1}{4}$$

$$2\sin\theta\cos\theta = -\frac{3}{4}$$

$$\therefore \quad \sin\theta\cos\theta = -\frac{3}{8} \quad \cdots ①$$

（左辺）$= \underline{\sin^2\theta + \cos^2\theta} + 2\sin\theta\cos\theta$
$= \underline{1} + 2\sin\theta\cos\theta$

(2) $\sin^3\theta + \cos^3\theta = (\sin\theta + \cos\theta)^3 - 3\sin\theta\cos\theta(\sin\theta + \cos\theta)$

$\qquad\qquad\qquad = \left(\dfrac{1}{2}\right)^3 - 3\cdot\left(-\dfrac{3}{8}\right)\cdot\dfrac{1}{2}$

$\qquad\qquad\qquad = \dfrac{1}{8} + \dfrac{9}{16} = \dfrac{11}{16}$

$\alpha^3 + \beta^3 = (\alpha+\beta)^3 - 3\alpha\beta(\alpha+\beta)$ (パターン 7)

$|\beta - \alpha| = \sqrt{(\alpha+\beta)^2 - 4\alpha\beta}$ (パターン 7)

(3) $|\cos\theta - \sin\theta| = \sqrt{(\cos\theta + \sin\theta)^2 - 4\sin\theta\cos\theta}$

$\qquad\qquad\qquad = \sqrt{\left(\dfrac{1}{2}\right)^2 - 4\cdot\left(-\dfrac{3}{8}\right)} = \sqrt{\dfrac{7}{4}} = \dfrac{\sqrt{7}}{2}$

$\therefore\quad \cos\theta - \sin\theta = \pm\dfrac{\sqrt{7}}{2}$

ここで，$\cos\theta < 0$，$\sin\theta > 0$ より，
$\cos\theta - \sin\theta < 0$ であるから，

$\qquad \cos\theta - \sin\theta = -\dfrac{\sqrt{7}}{2}$

> (1)より $\sin\theta\cos\theta = -\dfrac{3}{8}$
> ここで，左辺は 正×負 or 負×正 であるが $0° \leq \theta \leq 180°$ より
> $\sin\theta \geq 0$
> よって，正×負

(4) $\begin{cases} \sin\theta + \cos\theta = \dfrac{1}{2} & \cdots ② \\ \cos\theta - \sin\theta = -\dfrac{\sqrt{7}}{2} & \cdots ③ \end{cases}$

②－③より，$2\sin\theta = \dfrac{1+\sqrt{7}}{2}$

$\therefore\quad \sin\theta = \dfrac{1+\sqrt{7}}{4}$

余談

θ と $180°-\theta$ は右図のように
y 軸対称な位置関係になります。

これより，

$\begin{cases} \sin(180°-\theta) = \sin\theta \\ \cos(180°-\theta) = -\cos\theta \end{cases}$

が成立します。

$\begin{cases} \sin(90°-\theta) = \cos\theta \\ \cos(90°-\theta) = \sin\theta \end{cases}$

と合わせて，覚えておいてください。

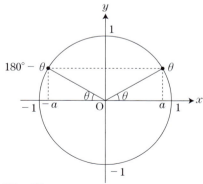

θ と $180°-\theta$ は
$\begin{cases} y座標が等しい \\ x座標は符号だけ違う \end{cases}$

パターン 74 　正弦定理

$$\begin{cases}2辺2角\\外接円の半径\ R\end{cases} \Rightarrow 正弦定理を使え!!$$

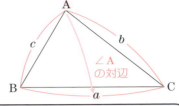

◎**三角形の表し方** ← これはただの約束事!!

a, b, c は，それぞれ $\angle A$, $\angle B$, $\angle C$ の対辺を表します。

正弦定理

$\triangle ABC$ の外接円の半径を R とすると，

$$2R = \frac{a}{\sin A} = \frac{b}{\sin B} = \frac{c}{\sin C}$$

← 分子は分母の角の対辺

上を<u>正弦定理</u>といいます。その使い方は2つあります。

① **2辺2角のとき**
   ➡ $\dfrac{a}{\sin A} = \dfrac{b}{\sin B}$ の形で使う!!

② **外接円の半径 R が出てくるとき**
   ➡ $2R = \dfrac{a}{\sin A}$ の形で使う!!

いずれの場合も

　　方程式的に使う!! ← たとえば a, A, b, B のうち未知数が1個あるならば，①より方程式を作ることができます

ことがポイントです。

例題 74

$\triangle ABC$ において，外接円の半径を R とする。次のものを求めよ。

(1) $C = 60°$, $c = 4\sqrt{6}$ のときの R
(2) $B = 30°$, $b = 4$, $c = 4\sqrt{3}$ のときの C
(3) $A = 15°$, $C = 45°$, $c = 3$ のときの b
(4) $A : B : C = 3 : 4 : 5$, $R = 2$ のときの b

ポイント

図をかいて，正弦定理をどう使うか考えます。(3),(4) では，

　　(三角形の内角の和) $= 180°$

を利用します。

解答

(1) 正弦定理より,

$$2R = \frac{4\sqrt{6}}{\sin 60°} = \frac{4\sqrt{6}}{\frac{\sqrt{3}}{2}}$$

$$= \frac{8\sqrt{6}}{\sqrt{3}} = 8\sqrt{2}$$

∴ $R = 4\sqrt{2}$

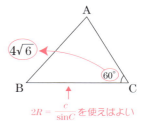
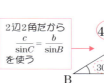

(2) 正弦定理より,

$$\frac{4\sqrt{3}}{\sin C} = \frac{4}{\sin 30°} = \frac{4}{\frac{1}{2}} = 8$$

両辺の逆数をとると,

$$\frac{\sin C}{4\sqrt{3}} = \frac{1}{8}$$

∴ $\sin C = \frac{\sqrt{3}}{2}$

よって, $C = 60°, \ 120°$

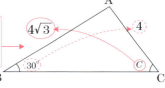
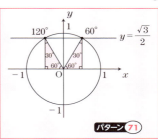

(3) $B = 180° - (15° + 45°)$
　　$= 120°$

正弦定理より,

$$\frac{b}{\sin 120°} = \frac{3}{\sin 45°} = \frac{3}{\frac{1}{\sqrt{2}}} = 3\sqrt{2}$$

よって,
$$b = 3\sqrt{2} \times \sin 120° = 3\sqrt{2} \times \frac{\sqrt{3}}{2} = \frac{3\sqrt{6}}{2}$$

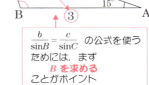

(4) $A : B : C = 3 : 4 : 5$ より,

$A = 3k, \ B = 4k, \ C = 5k$ とおくと,

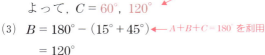

$3k + 4k + 5k = 180°$ より, $k = 15°$

よって, $B = 60°$ であるので正弦定理から,

$$2 \times 2 = \frac{b}{\sin 60°}$$

∴ $b = 4 \times \sin 60° = 4 \times \frac{\sqrt{3}}{2} = 2\sqrt{3}$

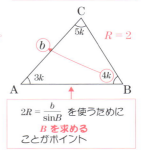

パターン **75** 余弦定理

「3辺1角」は余弦定理

> **余弦定理**
>
> △ABC において
> $$\begin{cases} a^2 = b^2 + c^2 - 2bc\cos A \\ b^2 = c^2 + a^2 - 2ca\cos B \\ c^2 = a^2 + b^2 - 2ab\cos C \end{cases}$$

いちばん上の式さえ覚えておけば，$a(A)\Rightarrow b(B)$，$b(B)\Rightarrow c(C)$，$c(C)\Rightarrow a(A)$ と文字を循環させると，2番目，3番目の式になります

上を<u>余弦定理</u>といいます。使い方の基本は，

2辺と間の角が与えられたときに残りの辺を求める（b, c と A／a）

ことですが，共通テストでは，正弦定理のときと同様に

方程式的に使う

ことが多いと予想されます。**3辺1角のときは，余弦定理**と覚えておいてください。また，上の余弦定理を変形して，

$$\cos A = \frac{b^2 + c^2 - a^2}{2bc}$$

と使うこともあります（$\cos B, \cos C$ も上と同様に文字の循環で求まります）。

例題 75

△ABC において，次のものを求めよ。
(1) $b = 5, c = 6, A = 60°$ のときの a
(2) $a = 5, b = 7, c = 3$ のときの $\sin A$
(3) $a = \sqrt{13}, b = \sqrt{3}, A = 30°$ のときの c
(4) $c = 4, a = 2\sqrt{3} + 2, B = 30°$ のときの $\sin C$

ポイント

(1) は余弦定理のいちばん典型的な例です。(2) は $\sin A$ を求める問題ですが，正弦定理ではありません。3辺1角なので，余弦定理で $\cos A$ を求めて，$\cos A$ から $\sin A$ を求めます。(3) は余弦定理で c についての方程式を立てます。(4) は正弦定理，余弦定理を組み合わせます。

(1) 余弦定理より,
$$a^2 = 5^2 + 6^2 - 2\cdot 5\cdot 6\cos 60°$$
$$= 25 + 36 - 30 = 31$$
$$\therefore\ a = \sqrt{31}$$

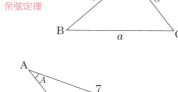

(2) 余弦定理より,
$$\cos A = \frac{7^2 + 3^2 - 5^2}{2\cdot 7\cdot 3} = \frac{33}{42} = \frac{11}{14}$$
$$\therefore\ \sin A = \frac{5\sqrt{3}}{14}$$

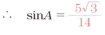

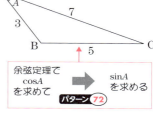

(3) 余弦定理より,
$$13 = 3 + c^2 - 2\sqrt{3}\,c\cos 30°$$
これより,
$$c^2 - 3c - 10 = 0$$
$$(c-5)(c+2) = 0$$
$c > 0$ より,$c = 5$

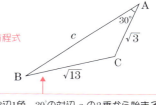

(4) 余弦定理より,
$$b^2 = 4^2 + (2\sqrt{3}+2)^2 - 2\cdot 4\,(2\sqrt{3}+2)\cos 30°$$
$$= 16 + (16 + 8\sqrt{3}) - 4\sqrt{3}\,(2\sqrt{3}+2) = 8$$
$$\therefore\ b = 2\sqrt{2}$$

よって,正弦定理から,
$$\frac{4}{\sin C} = \frac{2\sqrt{2}}{\sin 30°} = \frac{2\sqrt{2}}{\frac{1}{2}} = 4\sqrt{2}$$

両辺の逆数をとり,$\dfrac{\sin C}{4} = \dfrac{1}{4\sqrt{2}}$

$$\therefore\ \sin C = \frac{1}{\sqrt{2}}$$

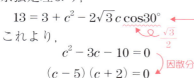

コメント

(4)において,C は45°です(135°ではありません)。
(パターン77 参照)

パターン75 余弦定理 161

パターン 76 正弦定理と余弦定理の証明

正弦定理…円周角が一定であることを利用
余弦定理…三平方の定理を利用

正弦定理，余弦定理を鋭角三角形の場合に証明してみましょう。

例題 76

(1) 太郎さんは△ABC が鋭角三角形のときに，正弦定理

$$2R = \frac{a}{\sin A}$$

が成り立つことを次のように証明した。

> 点 A を含む弧 BC 上に点 A′ をとると，$\boxed{ア}$ より
> $$\angle CAB = \angle CA'B$$
> が成り立つ。特に，線分 A′B が△ABC の外接円の
> $\boxed{イ}$ となる場合を考えると，$\angle A'CB = \boxed{ウ}$°
> であるから，
> $$\sin A = \sin \angle CA'B = \boxed{エ}$$
> が成り立つ。よって，
> $$2R = \frac{a}{\sin A}$$
> である。

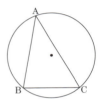

$\boxed{ア}$ ～ $\boxed{エ}$ に当てはまる最も適当なものを次の ⓪ ～ ⑨ のうちから一つずつ選べ。

⓪ 方べきの定理　　① 三平方の定理　　② 円周角の定理

③ 直径　　④ 半径　　⑤ 60　　⑥ 90　　⑦ $\dfrac{a}{2R}$

⑧ $\dfrac{2R}{a}$　　⑨ $\dfrac{2a}{R}$

(2) 花子さんは△ABC が鋭角三角形のときに，余弦定理

$$a^2 = b^2 + c^2 - 2bc\cos A$$

が成り立つことを次のように証明した。

点 B から辺 AC に垂線 BH を下ろすと，
AH = オ ， BH = カ
より，CH = キ － オ
よって，三平方の定理より，
BH² + CH² = ク ²
これを計算することにより，
$a^2 = b^2 + c^2 - 2bc\cos A$

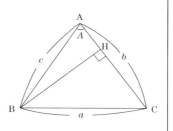

オ ～ ク に当てはまる最も適当なものを次の⓪～⑥のうちから一つずつ選べ。

⓪ a ① b ② c ③ $c\cos A$
④ $c\sin A$ ⑤ $b\cos A$ ⑥ $b\sin A$

解答

(1) 円周角の定理(ア = ②)より，∠CAB = ∠CA′B
右図のように，線分 A′B が△ABC の外接円の直径
(イ = ③)となるようにとると，∠A′CB = 90°
(ウ = ⑥) ← 直径の円周角は 90°

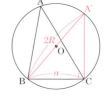

これより，$\sin A = \sin \angle CA'B = \dfrac{a}{2R}$ （ エ = ⑦)

よって，$2R = \dfrac{a}{\sin A}$ ← 2R について解いた

(2) △AHB に注目すると，

$\cos A = \dfrac{AH}{c}$ ， $\sin A = \dfrac{BH}{c}$ ← 三角比の定義

∴ AH = $c\cos A$， BH = $c\sin A$ (オ = ③， カ = ④)

これより，CH = AC － AH
= $b - c\cos A$ (キ = ①)

よって，△BCH に三平方の定理を適用すると，
BH² + CH² = BC² = a^2 (ク = ⓪)

これより，$(c\sin A)^2 + (b - c\cos A)^2 = a^2$
$b^2 + c^2(\sin^2 A + \cos^2 A) - 2bc\cos A = a^2$ ← 展開して整理した

∴ $a^2 = b^2 + c^2 - 2bc\cos A$ ← $\sin^2 A + \cos^2 A = 1$ を利用

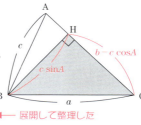

パターン76　正弦定理と余弦定理の証明　163

パターン 77 正弦・余弦の頻出問題

① $a:b:c = \sin A : \sin B : \sin C$ ←「分数は比」
② 最大角は最大辺の対角

◎① $a:b:c = \sin A : \sin B : \sin C$ について

一般に、分数は比を表します。たとえば、
$\dfrac{2}{3} = \dfrac{4}{6}$ は $2:4 = 3:6$ という意味だし、
$\dfrac{1}{5} = \dfrac{2}{10}$ は $1:2 = 5:10$ ということ。← 1:5 = 2:10 と解釈しても OK

これより、正弦定理
$\dfrac{a}{\sin A} = \dfrac{b}{\sin B} = \dfrac{c}{\sin C}$ は $a:b:c = \sin A : \sin B : \sin C$ を意味します。

◎② **最大角について**

△ABC について、

$b > c \Leftrightarrow B > C$ が成立します。← パターン 88 参照

これより、△ABC において

最大辺の対角が最大の角

であることがわかります。

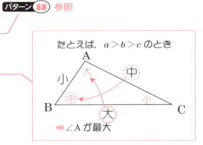
たとえば、$a > b > c$ のとき
⇒ ∠A が最大

〈参考〉 例題 75 (4) は $a > c$ なので、
$C = 135°$（このとき $A = 15°$）は不適です。

例題 77

(1) $a = 5$, $b = 16$, $c = 19$ の △ABC において、最も大きい角の大きさを求めよ。

(2) (ⅰ) △ABC において、$\sin A : \sin B : \sin C = 4:5:6$ であるとき、$\cos A$, $\sin A$ の値をそれぞれ求めよ。

(ⅱ) (ⅰ) において、頂点 A から辺 BC に下ろした垂線を AD とする。$AD = 3\sqrt{7}$ のとき、3 辺 a, b, c の長さをそれぞれ求めよ。

ポイント

(1) c が最大辺なので、最大角は C です。

(2) (ⅰ) $a:b:c = \sin A : \sin B : \sin C = 4:5:6$ だから $a = 4k$, $b = 5k$, $c = 6k$ とおけます。これから $\cos A$ が求まります。

解答

(1) c が最大辺なので C が最大角である。
よって，余弦定理より，

$$\cos C = \frac{5^2 + 16^2 - 19^2}{2 \cdot 5 \cdot 16} = \frac{-80}{160} = -\frac{1}{2}$$

∴ $C = 120°$

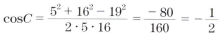
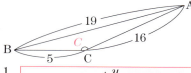
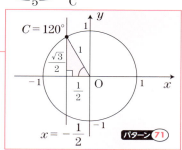

(2) (i) $a : b : c = 4 : 5 : 6$ より，

$a = 4k, \ b = 5k, \ c = 6k$

とおける。よって，

$$\cos A = \frac{b^2 + c^2 - a^2}{2bc}$$
$$= \frac{(5k)^2 + (6k)^2 - (4k)^2}{2 \cdot 5k \cdot 6k}$$
$$= \frac{45k^2}{60k^2} = \frac{3}{4}$$

右図を利用して，

$$\sin A = \frac{\sqrt{7}}{4}$$

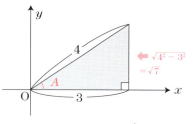

(ii) $\sin A : \sin B = 4 : 5$ より，(i)を代入

$$\sin B = \frac{5}{4} \sin A = \frac{5}{4} \cdot \frac{\sqrt{7}}{4}$$
$$= \frac{5}{16} \sqrt{7}$$

よって，△ABD に注目すると，

$$\frac{5}{16}\sqrt{7} = \frac{3\sqrt{7}}{6k} \quad \left(\sin B = \frac{AD}{AB} \right)$$

∴ $k = \dfrac{3 \cdot 16}{6 \cdot 5} = \dfrac{8}{5}$

これより，

$$(a, b, c) = \left(\frac{32}{5}, \ 8, \ \frac{48}{5} \right)$$

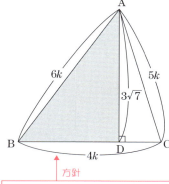

方針

$\sin B = \dfrac{3\sqrt{7}}{6k}$ だから ← 図より

$\sin B$ がわかれば k が求まる

そこで

$\sin A = \dfrac{\sqrt{7}}{4}$, $\sin A : \sin B = 4 : 5$

を利用して$\sin B$ を求める!!

パターン77 正弦・余弦の頻出問題

パターン 78 三角形の面積

三角形の面積 ➡ 2辺と間の角の sin
四角形の面積 ➡ 2つの三角形の面積の和として求める

三角形の面積

△ABC の面積 S は

$$S = \frac{1}{2}bc\sin A$$

↑ 2辺と間の角のsinで求まる

原理 →

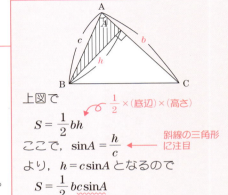

上図で
$$S = \frac{1}{2}bh$$
ここで，$\sin A = \dfrac{h}{c}$ ← 斜線の三角形に注目
より，$h = c\sin A$ となるので
$$S = \frac{1}{2}bc\sin A$$
← 代入した

三角形の面積は，

2辺と間の角の sin で求まります。

例 $c = 7$, $a = 5$, $B = 60°$ のとき，△ABC の面積 S を求めよ。

答 $S = \dfrac{1}{2} \cdot 5 \cdot 7\sin 60° = \dfrac{35}{4}\sqrt{3}$

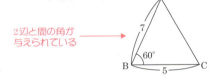

2辺と間の角が与えられている

なお，四角形の面積は，

2つの三角形に分割して求める

が基本です。

例題 78

(1) $a = 6$, $b = 5$, $c = 4$ である △ABC の面積 S を求めよ。

(2) 内角がすべて180°より小さい四角形 ABCD において，

　　AB = 5，BC = 8，CD = 5，DA = 3，∠D = 120°

　であるとき，四角形 ABCD の面積を求めよ。

ポイント

2辺と間の角の sin をどう求めるかがポイントです。

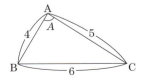

(1) ① $\cos A$ を求める ← 3辺1角だから余弦定理

166　パターン編

② $\sin A$ を求める ← 相互関係（ パターン72 ）

③ 面積 S を求める

(2) ① AC を求める ← 余弦定理

② AC が求まれば (1) と同様の手順で △BAC の面積が求まる

△DAC は求まるので，
△BAC をどう求めるかがポイント

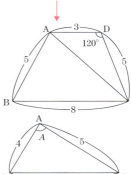

解答

(1) 余弦定理より，
$$\cos A = \frac{4^2 + 5^2 - 6^2}{2 \cdot 4 \cdot 5} = \frac{5}{40} = \frac{1}{8}$$
よって，
$$\sin A = \frac{\sqrt{63}}{8} = \frac{3\sqrt{7}}{8}$$
$\therefore \quad S = \underbrace{\frac{1}{2} \cdot 4 \cdot 5 \cdot \frac{3\sqrt{7}}{8}}_{\frac{1}{2} bc \sin A} = \frac{15}{4}\sqrt{7}$

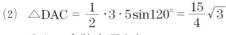

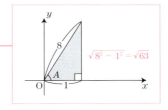

(2) $\triangle DAC = \frac{1}{2} \cdot 3 \cdot 5 \sin 120° = \frac{15}{4}\sqrt{3}$

また，余弦定理より，
$AC^2 = 3^2 + 5^2 - 2 \cdot 3 \cdot 5 \cos 120°$ ← $-\frac{1}{2}$
$\quad = 9 + 25 + 15 = 49$

$\therefore \quad AC = 7$

よって，
$$\cos B = \frac{5^2 + 8^2 - 7^2}{2 \cdot 5 \cdot 8} = \frac{40}{80} = \frac{1}{2}$$
ゆえに，$B = 60°$ となる。これより，
$$\triangle BAC = \frac{1}{2} \cdot 5 \cdot 8 \sin 60° = 10\sqrt{3}$$
したがって，
$$\square ABCD = \triangle DAC + \triangle BAC$$
$$= \frac{15}{4}\sqrt{3} + 10\sqrt{3} = \frac{55}{4}\sqrt{3}$$

$AC = 7$ を求めてしまえば

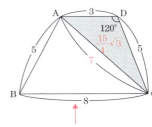

(1) と同様の手順で △BAC の面積が求まります

パターン78 三角形の面積

パターン 79 中線の長さ

中線といったら，平行四辺形!!

三角形の頂点と対辺の中点を結ぶ線分を**中線**といいます。

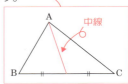

重心について

三角形の3つの中線は1点で交わり，その点は，各**中線**を2:1に内分する。この点を**重心**という。

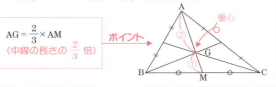

$AG = \dfrac{2}{3} \times AM$
（中線の長さの $\dfrac{2}{3}$ 倍）

中線の長さを求めるには，平行四辺形を作ることが有効です。

例 $b=8,\ c=5,\ A=60°$ の △ABC において，BC の中点を M とするとき，AM の長さを求めよ。

答

（図1）の △ABC から，補助線を引き，平行四辺形 ABDC を作ります（図2）。

このとき，対角線 AD と BC の交点が M になっています。

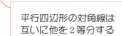

平行四辺形の対角線は互いに他を2等分する

これより，（図3）のようになります。
したがって，△CAD に対し余弦定理を用いると，

$AD^2 = 8^2 + 5^2 - 2\cdot 8\cdot 5\cos 120°$
$\quad\quad\quad\quad\quad\quad\quad\quad -\dfrac{1}{2}$
$\quad = 64 + 25 + 40$
$\quad = 129$

∴ $AM = \dfrac{1}{2}AD = \dfrac{1}{2}\sqrt{129}$

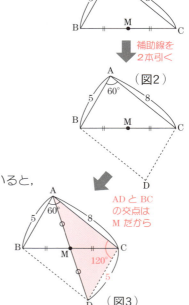

168 パターン編

これを応用すると，次の中線定理が証明できます。

中線定理

△ABC の辺BCの中点を M とすると
$$AB^2 + AC^2 = 2(AM^2 + BM^2)$$

例 のように BC の長さが与えられていないときは「平行四辺形を作る」ほうが速く解けます

証明 右のように平行四辺形を作ると，余弦定理より，

$$\begin{cases} (2BM)^2 = AB^2 + AC^2 - 2AB \cdot AC\cos\theta & \cdots ① \\ (2AM)^2 = AB^2 + AC^2 - 2AB \cdot AC\cos(180°-\theta) & \cdots ② \end{cases}$$

BC^2 ←
AD^2 ←

① ← △ABC に余弦定理
② ← △CAD に余弦定理

①+②をすると，$\cos(180°-\theta) = -\cos\theta$ より消える!!

① + ② ⇒ $4BM^2 + 4AM^2 = 2AB^2 + 2AC^2$

∴ $AB^2 + AC^2 = 2(AM^2 + BM^2)$

〈**中線定理を使ったときの 例 の 別解**〉

余弦定理より，$BC^2 = 5^2 + 8^2 - 2 \cdot 5 \cdot 8 \cos 60° = 25 + 64 - 40 = 49$

よって，BC = 7 ← ということは $BM = \dfrac{7}{2}$

したがって，中線定理から，

$$5^2 + 8^2 = 2\left\{AM^2 + \left(\dfrac{7}{2}\right)^2\right\}$$

∴ $AM = \dfrac{1}{2}\sqrt{129}$ ← 計算部分

$25 + 64 = 2AM^2 + \dfrac{49}{2}$
$2AM^2 = \dfrac{129}{2}$
∴ $AM^2 = \dfrac{129}{4}$

例題 79

△ABC において，$a = 6$, $b = 4\sqrt{2}$, $C = 45°$ とし，辺 AB の中点を M とするとき，CM の長さを求めよ。

解答 右図のように平行四辺形 ADBC を作る。

△ADC に余弦定理を用いると

$CD^2 = 6^2 + (4\sqrt{2})^2 - 2 \cdot 6 \cdot 4\sqrt{2} \cos 135°$
$= 36 + 32 + 48 = 116$ ← $CD = 2\sqrt{29}$

∴ $CM = \dfrac{1}{2}CD = \sqrt{29}$

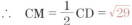

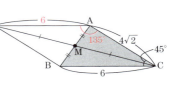

パターン 80 角の二等分線

① AB：AC=BD：DC（角の二等分線の性質）
② 角の二等分線の長さは「面積に関する方程式」or「余弦定理」を利用

角の二等分線に関して，次の性質は**超重要**です。

> **角の二等分線の性質**
> △ABC において，∠A の二等分線が辺BCと交わる点を D とするとき，
> **BD：DC = AB：AC** が成り立つ（証明は パターン85）。

例 右図において，BD の長さを求めよ。

答 上の性質より，
BD：DC = 4：6 = 2：3
∴ BD = $\frac{2}{5}$ BC = $\frac{14}{5}$

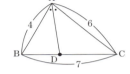

◎**角の二等分線の長さの求め方** ← 2つとも重要

(i) **面積に関する方程式を立てる**

AD = x とおいて，等式
△ABC = △ABD + △ADC を利用する。

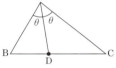

これは，上手な方法ですが，$A = 30°$ のときは，$\theta = 15°$ となるので使えません。そのような場合は (ii) を使います。

(ii) **余弦定理を利用する**

AB, BD, cos$B$ を求めて，$AD^2 = AB^2 + BD^2 - 2AB \cdot BD \cos B$ を利用する。 ← 余弦定理

　　　　　　　角の二等分線の性質を使って求める

こちらのほうが確実に求められます（計算量が増えるのが難点）。

例題 80

$a = 7, b = 5, c = 3$ の △ABC において，∠A の二等分線が辺BCと交わる点を D とするとき
(1) cos$A$ の値を求めよ。　(2) 線分AD の長さを求めよ。

ポイント

(1) 3辺1角だから余弦定理。
(2) 上で紹介した両方の方法に挑戦してみよう。

(1) 余弦定理より，
$$\cos A = \frac{5^2 + 3^2 - 7^2}{2 \cdot 5 \cdot 3} = \frac{-15}{30} = -\frac{1}{2}$$

$\begin{pmatrix} \text{ということは} \\ A = 120° \\ (\text{パターン}\,71\,) \end{pmatrix}$

3辺1角は余弦定理（ パターン 75 ）

(2) **解答1** ← (i) の方法

AD $= x$ とおくと，△ABC $=$ △ABD $+$ △ADC より，

$$\frac{1}{2} \cdot 3 \cdot 5 \sin 120° = \frac{1}{2} \cdot 3 \cdot x \sin 60° + \frac{1}{2} \cdot 5 \cdot x \sin 60°$$

$$15 = 3x + 5x$$

∴ $x = \dfrac{15}{8}$

ポイント
$\dfrac{1}{2}$ のほかに $\sin 60° = \sin 120°$ も消える

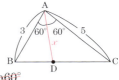

解答2 ← (ii) の方法

△ABC において，余弦定理を用いると，

$$\cos B = \frac{3^2 + 7^2 - 5^2}{2 \cdot 3 \cdot 7} = \frac{33}{42} = \frac{11}{14}$$

BD : DC $=\overset{AB}{3}:\overset{AC}{5}$ より，← 角の二等分線の性質

$$BD = 7 \times \frac{3}{8} = \frac{21}{8}$$

よって，△BAD に余弦定理を用いると，

$$AD^2 = 3^2 + \left(\frac{21}{8}\right)^2 - 2 \cdot 3 \cdot \frac{21}{8} \cdot \frac{11}{14}$$

$$= 9 + \frac{3^2 \cdot 7^2}{64} - \frac{99}{8}$$

$$= 9\left(1 + \frac{49}{64} - \frac{11}{8}\right) = 9 \cdot \frac{25}{64}$$

∴ AD $= 3 \cdot \dfrac{5}{8} = \dfrac{15}{8}$

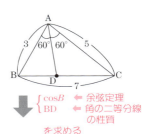

$\begin{cases} \cos B \leftarrow \text{余弦定理} \\ BD \leftarrow \text{角の二等分線} \\ \text{の性質} \end{cases}$
を求める

$\left(\cos B = \dfrac{11}{14}\right)$

パターン80　角の二等分線　171

パターン 81 内接円の半径

まずは,「面積」と「3辺の長さ」を求めよ
(S と a, b, c を求めよ)

△ABCの3つの辺に接する円を**内接円**といいます(中心Iを**内心**という)。

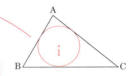

> **内接円に関する重要公式**
> ① 内心は,**内角の二等分線の交点**である。
> ② 内接円の半径をr,△ABCの面積をSとすると
> $$S = \frac{1}{2}(a+b+c)\,r$$
> が成立する。

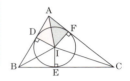

〈①の原理〉 内心Iをとると,右図で △ADI ≡ △AFI

$\begin{cases} \text{AIは共通} \\ \angle\text{ADI} = \angle\text{AFI} = 90° \quad ← \text{D, Fは接点だから 90°} \\ \text{ID} = \text{IF} \quad ← \text{円の半径} \end{cases}$

よって,2つの直角三角形において,
斜辺と他の1辺が等しいから,この2つは合同である。
合同なので,∠DAI = ∠FAI ← 対応する角の大きさが等しい
同様に ∠DBI = ∠EBI, ∠ECI = ∠FCI より,
Iは内角の二等分線の交点。 ← こういうこと

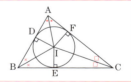

〈②について〉

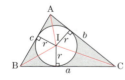 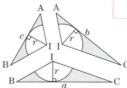

3つに分割

△ABCの面積は,右上図のように3つに分割して考えると,
$$S = \underbrace{\frac{1}{2}ar}_{\triangle\text{IBC}} + \underbrace{\frac{1}{2}br}_{\triangle\text{ICA}} + \underbrace{\frac{1}{2}cr}_{\triangle\text{IAB}} = \frac{1}{2}(a+b+c)r$$

この公式は **r を求める公式**です。はじめに S, a, b, c を求めてから,**公式**を利用して, r を求めます。

例題 81

△ABC において, $a = 4$, $b = 2$, $c = 3$ のとき, 内接円の半径 r を求めよ。

ポイント

r を求めるには, まず S と a, b, c を求めます!!
この場合は 例題78 (1) と同じ手順で S を求めます。

解答

$$\cos A = \frac{2^2 + 3^2 - 4^2}{2 \cdot 2 \cdot 3} = \frac{-1}{4}$$ ← 3辺1角は余弦定理

よって, $\sin A = \frac{\sqrt{15}}{4}$ ← 相互関係(パターン72)

したがって,

$$\triangle ABC = \frac{1}{2} \cdot 2 \cdot 3 \cdot \frac{\sqrt{15}}{4}$$ ← $S = \frac{1}{2} bc \sin A$ (パターン78)

$$= \frac{3}{4}\sqrt{15}$$

これより,

$$\frac{3}{4}\sqrt{15} = \frac{1}{2}(2 + 3 + 4)r$$ ← $S = \frac{1}{2}(a+b+c)r$ に代入

$$\frac{3}{4}\sqrt{15} = \frac{9}{2} r$$

$$\therefore \quad r = \frac{\sqrt{15}}{6}$$

コメント

$\cos B$ や $\cos C$ を求めてから, S を求めてもOKです。たとえば,

$$\cos B = \frac{3^2 + 4^2 - 2^2}{2 \cdot 3 \cdot 4} = \frac{7}{8}$$

よって, $\sin B = \frac{\sqrt{15}}{8}$

したがって,

$$\triangle ABC = \frac{1}{2} \cdot 3 \cdot 4 \cdot \frac{\sqrt{15}}{8}$$ ← $\frac{1}{2} ca \sin B$

$$= \frac{3}{4}\sqrt{15}$$

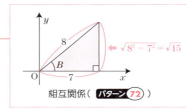

パターン 82 鋭角三角形，鈍角三角形

(i) 最大角で判断する
(ii) $\cos\theta$ の符号で鋭角か鈍角か判断する

◎三角形の成立条件

たとえば，右図のような三角形は**存在しません!!**

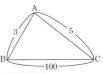

理由 点Bと点Cの最短距離は，線分BCです。だから

$\begin{cases} BC = 100 & \leftarrow 最短 \\ BA + AC = 3 + 5 = 8 & \leftarrow 遠回り \end{cases}$

は起こりえません。つまり三角形では

2辺の和は他の1辺よりも大きい!!

2点を結ぶ最短距離は
真っすぐ結ぶこと!!

三角形の成立条件

左の三角形が成立する

$\Leftrightarrow \begin{cases} a+b>c \\ b+c>a \\ c+a>b \end{cases}$

◎鋭角三角形，鈍角三角形の判定

$\cos\theta$ は**単位円の x 座標**。ということは

$\begin{cases} \cos\theta > 0 & \Leftrightarrow \theta は鋭角（90°より小さい）\\ \cos\theta = 0 & \Leftrightarrow \theta = 90° \\ \cos\theta < 0 & \Leftrightarrow \theta は鈍角（90°より大きい）\end{cases}$

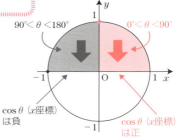

$90°<\theta<180°$　$0°<\theta<90°$
$\cos\theta$（x座標）は負　　$\cos\theta$（x座標）は正

例 $a=7, b=5, c=6$ のとき，A は鋭角，直角，鈍角のいずれか。

答 余弦定理より，

$\cos A = \dfrac{5^2+6^2-7^2}{2\cdot 5\cdot 6} = \dfrac{12}{60} > 0$

実際には
（分母）>0 より
分子の符号だけ調べればOK

よって，A は**鋭角**。

これを使うと，鋭角三角形，鈍角三角形を判定できます。

公式

- 鋭角三角形 ⇔ **最大角**が90°より小さい
- 鈍角三角形 ⇔ **最大角**が90°より大きい

最大角が 90° より小さいと
3角とも 90° より小さい
から鋭角三角形

例題 82

(1) 次の三角形は鋭角三角形，直角三角形，鈍角三角形のいずれか。
$$a = 3, \ b = 10, \ c = 8$$

(2) 3辺の長さが，3，a，5の三角形が鋭角三角形となるようにaの値の範囲を定めよ。

ポイント

(1) **最大角**は最大辺の対角（パターン77）だからBになります。

(2) $AB = 3$，$BC = a$，$CA = 5$とし，まず三角形の成立条件を考えます。

　　　　　ということは$C<B$　　　　　　　そのあとに鋭角三角形と
　　　　　　　　　　　　　　　　　　　　なるための条件を考える

本問は，$AB < CA$ より，C が最大角となることはありません。よって，AとBの両方が$90°$より小さければ，最大角が$90°$より小さくなるので鋭角三角形となります。

解答

(1) 最大角はBである。よって，
$$\cos B = \frac{8^2 + 3^2 - 10^2}{2 \cdot 8 \cdot 3} = \frac{-27}{48}$$
より，鈍角三角形。
　　　　　　負

(2) $AB = 3$，$BC = a$，$CA = 5$ とおく。

三角形の成立条件より，
$$\begin{cases} 3 + 5 > a & \cdots ㋐ \\ 3 + a > 5 & \cdots ㋑ \\ a + 5 > 3 & \cdots ㋒ \end{cases}$$

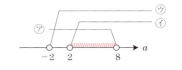

$2 < a < 8$ …① の下で，鋭角三角形になるための条件は

$$\begin{cases} \cos A = \dfrac{3^2 + 5^2 - a^2}{2 \cdot 3 \cdot 5} > 0 \\ \qquad\quad \Leftrightarrow 34 - a^2 > 0 \quad \cdots ② \\ \cos B = \dfrac{3^2 + a^2 - 5^2}{2 \cdot 3 \cdot a} > 0 \\ \qquad\quad \Leftrightarrow a^2 - 16 > 0 \quad \cdots ③ \end{cases}$$

← $2<a<8$ より，（分母）>0 に注意！

①，②，③より，
$$4 < a < \sqrt{34}$$

パターン 83　円に内接する四角形 ── 基本編

(i)　向かい合う角の和が 180°
(ii)　余弦2本で連立方程式を作れ

《(i)について》

円に内接する四角形では**向かい合う角の和は 180°**になります。

> **原理**
>
> 円周角と中心角の関係から右図のようになります。 ←中心角は円周角の2倍
>
> このとき，$2A + 2C = 360°$ なので
> この式の両辺を 2 で割ると，←点Oのところの2角を合計すると丸1周（360°）
>
> $A + C = 180°$

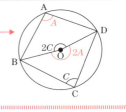

たとえば，右図の場合，

$\angle B = 180° - 135° = 45°$

また，向かい合う角では

$\begin{cases} \sin C = \sin(180° - A) = \sin A \\ \cos C = \cos(180° - A) = -\cos A \end{cases}$　← sinは変わらない　cosは符号違い

が成り立ちます（p.157参照）。

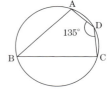

《(ii)について》

円に内接する四角形では，

対角線で，2つの三角形に分割する!!

ことがよく用いられます。

たとえば，右図のように分割して，△ABD, △CBD に余弦定理を用いると

$\begin{cases} BD^2 = AB^2 + AD^2 - 2AB \cdot AD \cos A \\ BD^2 = CB^2 + CD^2 - 2CB \cdot CD \cos C \end{cases}$　←$\cos(180° - A) = -\cos A$ と処理する

これを「連立方程式的に扱う!!」ことが，共通テストでは重要ポイント!!

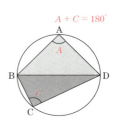

例題 83

円に内接する四角形 ABCD において，AB = 3，BC = $\sqrt{3}$，CD = $\sqrt{3}$，DA = 2 とする。このとき
(1) BD の長さを求めよ。
(2) 四角形 ABCD の面積 S を求めよ。

ポイント

余弦定理2本で，BD と cos$A$ についての連立方程式を立てます。

解答

(1) △ABD，△CBD に余弦定理を用いると，

$$\begin{cases} BD^2 = 3^2 + 2^2 - 2\cdot 3 \cdot 2 \cos A \\ BD^2 = (\sqrt{3})^2 + (\sqrt{3})^2 - 2\cdot\sqrt{3}\cdot\sqrt{3}\cos(180° - A) \end{cases}$$

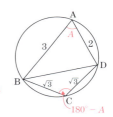

計算すると，

$$\begin{cases} BD^2 = 13 - 12\cos A & \cdots ① \\ BD^2 = 6 + 6\cos A & \cdots ② \end{cases}$$

cos$A$ と BD の連立方程式ができた！

① - ② ⟹ $0 = 7 - 18\cos A$

∴ $\cos A = \dfrac{7}{18}$

①に代入して，

$BD^2 = 13 - 12\cdot\dfrac{7}{18} = \dfrac{25}{3}$

∴ $BD = \dfrac{5}{\sqrt{3}}$

(2) $\cos A = \dfrac{7}{18}$ より，$\sin A = \dfrac{5\sqrt{11}}{18}$

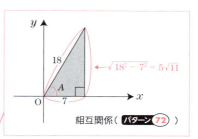

相互関係（パターン72）

これより，

四角形の面積は2つの三角形の面積の和として求める（パターン78）

$S = △ABD + △CBD$

$= \dfrac{1}{2}\cdot 3\cdot 2\sin A + \dfrac{1}{2}\sqrt{3}\cdot\sqrt{3}\sin(180° - A)$

$= 3\sin A + \dfrac{3}{2}\sin A$

$= \dfrac{9}{2}\sin A$

$= \dfrac{5}{4}\sqrt{11}$

パターン83 円に内接する四角形――基本編

パターン 84 円に内接する四角形――発展編

3つの必殺技をマスターせよ!!

ここでは，共通テスト用のウラ技を3つ紹介します。

〈その1〉 トレミーの定理

円に内接する四角形において
$AC \times BD = ac + bd$

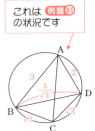
これは 例題 ㉝ の状況です

例❶ 右図において，AC の長さを求めよ。

答 トレミーの定理を使うと，
$AC \times \dfrac{5}{\sqrt{3}} = 3 \cdot \sqrt{3} + 2 \cdot \sqrt{3}$
∴ $\dfrac{5}{\sqrt{3}} AC = 5\sqrt{3}$

よって， $AC = 3$

〈その2〉 対角線の交点までの比

円に内接する四角形において
 : BE : CE : DE
= : ab : bc : cd

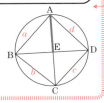

AE のところは AE をはさむ 2辺（a と d）の積
〜〜〜部分の覚え方

例❷ 右図で AE：CE を求めよ。

答 〈その2〉より，AE：CE = $(5 \cdot 5) : (8 \cdot 3)$
　　　　　　　　　　　　 $= 25 : 24$

〈その3〉 面積公式

右図の四角形（円に内接していなくてもよい）の面積 S は
$$S = \dfrac{1}{2} AC \cdot BD \sin \theta$$

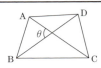

イメージ

右図のように平行四辺形 PQRS を作ると，

$\square ABCD = \dfrac{1}{2} \square PQRS$

ここで，$\square PQRS = 2 \times \triangle SPR$
$= 2 \times \dfrac{1}{2} AC \cdot BD \sin\theta = AC \cdot BD \sin\theta$

よって，$\square ABCD = \dfrac{1}{2} AC \cdot BD \sin\theta$

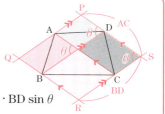

例題 84

円に内接する四角形 ABCD において，AB = 2，BC = 3，CD = 1，DA = 2 とし，対角線 AC と BD の交点を E とする。このとき，AC，BD，AE の長さをそれぞれ求めよ。

ポイント

AC までは 例題83 と同じ。BD は〈**その1**〉，AE は〈**その2**〉を用います。

解答

余弦定理より，

$\begin{cases} AC^2 = 2^2 + 3^2 - 2 \cdot 2 \cdot 3 \cos B = 13 - 12\cos B & \cdots ① \\ AC^2 = 2^2 + 1^2 - 2 \cdot 2 \cos(180° - B) = 5 + 4\cos B & \cdots ② \end{cases}$

　　△ABC に余弦定理
　　△ACD に余弦定理

① − ② ⇒ $0 = 8 - 16\cos B$

∴ $\cos B = \dfrac{1}{2}$

①に代入して，$AC^2 = 13 - 6 = 7$

∴ $AC = \sqrt{7}$

ここで，トレミーの定理より， ←〈その1〉

$\sqrt{7} \times BD = 2 \cdot 1 + 2 \cdot 3$

∴ $BD = \dfrac{8}{\sqrt{7}} = \dfrac{8}{7}\sqrt{7}$

また，$AE : EC = (2 \cdot 2) : (3 \cdot 1) = 4 : 3$ より， ←〈その2〉

$AE = \dfrac{4}{7} AC = \dfrac{4}{7}\sqrt{7}$

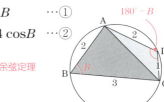

AC を求める

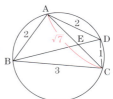

パターン 85 面積比

面積比を辺の比で読みかえろ!!

共通テストでは，面積比を利用する問題が予想されます。
次の2つの公式のように，面積比は辺の比で読みかえることがポイントです。

面積比の公式1

右図において

$\triangle ABD : \triangle ADC$

$= BD : DC$

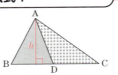

証明
$\triangle ABD$ と $\triangle ADC$ は高さ(h)が共通。
だから，底辺の比 $BD : DC$ が面積比

例 △ABC において，∠A の二等分線が辺 BC と交わる点を D とするとき，$BD : DC = AB : AC$ を示せ（パターン 80 の性質）。

証明 上の **公式1** より，

$\triangle ABD : \triangle ADC = BD : DC$ …①

また，

$\begin{cases} \triangle ABD = \dfrac{1}{2} AB \cdot AD \sin\theta \\ \triangle ADC = \dfrac{1}{2} AC \cdot AD \sin\theta \end{cases}$

共通 共通

よって，$\triangle ABD : \triangle ADC = AB : AC$ …② ← 共通なものを約分した

①，②より，$BD : DC = AB : AC$

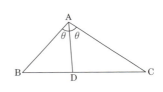

面積比の公式2

右図において

$\triangle ABP : \triangle ACP = BD : DC$

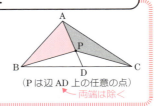

（P は辺 AD 上の任意の点）
両端は除く

証明

$BD = x$，$DC = y$ とおく。**公式1** より，

$\triangle ABD : \triangle ADC = x : y$，$\triangle PBD : \triangle PDC = x : y$

180 パターン編

よって,

$$\begin{cases} \triangle \text{ABD} = kx \\ \triangle \text{ADC} = ky \end{cases} \quad \begin{cases} \triangle \text{PBD} = lx \\ \triangle \text{PDC} = ly \end{cases}$$

とおける(k, l は 0 ではない正の実数で, $k \neq l$)。ここで,

$$\begin{cases} \triangle \text{ABP} = \triangle \text{ABD} - \triangle \text{PBD} = (k-l)x \\ \triangle \text{ACP} = \triangle \text{ADC} - \triangle \text{PDC} = (k-l)y \end{cases}$$

よって,

$$\triangle \text{ABP} : \triangle \text{ACP} = (k-l)x : (k-l)y$$
$$= x : y$$

> 要するに, $x:y$ のもの ($\triangle$ ABD : $\triangle$ ADC) から, $x:y$ のもの ($\triangle$ PBD : $\triangle$ PDC) を引いても $x:y$ ということ!!

例題 85

$\triangle$ABC において,

$$BD : DC = 3 : 2, \quad AP : PD = 7 : 4$$

のとき, 4つの三角形の面積比

$$\triangle \text{PAB} : \triangle \text{PBD} : \triangle \text{PDC} : \triangle \text{PCA}$$

を求めよ。

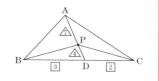

解答

ポイント
3:2 ですが
7:4 を後て使うので
12:8 と書く(4倍した)

公式1 より

$\triangle \text{PBD} : \triangle \text{PDC} = 3 : 2$

次に, $AP : PD = 7 : 4$ より, 再び**公式1**から,

$\triangle \text{BAP} : \triangle \text{BPD} = 7 : 4$

同様に, $\triangle \text{CAP} : \triangle \text{CPD} = 7 : 4$

これより,

$\triangle \text{PAB} : \triangle \text{PBD} : \triangle \text{PDC} : \triangle \text{PCA}$

$= 21 : 12 : 8 : 14$ ← $\triangle$ ABP : $\triangle$ ACP = BD : DC が成り立っていること(**公式2**)も確認してください

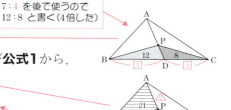

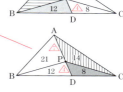

パターン 86 空間図形への応用1

特定の三角形に注目せよ!!

ここでは，空間図形の計量について練習します。

空間図形では，特定の三角形に注目すれば，平面の問題に帰着されることがほとんどです。下の例を見てください。

例 右の図のような三角すい $O-ABC$ がある。
$AB = 100$, $\angle BCA = 30°$,
$\angle ABC = 45°$, $\angle OAC = 60°$,
$\angle OCA = \angle OCB = 90°$
のとき，辺 OC の長さを求めよ。

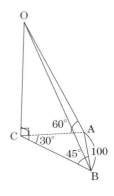

答 右の $\triangle OAC$ に注目すると，
$$OC = AC \times \sqrt{3}$$
よって，辺 OC の長さを求めるためには，
「底面 ABC に注目して，AC を求めればよい」
とわかります。 ← 平面の問題に帰着

したがって，正弦定理より
$$\frac{AC}{\sin 45°} = \frac{100}{\sin 30°} = 200$$
∴ $AC = 200 \sin 45° = 100\sqrt{2}$
よって，$OC = AC \times \sqrt{3} = 100\sqrt{6}$

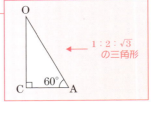

$1:2:\sqrt{3}$ の三角形

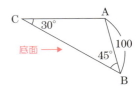

底面 →

例題 86

右図の直方体 $ABCD-EFGH$ において $AB = 4$, $BC = 6$, $BF = 2$ であるとき
(1) $\triangle AFC$ の面積 S を求めよ。
(2) B から $\triangle AFC$ に下ろした垂線 BP の長さを求めよ。

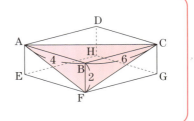

ポイント

(1) 三平方の定理を使うと，AF，AC，FC が求まります。すなわち，△AFC に注目すると3辺が求まっているということ。よって，例題78 (1)と同じです。

(2) △BAF を底面積，CB を高さと考えると，四面体 CAFB の体積 V は求まります。ここで，見方を変えて，

$$V = \frac{1}{3} \times (\triangle AFC) \times BP$$

（底面積）（高さ）　←これを BP についての方程式とみなします

と考えて，BP を求めます。

解答

(1) 三平方の定理より

$$\begin{cases} AF = \sqrt{4^2 + 2^2} = 2\sqrt{5} \\ AC = \sqrt{4^2 + 6^2} = 2\sqrt{13} \\ CF = \sqrt{2^2 + 6^2} = 2\sqrt{10} \end{cases}$$

となるので，△AFC は右図のようになる。余弦定理より，

$$\cos\theta = \frac{(2\sqrt{5})^2 + (2\sqrt{13})^2 - (2\sqrt{10})^2}{2 \cdot 2\sqrt{5} \cdot 2\sqrt{13}} = \frac{32}{8\sqrt{65}} = \frac{4}{\sqrt{65}}$$

したがって，$\sin\theta = \dfrac{7}{\sqrt{65}}$

よって，

$$S = \frac{1}{2} \cdot 2\sqrt{5} \cdot 2\sqrt{13} \cdot \frac{7}{\sqrt{65}}$$
$$= 14$$

$S = \dfrac{1}{2} bc \sin A$ （パターン78）

特定の三角形に注目！

相互関係（パターン72）

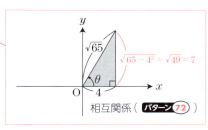

(2) 右図のように見る。このとき，

CB⊥△BAF　← CB⊥BA，CB⊥BF より CB⊥△BAF

四面体 CAFB の体積を V とすると，

$$V = \frac{1}{3} \triangle BAF \cdot CB = \frac{1}{3} \cdot 4 \cdot 6 = 8$$

（底面積）

これより，

$$8 = \frac{1}{3} \times 14 \times BP \quad \leftarrow V = \frac{1}{3} \times \triangle AFC \times BP \text{ に代入}$$

∴ $BP = \dfrac{12}{7}$

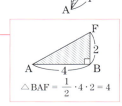

$\triangle BAF = \dfrac{1}{2} \cdot 4 \cdot 2 = 4$

パターン86　空間図形への応用1

パターン 87 空間図形への応用 2

OA=OB=OC の四面体 OABC の高さ $h = \sqrt{OA^2 - R^2}$
（R は △ABC の外接円の半径）
← △ABC が底面のとき

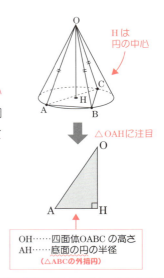

◎ **OA＝OB＝OC となる四面体について**

右図のような，直円すいの底面の円周上に3点 A，B，C をとると，OA = OB = OC が成り立ちます。← OA，OB，OC は母線の長さだから等しい

逆に OA = OB = OC の四面体 OABC は，右図のような直円すいの中にとれることが知られています。だから，△OAH に注目すると，

$OH^2 + AH^2 = OA^2$ ← 三平方の定理

なので，

$OH = \sqrt{OA^2 - AH^2}$ ← これが上の公式

となります。

OH……四面体 OABC の高さ
AH……底面の円の半径
（△ABC の外接円）

例題 87

(1) 1辺の長さが2の正四面体 OABC の体積を求めよ。
(2) OA = OB = OC = 5，AB = 4，BC = 2，CA = $2\sqrt{3}$ である四面体 OABC の体積を求めよ。

ポイント

(1) 正四面体だから，OA = OB = OC = 2
(2) OA = OB = OC = 5 だから，△ABC を底面にします。このとき，△ABC は3辺が 4, 2, $2\sqrt{3}$ （← $2:1:\sqrt{3}$）なので，直角三角形。ここで，下を利用します。

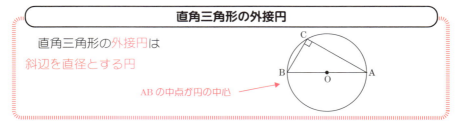

(1) △ABC を底面と考える。

step 1 底面積 S と外接円の半径 R を求める

$S = \dfrac{1}{2} \cdot 2 \cdot 2\sin 60° = \sqrt{3}$

また，正弦定理より，$2R = \dfrac{2}{\sin 60°}$

よって，$R = \dfrac{2}{2\sin 60°} = \dfrac{2}{\sqrt{3}}$

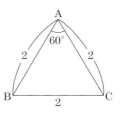

底面に注目

step 2 高さ h を求め，体積 V を求める

$h = \sqrt{OA^2 - R^2} = \sqrt{2^2 - \dfrac{4}{3}} = \sqrt{\dfrac{8}{3}}$

これより，体積 V は

$V = \dfrac{1}{3} \times S \times h$

$= \dfrac{1}{3} \times \sqrt{3} \times \sqrt{\dfrac{8}{3}} = \dfrac{2\sqrt{2}}{3}$

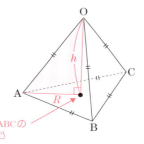

△ABC の外心

(2) △ABC を底面と考える。

step 1 底面積 S と外接円の半径 R を求める

$S = \dfrac{1}{2} \cdot 2 \cdot 2\sqrt{3} = 2\sqrt{3}$ ← $\dfrac{1}{2} \cdot BC \cdot AC$

また，$R = \dfrac{1}{2} AB = 2$ ← 斜辺AB が △ABC の外接円の直径

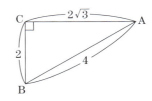

底面に注目

正弦定理より
$2R = \dfrac{AB}{\sin 90°} = AB$
∴ $R = \dfrac{1}{2} AB$
とみなすこともできる

step 2 高さ h を求め，体積 V を求める

$h = \sqrt{OA^2 - R^2} = \sqrt{5^2 - 2^2} = \sqrt{21}$

これより，体積 V は

$V = \dfrac{1}{3} \times S \times h = \dfrac{1}{3} \times 2\sqrt{3} \times \sqrt{21} = 2\sqrt{7}$

△ABC の外心

パターン 88 三角形の辺と角の大小関係

$c < b \Leftrightarrow C < B$

まずは パターン77 で利用した公式から。ここから「図形の性質」に入ります。

> 同様に
> $\begin{cases} c > b \Rightarrow C > B \\ c = b \Rightarrow C = B \end{cases}$
> が成り立つので，逆が成り立つことがわかります

公式

△ABC について
$c < b \Leftrightarrow C < B$

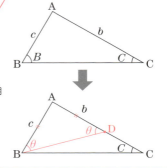

$c < b \Rightarrow C < B$ だけ証明しておきます。

仮定より，$c < b$ だから，△ABD が二等辺三角形となるように補助線を引きます（右図）。

このとき
　$B > \theta$ 　…①　← 図より当り前

また，
　$\theta > C$ 　…②

①，②より，
　$B > C$

> 右図で
> $C + \psi = \theta$
> だから
> $\theta > C$

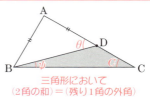

三角形において
（2角の和）＝（残り1角の外角）

例題 88

(1) △ABC において，$A = 40°$，$B = 80°$ のとき，a, b, c の大小を調べよ。

(2) AB ＞ AC である △ABC の辺 BC の中点を M とするとき，∠CAM ＞ ∠BAM が成り立つことを次のように証明した。
　□ に適する語句をうめよ。

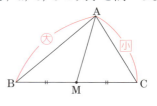

証明

図のように平行四辺形 ABDC を考えると，
　BD = ア

また，AC∥BD より

∠CAM = ∠ イ …①

ここで，AB＞AC であることから，
△ABD において

AB＞ ウ となり，したがって

∠ADB＞∠ エ である。これと①より

∠CAM＞∠BAM である。

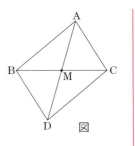

ポイント

(1) C を求めて，角の大小から，辺の大小を判断します。

(2) 平行四辺形は，向かい合う辺の長さが等しい図形です。イ は錯角が等しいということ。ウ ，エ のところが パターン88 のポイント。じっくり考えてみよう。

解答

(1) $C = 180° - 40° - 80° = 60°$

よって，$B＞C＞A$ なので，$b＞c＞a$

(2) ▱ABDC は，平行四辺形だから，

BD = AC   … ア   ← 向かい合う辺が等しい

（ ア は CA でもよい。
 イ 以下も同値なものはすべて正解です。）

また，AC∥BD より，

∠CAM = ∠ADB   …① イ   ← 錯角が等しい（図のθ）

ここで，△ABD において，

AB＞BD   … ウ
であるから，
∠ADB＞∠BAM   … エ

①と合わせると，

∠CAM＞∠BAM

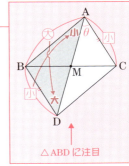
△ABD に注目

コメント 証明の方針は パターン79

「中線といったら平行四辺形」です。
AM

パターン 89 三角形の成立条件

2辺の和は,他の1辺より大きい!!

次は パターン82 で扱った内容です。

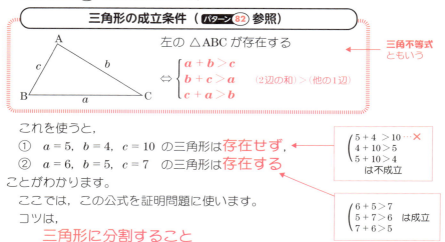

これを使うと,
① $a = 5$, $b = 4$, $c = 10$ の三角形は**存在せず**,
② $a = 6$, $b = 5$, $c = 7$ の三角形は**存在する**
ことがわかります。

ここでは,この公式を証明問題に使います。
コツは,

三角形に分割すること

です。

例題 89

(1) 3辺の長さが, a, 5, 4 である三角形が存在するように a の値の範囲を定めよ。

(2) △ABC の内部に1点 P をとると,
$$c + b > PC + PB$$
であることを証明せよ。

(3) △ABC の辺 BC の中点を M とするとき,
$$AB + AC > 2AM$$
を証明せよ。

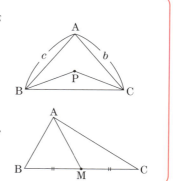

ポイント

(1) 「三角形の成立条件」にあてはめて,オシマイ。
(2) △ABC を三角形に分割します。

(3) AMは中線です。中線といったら，平行四辺形（パターン79）。

解答

(1) 三角形の成立条件より，

$$\begin{cases} a+5>4 & \cdots ① \\ 4+a>5 & \cdots ② \\ 4+5>a & \cdots ③ \end{cases}$$

これより，$1<a<9$

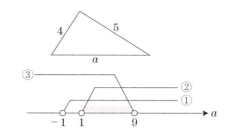

(2) **証明** 右図のようにおく。

このとき，△ABD，△DPC に注目すると，

$$\begin{cases} c+b_1>d+PB & \cdots ④ \\ d+b_2>PC & \cdots ⑤ \end{cases}$$ ←三角不等式

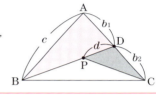

④では △ABD に注目	⑤では △DPC に注目
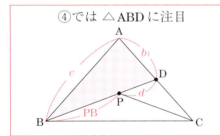	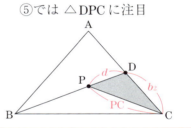

④+⑤を計算すると，

$$(c+b_1)+(d+b_2)>(d+PB)+PC$$
$$c+b_1+b_2>PC+PB$$
$$\therefore \quad c+b>PC+PB$$

dは消える

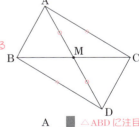

(3) **証明** 右図のように平行四辺形 ABDC を作ると，

$$\begin{cases} BD=AC & \leftarrow \text{向かい合う辺の長さは等しい} \\ AM=MD & \leftarrow \text{2本の対角線は中点で交わる} \end{cases}$$

したがって，△ABD に注目すると，

$AB+AC>2AM$ ←三角不等式

が成立する。

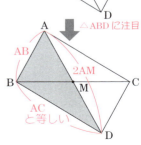

パターン89　三角形の成立条件　189

パターン 90 角の二等分線の性質

「内心」「傍心」が出てきたら「角の二等分線」に注意せよ

角の二等分線の性質（パターン 80）は，外角の二等分線のときも成立します。

角の二等分線の性質

① △ABCにおいて，∠Aの内角の二等分線と辺BCの交点をDとすると，

$$AB : AC = BD : DC$$

（パターン 80 参照。証明は パターン 85 ）

② △ABCにおいて，∠Aの外角の二等分線と直線BCの交点をEとすると，

$$AB : AC = BE : CE$$

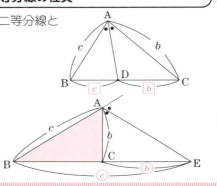

〈②の 証明 〉

面積比を考えると，△ABE : △ACE = BE : CE ……① ← パターン 85 面積比

また
$$\begin{cases} \triangle ABE = \frac{1}{2} AB \cdot AE \sin(180° - \theta) = \frac{1}{2} AB \cdot AE \sin\theta \\ \triangle ACE = \frac{1}{2} AC \cdot AE \sin\theta \end{cases}$$

これより，

△ABE : △ACE = AB : AC ……②

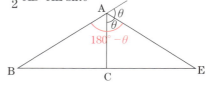

①，②より， AB : AC = BE : CE

角の二等分線で重要なのが，「**内心**」と「**傍心**」です。
この2つが出てきたら，要注意！

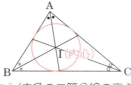

内心（内角の二等分線の交点）

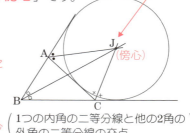

このJを∠B内の傍心といいます

1つの三角形に対して傍心は3つあります

傍心（1つの内角の二等分線と他の2角の外角の二等分線の交点）

例題 ⑨⓪

(1) △ABC において，AB = 7, AC = 5, BC = 3 とし，∠A の二等分線と辺BCの交点を D，∠A の外角の二等分線と直線BCの交点を E とする。このとき，BD, CE の長さを求めよ。

(2) AB = 4, BC = 5, CA = 6 の△ABCの内心を I として，AI の延長と BC の交点を D とする。AI : ID を求めよ。

ポイント

(2) 内心は，内角の二等分線の交点。公式を2回使います。

解答

(1) BD : DC = 7 : 5 より， ← BD : DC = AB : AC

$BD = BC \times \dfrac{7}{12} = \dfrac{7}{4}$

また，BE : CE = 7 : 5 より， ← BE : CE = AB : AC

BC : CE = 2 : 5

これより，

$CE = \dfrac{5}{2} BC = \dfrac{15}{2}$

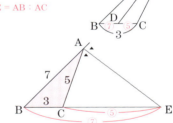

(2) 内心は内角の二等分線の交点より，右図のようになる。このとき，

BD : DC = 4 : 6 = 2 : 3 ← BD : DC = AB : AC

∴ $BD = BC \times \dfrac{2}{5} = 2$

次に，△BAD に注目すると，

AI : ID = BA : BD
　　　 = 4 : 2
　　　 = 2 : 1

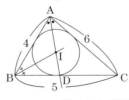

△BADに注目

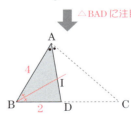

パターン 91　三角形の5心 ── 基本編

まずは定義を覚えよ

「重心」,「垂心」,「外心」,「内心」,「傍心」を **三角形の5心** といいます。内心と傍心については, パターン 90 を参照してください。

① **重心 G** ➡ 三角形の3本の中線の交点

　　　このとき内分比は 2 : 1

② **垂心 H** ➡ 各頂点から対辺またはその延長に引いた垂線の交点

③ **外心 O** ➡ 各辺の垂直二等分線の交点

　　　△ABC の外接円の中心でもある

5心の問題では, **定義に戻る** ことがポイントです。その点はどのような点かよく考えてみてください。

例題 91

G, H, O, I をそれぞれ △ABC の重心, 垂心, 外心, 内心とするとき, 次の図の角 θ の大きさおよび線分の長さ x, y を求めよ。

(1)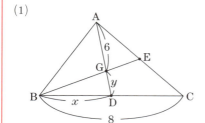

(2)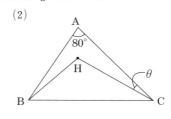

192　パターン編

(3)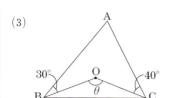

(4)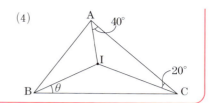

ポイント

(3) Oは外心。ということは，OA = OB = OC
(4) Iは内心。ということは，内角の二等分線の交点です。

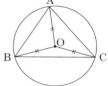

解答

(1) ADは中線で，AG : GD = 2 : 1 より，
$x = 4$, $y = 3$

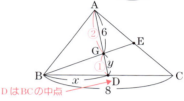
DはBCの中点

(2) Hは垂心なので，右図のようにCH を延長すると，CF⊥AB
△AFCに注目すると，
$\theta = 180° - 90° - 80° = 10°$

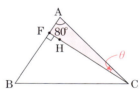

(3) Oは外心より，右図のようになる。
このとき，∠OAB = 30°，∠OAC = 40°
　　　　　△OAB，△OACは二等辺三角形
∴ $\theta = 2 \times \angle \overset{70°}{\text{BAC}} = 140°$ ◀
　　　　　（中心角）= 2 ×（円周角）

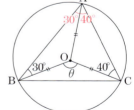

(4) Iは内心より，内角の二等分線の交点だから 右図のようになる。
これより，
　　　　　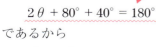 三角形の内角の和は180°
$2\theta + 80° + 40° = 180°$
であるから
$\theta = 30°$

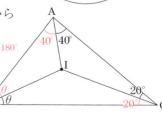

パターン91　三角形の5心――基本編　193

パターン 92 三角形の5心——応用編

証明問題も「定義に戻れ」が方針になる

ここでは，三角形の5心に関連した証明問題について解説します。

5心が出題されたときには，必ず定義（その点はどんな点か？）を考えることが大切です。証明問題ではそこが突破口になります。

例題 92

(1) △ABC の辺 BC，CA，AB の中点をそれぞれ，P，Q，R とする。
△ABC の外心 O は，△PQR の垂心であることを示せ。

(2) 鋭角三角形 ABC の外心，垂心をそれぞれ O，H とし，辺 BC の中点を M とするとき，AH = 2OM が成立することを次のように証明した。
□ に適当な語句を入れ，証明を完成させよ。

証明 B を通る外接円の直径を BD とすると，
AH // ［ ア ］， CH // ［ イ ］
であるから，四角形 AH ［ ウ ］ は平行四辺形であり，
$$AH = \boxed{エ} \quad \cdots ①$$
次に，△BDC に中点連結定理を用いて，
$$2OM = \boxed{オ} \quad \cdots ②$$
①，②より   AH = 2OM

ポイント

(1) 外心は「各辺の垂直二等分線の交点」。これが △PQR の垂心であるためには「何を示せばよいか？」を考えてください。

(2) 直径の円周角は 90°。これと垂心の定義を合わせると，平行な直線が見えてきます。

解答

(1) O は △ABC の外心だから，
    PO⊥BC，QO⊥CA，RO⊥AB   …（★） ← O は △ABC の各辺の垂直二等分線の交点

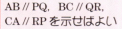 ← O が △PQR の垂心であるためには RO⊥PQ, QO⊥RP, PO⊥RQ を示せばよい ← 定義に戻れ!!

ポイント（着眼点）

AB // PQ, BC // QR, CA // RP を示せばよい

（★）より

このように考える!!

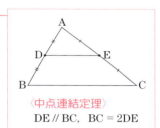

ここで，中点連結定理より，

　　BC // QR, CA // RP, AB // PQ

なので，（★）と合わせると，

　　PO⊥QR, QO⊥RP, RO⊥PQ

が成立し，O は，「△PQR の各頂点から対辺またはその延長に引いた垂線の交点」である。よって，O は △PQR の垂心。

〈中点連結定理〉
DE // BC, BC = 2DE

(2) H は垂心であるから，

　　AH⊥BC, CH⊥AB ← 垂心の定義

　また，BD は直径なので，

　　∠BCD = ∠BAD = 90°

　これより，

　　AH // CD … ア

　　CH // AD … イ

ア は DC でもよい
（イ 以下も同値なものはすべて正解です）

となることがわかるので，四角形 AHCD は平行四辺形 … ウ

特に，AH = CD …① （エ） ← 平行四辺形において向かい合う辺の長さは等しい

次に，△BDC に注目すると， △BDC に注目

　　2OM = CD …② （オ） ← 中点連結定理

したがって，①，②より，

　　AH = 2OM

O は円の中心だから BD の中点

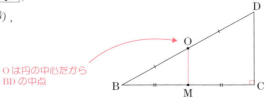

パターン92　三角形の5心——応用編　195

パターン 93 方べきの定理

ある点を通る2直線と それに交わる円 → **方べきの定理** ← 円と2直線の公式

次の2つを**方べきの定理**といいます。証明はすべて三角形の相似からできるので，覚える必要はない定理ですが（相似な三角形を見つければ，必要ない），共通テストでは，相似な三角形を探すよりも速く解けるので，この定理をマスターしておく必要があります。

〈その1〉

円の2つの弦 AB，CD の交点またはそれらの延長の交点を P とすると，

$$\mathbf{PA \cdot PB = PC \cdot PD}$$

が成り立つ。

（図1） 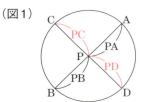　（図2）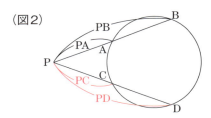

〈その2〉

円の外部の点 P から円に引いた接線の接点を T とし，P を通りこの円と2点 A，B で交わる直線を引くと，

$$\mathbf{PA \cdot PB = PT^2}$$

が成り立つ。

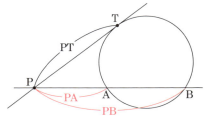

〈その2〉だけ証明しておきます。

証明　△PAT と △PTB において

$\begin{cases} \angle \text{TPB は共通} \\ \angle \text{PTA} = \angle \text{PBT} \end{cases}$ ← 接弦定理（図の θ のこと） （パターン 97）

2角が等しいので △PAT ∽ △PTB

よって，PA : PT = PT : PB ←  対応する辺の比は等しい

∴　PA・PB = PT²

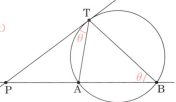

例題 93

(1) 下の図において，x, y を求めよ。

(i) 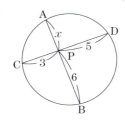　(ii)（Aは接点）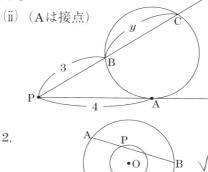

(2) 右図において，小円の半径を2，大円の半径を5とするとき，

$$PA \cdot PB$$

の値を求めよ。

ポイント

(2) $PA \cdot PB$ なので，方べきの定理の利用を考えます。C, D をどこにとるかがポイント。$PC \cdot PD$ が計算しやすいところがどこかを考えてみてください。

← $PA \cdot PB = PC \cdot PD$

解答

(1) (i) 方べきの定理より，$x \cdot 6 = 3 \cdot 5$　← $PA \cdot PB = PC \cdot PD$

$$\therefore \quad x = \frac{5}{2}$$

(ii) 方べきの定理より，$3(3+y) = 4^2$

$$3y + 9 = 16$$

$$\therefore \quad y = \frac{7}{3}$$

(2) 右図のようにC, Dをとると，方べきの定理より，

$$PA \cdot PB = PC \cdot PD$$
$$= 3 \cdot 7$$
$$= 21$$

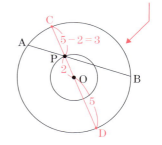

Oを通るように補助線を引く

パターン93　方べきの定理　197

パターン 94 チェバの定理

頂点から三角形の周上を1周するように掛けると1

次を<u>チェバの定理</u>といいます。

> **チェバの定理**
>
> △ABC の3辺BC, CA, AB 上にそれぞれ点 P, Q, R があり，3直線 AP, BQ, CR が1点 S で交わるとき，
>
> $$\frac{BP}{PC} \cdot \frac{CQ}{QA} \cdot \frac{AR}{RB} = 1 \quad \cdots ①$$

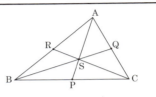

これは，右図の → が，頂点から出発し（出発点はどこでもよい），三角形の周上を1周（どちら周りでもよい）するように掛け算した値が1であることを意味しています。← 分子，分母，分子，分母，分子，分母の順に左辺に入ります

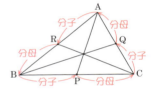

 右図で，x の値を求めよ。

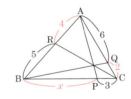

答 チェバの定理より，

$$\frac{x}{3} \cdot \frac{2}{6} \cdot \frac{4}{5} = 1$$

$$\therefore \quad x = \frac{45}{4}$$

例題 94

(1) 下図において，(i) では x の長さ，(ii) では BP : PC を求めよ。

(i)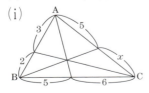

(ii)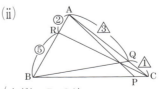

（ただし，R, Q は AR : RB = 2 : 5，AQ : QC = 3 : 1 となる点）

(2) △ABCの辺BCの中点をMとする。線分AM上に点Rをとり，CRの延長とABの交点をP, BRの延長とACとの交点をQとする。このとき，PQ // BCを証明せよ。

ポイント

(1) (ⅱ) 「分数は比」(パターン77)を利用します。

解答

(1) (ⅰ) チェバの定理を用いると，

$$\frac{x}{5} \cdot \frac{3}{2} \cdot \frac{5}{6} = 1$$

$$\therefore \quad x = 4$$

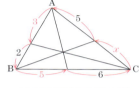

(Cから反時計回りに1周)

(ⅱ) チェバの定理を用いると，

$$\frac{BP}{PC} \cdot \frac{1}{3} \cdot \frac{2}{5} = 1$$

$$\therefore \quad \frac{BP}{PC} = \frac{15}{2}$$

これより，

$$BP : PC = 15 : 2$$

分数は比 (パターン77)

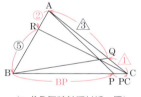

(Bから反時計回りに1周)

(2) **証明** 右図のようにおく。

チェバの定理より，

$$\frac{BM}{MC} \cdot \frac{d}{c} \cdot \frac{a}{b} = 1$$

BM = MC なので

$$\frac{a}{b} = \frac{c}{d}$$

これより，
AP : PB = AQ : QC

$$\therefore \quad PQ \,/\!/\, BC$$

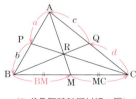

(Bから反時計回りに1周)

パターン94 チェバの定理 199

パターン 95 メネラウスの定理

(i) 「三角形」と「赤い直線」を見つけよ
(ii) 三角形の頂点から赤い直線へ
入る → 出る → 入る → 出る → 入る → 出ると矢印が1周すると1
（分子）（分母）（分子）（分母）（分子）（分母）

> **メネラウスの定理**
>
> △ABCの辺BC, CA, ABまたはその延長が三角形の頂点を通らない1つの直線とそれぞれ点P, Q, Rで交わるとき
>
> $$\frac{BP}{PC} \cdot \frac{CQ}{QA} \cdot \frac{AR}{RB} = 1$$
>
> $$\left(\frac{(入る)}{(出る)} \cdot \frac{(入る)}{(出る)} \cdot \frac{(入る)}{(出る)} = 1\right)$$

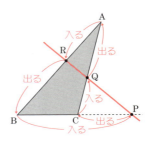

上を**メネラウスの定理**といいます。右上の図の → の動きが

（三角形の頂点） →赤い直線に入る→ （赤い直線） →赤い直線から出る→ （三角形の頂点）

をくり返して、矢印が1周しています。メネラウスの定理も、

矢印が1周するように掛けると、1になる!! （出発点はどこでもよい）

と覚えておいてください。

たとえば、右図において、x の値はわかりますか。

メネラウスの定理より、

$$\frac{4}{x} \cdot \frac{3}{2} \cdot \frac{3}{9} = 1$$

だから、

$$x = 2$$

となります。それから共通テストでは、直線は赤くなってないので（当り前）、自分で、三角形と赤い直線を見抜かなければいけません。次の 例題95 で練習してみよう。

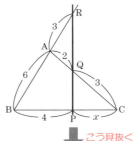

↓ こう見抜く

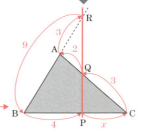

Bから出発して
入る→出る→入る→……
て1周

例題 95

△ABC の辺ABを 1：3 に内分する点を D，辺ACを 4：3 に内分する点を E，CDとBEの交点を F とする。このとき，次の比をそれぞれ求めよ。

(1) BF：FE (2) CF：FD

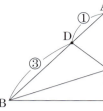

ポイント

三角形と赤い直線を見つけることがポイントです。

(1) BF：FEを求めるときは，3点B，F，Eを通る直線が赤い直線になることはありません。(2)も同様です。いろいろ試行錯誤してみてください。

解答

(1) 右図のように考えて，
メネラウスの定理を用いると，

$$\frac{BF}{FE} \cdot \frac{EC}{CA} \cdot \frac{AD}{DB} = 1$$

$$\frac{BF}{FE} \cdot \frac{3}{7} \cdot \frac{1}{3} = 1$$

∴ BF = 7FE

これより，BF：FE = 7：1

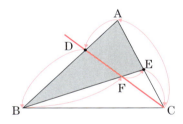

(2) 右図のように考えて，
メネラウスの定理を用いると，

$$\frac{DF}{FC} \cdot \frac{CE}{EA} \cdot \frac{AB}{BD} = 1$$

$$\frac{DF}{FC} \cdot \frac{3}{4} \cdot \frac{4}{3} = 1$$

∴ DF = FC

これより，CF：FD = 1：1

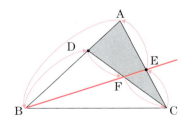

パターン 96 証明問題

たくさんの証明を読んでおこう!!

共通テスト用にもう少し証明問題を。証明問題は，とにかく粘って考えることが大事です。

例題 96

(1) △ABC において，辺 BC，CA，AB に関して，内心 I と対称な点をそれぞれ P，Q，R とするとき，I は △PQR の外心であることを次のように証明した。 ウ に当てはまる数を答えよ。 ア ， イ ， エ ， オ に当てはまるものを次の ⓪〜⑥ から1つずつ選べ。

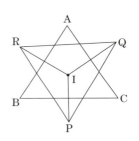

証明

IP と BC，IQ と AC，IR と AB の交点をそれぞれ D，E，F とする。I は △ABC の内心であるから，

ID = ア = イ ……①

また，P，Q，R はそれぞれ辺 BC，CA，AB に関する I の対称点であるから，

IP = ウ ID, IQ = ウ IE, IR = ウ IF ……②

①，②より，

IP = エ = オ

よって，I は，△PQR の外心である。

⓪ AB ① BC ② CA ③ IE
④ IF ⑤ IQ ⑥ IR

(2) △ABC の辺 BC，CA，AB 上にそれぞれ点 P，Q，R があり，3 直線 AP，BQ，CR が1点 S で交わるとき，

$$\frac{BP}{PC} \cdot \frac{CQ}{QA} \cdot \frac{AR}{RB} = 1$$

であること（チェバの定理）を次のように証明した。

カ ～ サ に当てはまるものを⓪～④から一つずつ選べ。ただし，同じものを選んでよい。

[証明]

三角形の面積比を考えると，

$$\frac{BP}{PC} = \frac{\boxed{カ}}{\boxed{キ}}, \quad \frac{CQ}{QA} = \frac{\boxed{ク}}{\boxed{ケ}}, \quad \frac{AR}{RB} = \frac{\boxed{コ}}{\boxed{サ}}$$

よって，

$$\frac{BP}{PC} \cdot \frac{CQ}{QA} \cdot \frac{AR}{RB} = \frac{\boxed{カ}}{\boxed{キ}} \cdot \frac{\boxed{ク}}{\boxed{ケ}} \cdot \frac{\boxed{コ}}{\boxed{サ}} = 1$$

⓪ △ASB ① △BSC ② △CSA ③ △ARS
④ △AQS

ポイント

(2) パターン85 の**公式2**を使います。

解答

(1) ア～オ Iは△ABCの内心であるから，

　ID = IE = IF …①　← 内接円の半径に等しい

　　($\boxed{ア}$ = ③, $\boxed{イ}$ = ④ ← 順不同)

また，P, Q, R は対称点であるから，

　IP = 2ID, IQ = 2IE, IR = 2IF …②　　($\boxed{ウ}$ = ②)

　　D, E, F はそれぞれ IP, IQ, IR の中点

①, ②より，

　IP = IQ = IR …③

　　($\boxed{エ}$ = ⑤, $\boxed{オ}$ = ⑥ ← 順不同)

よって，Iは△PQRの外心である。 ← ③より，Iは3点P, Q, Rから等距離なので

(2) カ～サ パターン85 の**公式2**より，

$$\frac{BP}{PC} = \frac{\triangle ASB}{\triangle CSA}, \quad \frac{CQ}{QA} = \frac{\triangle BSC}{\triangle ASB}, \quad \frac{AR}{RB} = \frac{\triangle CSA}{\triangle BSC}$$

したがって，

$$\frac{BP}{PC} \cdot \frac{CQ}{QA} \cdot \frac{AR}{RB} = \frac{\triangle ASB}{\triangle CSA} \cdot \frac{\triangle BSC}{\triangle ASB} \cdot \frac{\triangle CSA}{\triangle BSC}$$

$$= 1 \quad ← すべて約分されて1になる$$

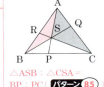

△ASB : △CSA = BP : PC (パターン85)

パターン 97 円と直線に関する定理

(i) 「接線の長さ」は等しい
(ii) 接線と角度の問題は接弦定理

円の外部の点 P から，円に接線を引いたとき，P と接点の距離を**接線の長さ**といいます。接線の長さについては，次の公式が成り立ちます。

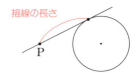
接線の長さ

接線の長さについての公式

円外の点 P から引いた 2 本の接線の長さは等しい。

理由　右図において，△OPA と △OPB はともに直角三角形。 ← $\angle OAP = \angle OBP = 90°$

ここで，△OPA と △OPB において，

$\begin{cases} OP は共通 \\ OA = OB \end{cases}$ ← 円の半径

　　　　　　　　　　　　　斜辺と他の1辺が等しい
　　　　　　　　　　　　　2つの直角三角形は合同

∴　△OPA ≡ △OPB

とくに，AP = BP ← 対応する辺の長さは等しい

次を**接弦定理**といいます。

接弦定理

円の接線と接点を通る**弦ABのつくる角**は，この角内にある $\stackrel{\frown}{AB}$ に対する **円周角** に等しい。

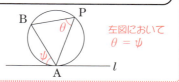
左図において
$\theta = \psi$

〈θ が鋭角のときの上の公式の 証明 〉

AP′ が直径となるように点 P′ をとります。
このとき，$\angle AP'B = \angle APB = \theta$ です。 ← 円周角は一定
ここで，$\angle ABP' = 90°$ より， ← AP′は直径なので
　　$\theta + A = 90°$ …①　← △BAP′の内角の和を考える
また，P′A⊥l だから，$A + \psi = 90°$ …②
　∴　$\theta = \psi$ ← ①−②を計算

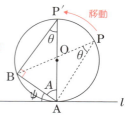
移動

204　パターン編

例題 97

図において，PA，PB，l は円Oの接線とする。下の図の角 θ，ψ の大きさを求めよ。

(1)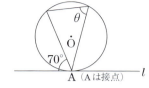

(2) 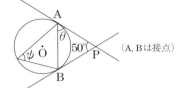（A, Bは接点）

(3)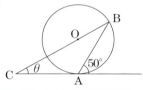

ポイント

(2) PA＝PB なので，△PAB は二等辺三角形。これから θ を求めます。 ← PA＝PB だから

(3) CB が円の中心を通っていることを利用します。

解答

(1) 接弦定理より，$\theta = 70°$

(2) PA＝PB より △PAB は二等辺三角形。
したがって，
$$\theta + \theta + 50° = 180°$$ ← 内角の和は180°
$$\therefore \quad \theta = 65°$$
接弦定理より $\psi = \theta$ なので $\psi = 65°$

(3) 右図のようにおくと，$\angle\mathrm{DAB} = 90°$ ← 直径の円周角は 90°
$$\therefore \quad \psi = 180° - 50° - 90° = 40°$$
また，$\angle\mathrm{ADB} = 50°$ ← 接弦定理
$50° = \theta + \psi$ なので，
$$\theta = 10°$$

← △ACD において 2角の和は残りの角の外角に等しい

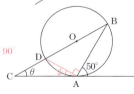

パターン97　円と直線に関する定理　205

パターン 98 2円の位置関係

d（中心間距離）と r_1+r_2，$|r_1-r_2|$ の大小関係で判断する

2円の位置関係について説明します。位置関係は5種類あるのですが，内接条件，外接条件を理解すれば，あとはただのオマケです。

◎ **内接と外接について**

2つの円の半径を r_1, r_2 とし，d を中心間距離とする。
このとき，

$$\begin{cases} 外接 \Leftrightarrow d = r_1 + r_2 \\ 内接 \Leftrightarrow d = |r_1 - r_2| \end{cases}$$

2円の位置関係ではこの2つの値がポイント

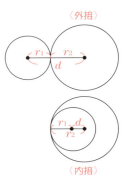

これは，図をかいてみれば，すぐわかります。

◎ **2円の位置関係（5つあります）**

2円の位置関係は，外接条件と内接条件を基準として考えます。
つまり，

$$d \text{ の大きさと } \underset{\text{内接条件}}{|r_1 - r_2|}, \underset{\text{外接条件}}{r_1 + r_2} \text{ の大小関係}$$

で判断します。

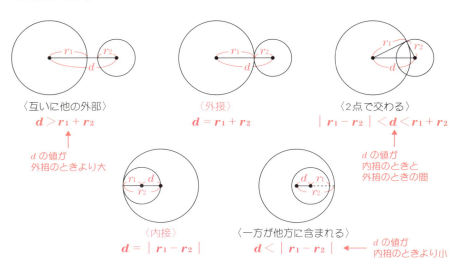

例題 98

(1) 半径が 3 と 2 で中心間距離が $\sqrt{5}$ の2円がある。この2円の位置関係を調べよ。
(2) 半径が 3 と r で中心間距離が 5 の2円がある。この2円が共有点をもたないように r の値の範囲を定めよ。

ポイント

(1) d（中心間距離）の値と r_1+r_2, $|r_1-r_2|$ の大小関係を調べます。
(2) 共有点をもたないのは，2つの場合があります。

解答

(1) $\begin{cases} d=\sqrt{5} \\ r_1+r_2=5 \\ |r_1-r_2|=1 \end{cases}$ ← d, r_1+r_2, $|r_1-r_2|$ を調べる

これより，

$$|r_1-r_2|<d<r_1+r_2$$ ← 実際，$1<\sqrt{5}<5$ は成立

が成立するので，

　　　　この2円は，2点で交わる。

(2) 2つの場合がある。

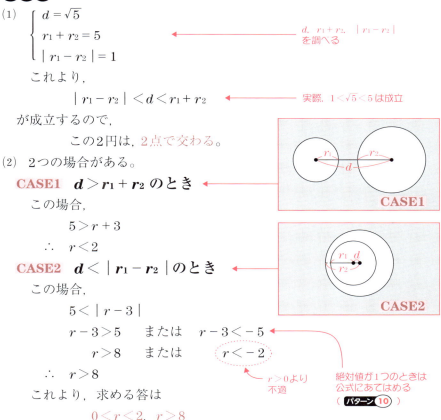

CASE1 $d>r_1+r_2$ のとき

この場合，

$$5>r+3$$
$$\therefore \quad r<2$$

CASE2 $d<|r_1-r_2|$ のとき

この場合，

$$5<|r-3|$$
$$r-3>5 \quad \text{または} \quad r-3<-5$$
$$r>8 \quad \text{または} \quad r<-2$$ ← $r>0$ より不適
$$\therefore \quad r>8$$

絶対値が1つのときは公式にあてはめる（パターン 10）

これより，求める答は

　　　　$0<r<2, \ r>8$

パターン 99 倍数判定法

基本パターンをしっかりとおさえよう

n 桁の整数が～の倍数になる条件

① 2の倍数 ➡ 一の位が **2の倍数**
② 4の倍数 ➡ 下**2**桁が **4の倍数**
③ 8の倍数 ➡ 下**3**桁が **8の倍数**
④ 5の倍数 ➡ 一の位が **0 か 5**
⑤ 3の倍数 ➡ 各位の和が **3の倍数**
⑥ 9の倍数 ➡ 各位の和が **9の倍数**

〈3桁(けた)の場合の⑤と⑥の **証明**〉 ← 合同式については パターン105 参照

3桁の整数 N の百の位を a，十の位を b，一の位を c とする。このとき，

$N-(a+b+c)$ ← N と $a+b+c$ の差を考える

$= (100a+10b+c)-(a+b+c)$

$= 99a+9b$

$= 9(11a+b)$ ← これは 3 でも 9 でも割り切れる

よって，N と $a+b+c$ は 3 で割った余りが等しい／N と $a+b+c$ は 9 で割った余りが等しい

$N \equiv a+b+c \pmod{3}$ かつ $N \equiv a+b+c \pmod{9}$

したがって，$\begin{cases} a+b+c\,(各位の和) が 3 の倍数 \Leftrightarrow N が 3 の倍数 \\ a+b+c\,(各位の和) が 9 の倍数 \Leftrightarrow N が 9 の倍数 \end{cases}$

例 次の(1)から(5)までの整数が，[ ]内に書かれた数の倍数であることを上の判定法で確かめよ。

(1) 324 [2] (2) 1374 [3] (3) 2256 [4]
(4) 3145 [5] (5) 43974 [9]

答

(1) 32**4** は，一の位が偶数だから **偶数**。

(2) 1374 は，各位の和 $1+3+7+4=15$ が 3 の倍数だから，1374 も **3 の倍数**。

(3) 22**56** は，下 2 桁 56 が 4 の倍数だから(4×14)，2256 は **4 の倍数**。

(4) 314**5** は，一の位が 5 だから，**5 の倍数**。

(5) 43974 は，各位の和 $4+3+9+7+4=27$ が 9 の倍数だから，43974 も **9 の倍数**。

例題 99

10進法で$6245a$と表される5桁の自然数 N が(1)～(7)で指定された倍数になるように, aの値を定めよ。

(1) 2の倍数　　(2) 3の倍数　　(3) 4の倍数
(4) 5の倍数　　(5) 6の倍数　　(6) 8の倍数
(7) 9の倍数

ポイント

(5) 6の倍数は「2の倍数」かつ「3の倍数」と考えます。

解答

(1) 1の位aが2の倍数であればよいので,

$$a = 0,\ 2,\ 4,\ 6,\ 8$$

(2) Nの各位の和

$$6+2+4+5+a = a+17$$

が3の倍数であればよいので, ← ということは, aが(3の倍数)+1となればよい

$$a = 1,\ 4,\ 7$$

(3) Nの下2桁$5a$が4の倍数であればよいので,

$$a = 2,\ 6$$ ← 50, 51, ……, 59 のうち4の倍数は52と56

(4) $a = 0,\ 5$ ← 1の位が0か5

(5) 「2の倍数」かつ「3の倍数」であればよいので,

$$a = 4$$ ← (1), (2)より $\{0, 2, 4, 6, 8\} \cap \{1, 4, 7\}$

(6) 8の倍数は, 4の倍数でもあるので, ← 8の倍数$8m$は $8m = 4 \times 2m$ (mは整数) と変形できるので4の倍数である

$$a = 2,\ 6$$ ← (3)の答

でなければならない。

このうち, Nの下3桁$45a$が8の倍数となるのは

$$a = 6$$ ← 452, 456のうち8の倍数は456

(7) Nの各位の和$a+17$が9の倍数であればよいので,

$$a = 1$$

(2)より　ということは, aが(9の倍数)+1であればよい

パターン99　倍数判定法

パターン 100 整数決定の基本1

「積が一定」の形にもちこめ!!

整数を決定する方法は，大きく分けて2つあります。

- 「積が一定」の形にもちこむ ➡ パターン100
- 範囲をしぼる ➡ パターン101

共通テストでは，問題文の流れに注意して，「どちらなのか？」を読み取っていきましょう。

◎「積が一定」の形にもちこむとは…

例 方程式 $xy = 3$ を満たす整数 x, y を求めよ。

答 $xy = 3$ の方程式は

　　　　積が一定　　　⬅ 整数 x と整数 y を掛けて 3（一定値）になる!!

の形です。このようなときは，x, y をすべて決定することができて，

$(x, y) = (1, 3), (3, 1), (-1, -3), (-3, -1)$

となります。

それから，(x, y) が上の4組に定まるためには，

x, y は整数である!!

ということが，重要であるということにも
注意してください。

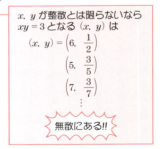

x, y が整数とは限らないなら $xy = 3$ となる (x, y) は
$(x, y) = \left(6, \dfrac{1}{2}\right)$
　　　　$\left(5, \dfrac{3}{5}\right)$
　　　　$\left(7, \dfrac{3}{7}\right)$
　　　　　⋮
　　　　無数にある!!

例題 100

(1) $xy - x + y - 1$ を因数分解せよ。
(2) 方程式 $xy - x + y = 3$ を満たす整数 x, y を求めよ。

ポイント

(1) 因数分解の基本は，次数の低い文字で整理（パターン 2）!! 今回は，x, y どちらについても1次式なので，どちらで整理してもOK。

(2) (1)をふまえて，

> 両辺から 1 を引く!!

と考えます。すると，左辺が(1)の形になるので因数分解できます。
これより，「積が一定」の形!!

解答

(1) (与式) $= (y-1)x + (y-1)$ ← xについて整理（共通因数）
$= (x+1)(y-1)$ ← 共通因数でくくった

(2) 両辺から1を引くと，
$xy - x + y - 1 = 3 - 1$ ← 左辺は(1)の形
∴ $(x+1)(y-1) = 2$ ← 「積が一定」の形

これより，$x+1$ と $y-1$ の組み合わせは

$x+1$	2	1	-2	-1
$y-1$	1	2	-1	-2

たとえば，◯のときは
$\begin{cases} x+1 = 2 \\ y-1 = 1 \end{cases}$
なので，$x = 1, y = 2$

よって，
$(x, y) = (1, 2), (0, 3), (-3, 0), (-2, -1)$

パターン100　整数決定の基本1　211

パターン 101 整数決定の基本2
範囲をしぼれ!!

〈範囲をしぼるとは…〉

例 $2.3 \leq m \leq 4.5$ を満たす整数 m を求めよ。

答 $2.3 \leq m \leq 4.5$ なので，整数 m の

範囲がしぼれています。

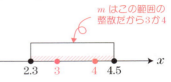

このようなとき，m を決定することができ，

$m = 3, 4$

となります。

例題 101

(1) $4a + 3b = 20$ を満たす自然数 a, b を求めよ。

(2) $\dfrac{1}{x} + \dfrac{1}{y} = \dfrac{1}{2}$ $(1 \leq x \leq y)$ を満たす整数 x, y を求めよ。

ポイント

(1) a, b は正の数なので， ← 自然数なので

$4a$ は 20 より小さい!! ← イメージ

ことがわかります。これより，a の範囲がしぼれます。

$$\begin{cases} 4a + 3b = 20 \text{ (和が20)なので} \\ 4a = 20 \text{ ならば } 3b = 0 \\ 4a = 21 \text{ ならば } 3b = -1 \\ 4a = 22 \text{ ならば } 3b = -2 \\ \vdots \end{cases}$$

⬇ つまり

$4a$ が20以上だと，$3b$ が0以下になってしまうので矛盾（背理法）

(2) 仮定より $x \leq y$ だから，$\dfrac{1}{x} \geq \dfrac{1}{y}$ ← 正の数の逆数を考えると不等号の向きが逆になる

ここで，左辺の2つの数を

「すべて $\dfrac{1}{x}$ に変える作戦!!」

を使います。

212　パターン編

〈この作戦のイメージ〉

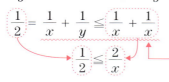

解答

(1) $4a + 3b = 20$ …①

なので

$$4a < 20$$

でなければならない。これより，$a < 5$

したがって，

$a = 1, 2, 3, 4$

$\begin{cases} a = 1 \text{ のとき，①は } 3b = 16 \text{（不適）} \\ a = 2 \text{ のとき，①は } 3b = 12 \text{ より } b = 4 \\ a = 3 \text{ のとき，①は } 3b = 8 \text{（不適）} \\ a = 4 \text{ のとき，①は } 3b = 4 \text{（不適）} \end{cases}$

以上より，

$a = 2, \ b = 4$

(2) $\dfrac{1}{x} \geqq \dfrac{1}{y}$ なので，$\dfrac{1}{2} = \dfrac{1}{x} + \dfrac{1}{y}$ …② より，

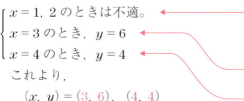

$\therefore \ x \leqq 4$

したがって，$x = 1, 2, 3, 4$

$\begin{cases} x = 1, 2 \text{ のときは不適。} \\ x = 3 \text{ のとき，} y = 6 \\ x = 4 \text{ のとき，} y = 4 \end{cases}$

これより，

$(x, y) = (3, 6), \ (4, 4)$

パターン101　整数決定の基本2　213

パターン 102 約数と倍数 1

約数，倍数を素因数分解から判定せよ!!

約数，倍数の問題は素因数分解を利用して解くことができます。

例① 24 は 72 の約数であることを上を利用して確かめよ。

答 素因数分解すると，
$$72 = 2^3 \cdot 3^2$$
$$24 = 2^3 \cdot 3$$

素因数 2 の個数…$3 \geqq 3$
素因数 3 の個数…$2 \geqq 1$

よって，24 は 72 の約数。

これを利用すると，約数の個数を求めることができます。

例② 24 の正の約数の個数を求めよ。

答 24 を素因数分解すると，$24 = 2^3 \cdot 3^1$

よって，24 の約数は

$2^a \cdot 3^b$ の形　(a, b は $0 \leqq a \leqq 3$, $0 \leqq b \leqq 1$ の整数)

したがって，積の法則より，

$4 \times 2 = 8$（個）

① a を決める　➡　そのあと　② b を決める

0, 1, 2, 3 の4通り　　　0, 1 の2通り

上の 例② を一般化したものが，下の公式です。

公式

$A = p^k q^l \cdots\cdots r^m$（素因数分解）のとき，

A の正の約数の個数は $(k+1)(l+1) \cdots\cdots (m+1)$ 個

例題 102

(1) 360の正の約数の個数を求めよ。
(2) 6の倍数Nで正の約数が15個であるものをすべて求めよ。
(3) $\sqrt{108n}$ が自然数になるような最小の自然数nを求めよ。

ポイント

(2) $15 = 3 \times 5$ なので，Nの素因数分解は p^{14} または $p^2 q^4$ の形になります。

(3) $\sqrt{108n}$ が自然数であるとは，$108n$ が平方数（自然数の2乗）になるということです。そのためには，$108n$ の素因数分解において，各素因数が偶数個になるようにします。

⟨例⟩ $6^2 = (2 \cdot 3)^2 = 2^2 \cdot 3^2$, $12^2 = (2^2 \cdot 3)^2 = 2^4 \cdot 3^2$ ← 平方数は各素因数が偶数個

解答

(1) 素因数分解すると，$360 = 2^3 \cdot 3^2 \cdot 5^1$
よって，
$(3+1)(2+1)(1+1) = 24$（個） ← 左ページの公式

(2) 正の約数が15個であるから，Nの素因数分解は
$$N = p^{14} \text{ または } p^2 q^4 \quad (p, q \text{は異なる素数})$$
の形でなければならない。また，Nは6（$= 2 \cdot 3$）の倍数なので，Nは2と3を素因数にもたなければならない。

これより，$N = p^{14}$ の形にはなりえないので，
$$N = p^2 q^4$$
の形である。よって，
$N = 2^2 \cdot 3^4,\ 3^2 \cdot 2^4$ ← $(p, q) = (2, 3)$ または $(3, 2)$
$= 324,\ 144$

(3) $108n$ が平方数となればよい。素因数分解すると，$108 = 2^2 \cdot 3^3$
よって，$108n$ が平方数になるためには
$n = 3 \times k^2$ 　　　2は偶数乗，3は奇数乗
でなければならない（kは自然数）。

このとき
$108n = 2^2 \cdot 3^3 \times 3k^2$
$= 2^2 \cdot 3^4 k^2 = (2 \cdot 3^2 k)^2$
なので，$108n$は平方数

したがって，求める最小の自然数nは
$n = 3$ ← $k = 1$ のとき

パターン 103 約数と倍数 2

最大公約数が g ということを表現せよ!!

次は重要です。下の具体例で感覚をつかんでください。

> **最大公約数，最小公倍数の性質**
>
> 2つの自然数 a, b の最大公約数を g とすると，
> $$\begin{cases} a = ga' \\ b = gb' \end{cases} \quad (a', b' \text{は互いに素な自然数}) \cdots (☆)$$
>
> 忘れずに!!
>
> と表され，a, b の最小公倍数を l とすると，
> $$l = ga'b'$$
> である。逆に，(☆) の形で表されるとき，a, b の最大公約数は g である。

例① $\begin{cases} 72 = 24 \cdot ③ \\ 48 = 24 \cdot ② \end{cases}$ ← 互いに素

より，72 と 48 の最大公約数は 24，最小公倍数は
$$24 \cdot 3 \cdot 2 = 144 \quad \leftarrow ga'b'$$

例② 2つの自然数 a, b の最大公約数が 10 のときは
$$\begin{cases} a = 10a' \\ b = 10b' \end{cases} \quad (a', b' \text{は互いに素な自然数})$$
と表せる。

最小公倍数，最大公約数は素因数分解の形から求めることもできます。

> 最大公約数 ⟹ 指数の小さいほうを選ぶ
> 最小公倍数 ⟹ 指数の大きいほうを選ぶ

2数が a, a の場合は
大きいほうも小さいほうも a
とします

例③ $\begin{cases} 72 = 2^3 \cdot 3^2 \cdot 5^0 \\ 45 = 2^0 \cdot 3^2 \cdot 5^1 \end{cases}$

より，72 と 45 の最大公約数は
$$2^0 \cdot 3^2 \cdot 5^0 = 9$$

○ は 3, 0 の小さいほうで 0
△ は 2, 2 の小さいほうで 2
□ は 0, 1 の小さいほうで 0

また，72 と 45 の最小公倍数は
$$2^3 \cdot 3^2 \cdot 5^1 = 360$$

○ は 3, 0 の大きいほうで 3
△ は 2, 2 の大きいほうで 2
□ は 0, 1 の大きいほうで 1

例題 103

(1) 最大公約数が12，最小公倍数が240となる2つの自然数 a, b を求めよ。ただし，$a < b$ とする。
(2) n を正の整数とする。n と20の最小公倍数が240であるとき，n を求めよ。

ポイント

(1) 最大公約数が12ということを表現します。
(2) 20と240を素因数分解すると，n の素因数分解がどうなるかがわかります。

解答

(1) a と b の最大公約数が12なので，
$$a = 12a', \quad b = 12b'$$
と表せる（a', b' は互いに素な整数で $a' < b'$）。このとき，最小公倍数が240なので，
$$240 = 12a'b'$$
$$a'b' = 20$$
$$\therefore (a', b') = (1, 20), (4, 5)$$

（$a < b$ より $a' < b'$）
（$l = g a' b'$ に代入）
（積が一定　パターン100）
（a' と b' は互いに素なので $(a', b') = (2, 10)$ は不適）
（$a' < b'$ に注意!!）

したがって，
$$(a, b) = (12, 240), (48, 60)$$

(2)
$$\begin{cases} 20 = 2^2 \cdot 3^0 \cdot 5^1 \\ n = 2^a \cdot 3^b \cdot 5^c \\ 240 = 2^4 \cdot 3^1 \cdot 5^1 \end{cases}$$

（n は240の約数なので登場する素因数は2, 3, 5のみ よって，$n = 2^a \cdot 3^b \cdot 5^c$ とおける）

〈○について〉
2と a の大きいほうが4なので，$a = 4$

〈△について〉
0と b の大きいほうが1なので，$b = 1$

〈□について〉
1と c の大きいほうが1なので，$c = 0$ または 1

以上より，
$$n = 2^4 \cdot 3^1 \cdot 5^0, \ 2^4 \cdot 3^1 \cdot 5^1 = 48, \ 240$$

パターン 104 すべての整数 n について成り立つ……の証明

たとえば，
「すべての n で成立」
といったら
$\Rightarrow \begin{cases} ① & n=3k \text{のとき 成立} \\ ② & n=3k+1 \text{のとき 成立} \\ ③ & n=3k+2 \text{のとき 成立} \end{cases}$ を示せばよい (k: 整数)

「すべての n で成立する」ということは，上の①，②，③の**すべてを示す**ことと同値になります。

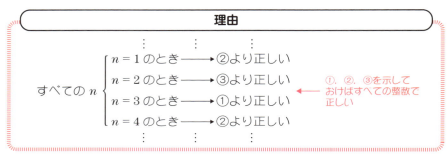

でも実際問題，①，②，③と3つ証明しなきゃいけないわけだから，かえって面倒です。だから，

場合分けしなくてよいときは，使う必要はない ← かえってメンドーになるだけ

のです。また，上の場合分けではなく，次を使うときもあります。

「すべての n で成立」 $\Leftrightarrow \begin{cases} ① & n=2k \text{ のとき成立} \\ & \text{かつ} \\ ② & n=2k+1 \text{ のとき成立} \end{cases}$ (k：整数)

したがって，**問題文に応じて臨機応変に場合分けを考える**必要があります。

目安は，

$\begin{cases} 2 \text{ で割り切れることを示せ} \Rightarrow 2 \text{ で割った余りで場合分け} \\ 3 \text{ で割り切れることを示せ} \Rightarrow 3 \text{ で割った余りで場合分け} \end{cases}$

と理解しておいてください。それから次は重要公式です。

重要公式

$\begin{cases} \text{連続2整数の積は2の倍数} \\ \text{連続3整数の積は6の倍数} \\ \text{連続4整数の積は24の倍数} \end{cases}$

イメージ

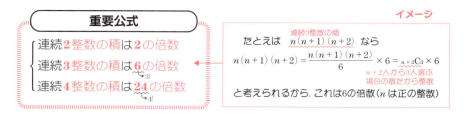

例題 104

n を整数とするとき,$P = 2n^3 + 3n^2 + n$ は6の倍数であることを証明せよ。

ポイント

① $n = 6k$ のとき,② $n = 6k+1$ のとき,……,⑥ $n = 6k+5$ のとき と場合分けすると,メンドウです。ここでは次を利用します。

（6で割った余りで場合分け）
（例題99 (5) と同じ）

| 6の倍数 ⇔ **step 1** 2の倍数 **かつ** **step 2** 3の倍数 |

まず,P を因数分解するところからはじめます。

解答

$P = n(2n^2 + 3n + 1)$
$ = n(n+1)(2n+1)$

$2n^2 + 3n + 1 = (n+1)(2n+1)$
$$\begin{array}{c} 1 \times 1 \to 2 \\ 2 \times 1 \to 1 \\ \hline 3 \end{array}$$

step 1 P が2の倍数であることの証明

$n(n+1)$ は連続2整数の積より2の倍数。
よって,P も2の倍数。

$P = n(n+1)(2n+1)$
ココが2の倍数だから全体も2の倍数

step 2 P が3の倍数であることの証明（以下,k は整数とする）

① $n = 3k$ のとき ➡ 明らかに P は3の倍数
② $n = 3k+1$ のとき ➡ $2n+1 = 2(3k+1)+1 = 3(2k+1)$
　　　　　　　　　　　より,P は3の倍数
③ $n = 3k+2$ のとき ➡ $n+1 = (3k+2)+1 = 3(k+1)$
　　　　　　　　　　　より,P は3の倍数

ポイント
$P = n(n+1)(2n+1)$ より,P の因数 $n,\ n+1,\ 2n+1$ のうち,どれか1つでも **3の倍数**になれば P は3の倍数

①,②,③より,すべての整数 n に対して,P は3の倍数である。
よって **step 1**,**step 2** より P は6の倍数である。

別解

$P = n(n+1)(2n+1)$
$ = n(n+1)\{(n+2)+(n-1)\}$
$ = n(n+1)(n+2) + (n-1)n(n+1)$

分配法則

両方とも連続3整数の積だから6の倍数

よって,
$$P = (6の倍数) + (6の倍数)$$
の形なので,P は6の倍数である。

パターン 105 合同式

$a - b$ が m で割り切れる
$\Leftrightarrow$ a と b は m で割った余りが等しい

上の①，②のどちらかが成り立つとき（同値なのでどちらかが成り立てば両方成り立つ），2つの整数 a と b は，正の整数 m を法として合同であるといい，

$$a \equiv b \pmod{m}$$

と表します。

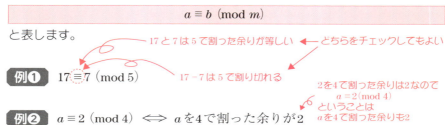

例① $17 \equiv 7 \pmod{5}$

17 と 7 は 5 で割った余りが等しい ← どちらをチェックしてもよい
17 − 7 は 5 で割り切れる

例② $a \equiv 2 \pmod 4 \iff a$ を 4 で割った余りが 2

2を4で割った余りは2なので $a \equiv 2 \pmod 4$ ということは a を4で割った余りも2

次の性質によって，合同式の $\equiv$ は，イコール（$=$）と同じように，足し算，引き算，掛け算ができます。

$a \equiv b \pmod m$, $c \equiv d \pmod m$ のとき ← a, b, c, d は整数，m は正の整数

(i) $a + c \equiv b + d \pmod m$ (ii) $a - c \equiv b - d \pmod m$

(iii) $ac \equiv bd \pmod m$ (iv) $a^k \equiv b^k \pmod m$ ← 両辺 k 乗しても合同（k：正の整数）

例③ 6−2は4で割り切れる   13−1は4で割り切れる

$6 \equiv 2 \pmod 4$, $13 \equiv 1 \pmod 4$ より，

$6 + 13 \equiv 2 + 1 \pmod 4$ ←（i）を利用

∴ $19 \equiv 3 \pmod 4$ ← 実際，19−3は4で割り切れる

また，$6 \times 13 \equiv 2 \times 1 \pmod 4$ ←（iii）を利用

∴ $78 \equiv 2 \pmod 4$ ← 実際，78−2は4で割り切れる

例④ $6 \equiv 1 \pmod 5$ より，

$6^{100} \equiv 1^{100} \pmod 5$ ←（iv）を利用

∴ $6^{100} \equiv 1 \pmod 5$ ← これは 6^{100} を5で割った余りが1であることを意味します

220　パターン編

例題 105

(1) a, b は整数とする。a を5で割ると3余り, b を5で割ると1余る。次の数を5で割った余りを求めよ。
　(i) $a+b$　　(ii) ab　　(iii) a^2-b^2

(2) n は整数とする。$2n^2$ を3で割った余りは1にはならないことを証明せよ。

ポイント　(1) mod 5 でいくつになるか？ という問題です。左ページの合同式の性質を使って計算します。

(2) 例題104 step 2 と同じようにやってもよいのですが, 合同式を利用すると, カンタンです。場合分けは

$\begin{cases} (\text{i}) & n \equiv 0 \pmod{3} \text{ のとき} \quad \leftarrow n=3k \text{ のとき}\\ (\text{ii}) & n \equiv 1 \pmod{3} \text{ のとき} \quad \leftarrow n=3k+1 \text{ のとき}\\ (\text{iii}) & n \equiv 2 \pmod{3} \text{ のとき} \quad \leftarrow n=3k+2 \text{ のとき} \end{cases}$

となります。

$n \equiv -1 \pmod{3}$ でもOKです

解答

(1) 仮定より, （a は5で割ると3余る　b は5で割ると1余る）
　　$a \equiv 3 \pmod{5}$ …①, $b \equiv 1 \pmod{5}$ …②

(i) $a+b \equiv 3+1 \equiv 4 \pmod{5}$　←①+②（前ページ(i)）
　　より, 求める余りは **4**

(ii) $ab \equiv 3 \cdot 1 \equiv 3 \pmod{5}$　←①×②（前ページ(iii)）
　　より, 求める余りは **3**

(iii) $a^2 - b^2 \equiv 3^2 - 1^2 \equiv 8 \equiv 3 \pmod{5}$　←①の2乗から②の2乗を引いた（前ページ(iv)と(ii)）
　　より, 求める余りは **3**

(2) **証明**　(i) $n \equiv 0 \pmod{3}$ のとき
　　　　$2n^2 \equiv 2 \cdot 0^2 \equiv 0 \pmod{3}$　→ $2n^2$ を3で割った余りは0であることを意味する

(ii) $n \equiv 1 \pmod{3}$ のとき
　　　　$2n^2 \equiv 2 \cdot 1^2 \equiv 2 \pmod{3}$　→ $2n^2$ を3で割った余りは2であることを意味する

(iii) $n \equiv 2 \pmod{3}$ のとき
　　　　$2n^2 \equiv 2 \cdot 2^2 \equiv 8 \equiv 2 \pmod{3}$　→ $2n^2$ を3で割った余りは2であることを意味する

(i)～(iii)より, すべての整数 n について $2n^2$ を3で割った余りは1にはならないことが示された。

パターン 106　1次不定方程式

特殊解を見つけて並べて引け!!

a, b, c を整数とするとき，x, y についての方程式
$$ax + by = c \quad \cdots ①$$
を1次不定方程式といいます。　　$g = g(a, b)$ ということです（パターン 107）

a と b の最大公約数を g とするとき，次のことが知られています。

> - c が g で割り切れるとき　⇒　①は無数の整数解をもつ
> - c が g で割り切れないとき⇒　①は整数解をもたない　← 例題 106 (2)

①は，$c = 0$ のとき，カンタンに解くことができます。

例　$4X + 7Y = 0$ の整数解

答　$Y = -\dfrac{4}{7}X \cdots$（★）と変形することにより，

X は 7 の倍数でなければならない。　← X が 7 の倍数でないと Y が整数にならない

よって，$X = 7k$（k は整数）と表せる。

（★）に代入して，$Y = -4k$

∴　$X = 7k, \ Y = -4k$　（k は整数）

上は次のように一般化することができます。

> **公式**
>
> a と b を互いに素な整数とするとき，方程式
> $$aX + bY = 0$$
> の整数解は　　マイナスはどっちにつけてもOK
> $$X = bk, \ Y = -ak \quad (k は整数)$$

$c \neq 0$ のときは，次ページの手順で，$aX + bY = 0$ 型に帰着させて解きます。

$ax + by = c$ ($c \neq 0$, c が g で割り切れるとき) の解法

(i) 方程式の解を1つ見つける。← この解を特殊解という
(ii) 並べて引くと，$aX + bY = 0$型に帰着する。

例題 106

(1) 不定方程式 $4x + 7y = 1$ の整数解をすべて求めよ。
(2) 不定方程式 $6x + 8y = 1$ は整数解をもたないことを示せ。

ポイント

(1) まず，$4x + 7y = 1$ の解を1つ見つけます。たとえば，$(x, y) = (2, -1)$ は解です（$(2, -1)$ 以外でもOK）。あとは下のように並べて引けば，右辺の1が消えて，$4X + 7Y = 0$型に帰着されます。

(2) 背理法で証明します。

解答

(1) 方程式の1つの解（特殊解）は $(x, y) = (2, -1)$ である。

$$\begin{cases} 4x + 7y = 1 & \cdots ① \\ 4 \cdot 2 + 7 \cdot (-1) = 1 & \cdots ② \end{cases}$$ ← 1つ見つけた

①－②より， 並べて引く　右辺の1が消える!!

$$4(x-2) + 7(y+1) = 0$$

$X = x - 2, Y = y + 1$とおくと $4X + 7Y = 0$ に帰着

ここで，4と7は互いに素であるから，

$$x - 2 = 7k,\ y + 1 = -4k \quad (k\text{は整数})$$ ← $X = 7k, Y = -4k$

$$\therefore \quad x = 7k + 2,\ y = -4k - 1 \quad (k\text{は整数})$$

(2) 整数解 (x_0, y_0) をもつと仮定すると，← 背理法

$$6x_0 + 8y_0 = 1$$ ← (x_0, y_0) は解なので，$6x + 8y = 1$ を満たす

$$\therefore \quad 2(3x_0 + 4y_0) = 1$$

これは，1が2の倍数であることを意味するから矛盾。
よって，$6x + 8y = 1$ は整数解をもたない。

パターン 107 ユークリッドの互除法

$a=bq+r$ のとき, $g(a, b)=g(b, r)$

a, b を整数とするとき，$g(a, b)$ で，a と b の最大公約数を表すものとします。

> **互除法の原理**
>
> a, b, q, r を 0 でない整数とする。
> $$a = bq + r$$
> において，
> $$g(a, b) = g(b, r)$$

上を互除法の原理といいます。これをくり返し用いて最大公約数を求める方法を**ユークリッドの互除法**といいます。

例① 793 と 549 の最大公約数

答 割り算をくり返すと，
$$\begin{cases} 793 = 549 \times 1 + 244 & \cdots ① \\ 549 = 244 \times 2 + 61 & \cdots ② \end{cases}$$

← 793÷549 ⇒ 商1, 余り244
← 549÷244 ⇒ 商2, 余り61

これより，
$$g(793, 549) \underset{①より}{=} g(549, 244) \underset{②より}{=} g(244, 61) = 61$$

244は61の倍数なので

このように，割り算をくり返すと，余り r は，割る数 b より小さいので，$g(b, r)$ のほうが $g(a, b)$ より簡単に求まります（小さい数のほうが最大公約数は求めやすい）。

なお，互除法の原理は，割り算以外のときも使えます。

← $0 \leq r < b$ が成立しないときでも使える

例② $72 = 40 \times (-1) + 112$ なので，
$$g(72, 40) = g(40, 112)$$

← $a = bq + r$ の形

72と40の最大公約数は8
40と112の最大公約数も8

224 パターン編

例題 107

(1) 次の1次不定方程式の整数解を1つ見つけよ。
$$143x + 43y = 1$$

(2) nを20以下の自然数とする。$5n+29$と$n+3$の最大公約数が7となるようにnの値を定めよ。

ポイント

(1) 特殊解を見つけよという問題です。143と43は最大公約数が1（互いに素）なので，前ページと同様に割り算をくり返すと，余りの部分に1が出てきます。これから式変形すると，特殊解を見つけることができます。

(2) $a = bq + r$のrの部分が定数になるように式変形して，互除法の原理を使います。

解答

(1) 割り算を実行すると，

$$143 = 43 \cdot 3 + 14 \quad \cdots ①$$ ← $143 \div 43$ ＝ 商3，余り14
$$43 = 14 \cdot 3 + 1 \quad \cdots ②$$ ← $43 \div 14$ ＝ 商3，余り1

これより，

$$1 = 43 - 14 \cdot 3$$ ← ②を1について解いた
$$= 43 - 3 \cdot (143 - 43 \cdot 3)$$ ← ①を$14 = 143 - 43 \cdot 3$と変形し代入
$$= (-3) \cdot 143 + (1+9) \cdot 43$$ ← 143と43に注目し整理
$$= (-3) \cdot 143 + 10 \cdot 43$$

よって，$143x + 43y = 1$の解のひとつは

$$(x, y) = (-3, 10)$$ ← 答えは他にもあります

(2) $5n + 29 = (n+3) \cdot 5 + 14$ ← $a = bq + r$のrが定数となるように変形（$n+3$と14の大小は考慮しなくてよい）

より，

$$g(5n+29, n+3) = g(n+3, 14)$$

よって，$g(5n+29, n+3) = 7$であるためには，$n+3$が7の倍数かつ奇数であればよい。$1 \leq n \leq 20$より，

$$n+3 = 7, 21$$ ← $n+3 = 14$はダメ!!

$$\therefore \quad n = 4, 18$$

$n+3$が7の倍数かつ偶数のときは，$g(n+3, 14) = 14$で不適!!

パターン107 ユークリッドの互除法 225

パターン 108 中国の剰余の定理

m, n が互いに素のとき
$\begin{cases} m \text{で割った余りが} a \\ n \text{で割った余りが} b \end{cases}$ ⟹ mn で割った余りはいくつか考えよ!!

いきなり例題から入ります。まずは本解を理解してください。

例題 108

3で割ると1余り，4で割ると2余るような自然数 n のうち，2桁で最大のものを求めよ。

ポイント

仮定より，x, y を整数とするとき，
$$n = 3x + 1, \ n = 4y + 2$$
← 3で割ると1余り
　4で割ると2余る

と表されます。これより，n を消去すると，x, y の1次不定方程式ができます（ パターン106 ）。

解答

仮定より，x, y を整数とするとき，
$$\begin{cases} n = 3x + 1 & \cdots ① \\ n = 4y + 2 & \cdots ② \end{cases}$$

← n を3で割ると1余るということ
← n を4で割ると2余るということ

と表される。① − ② より，　← n を消去
$$0 = 3x - 4y - 1$$
$$\therefore \ 3x - 4y = 1 \quad \cdots ③$$
← 1次不定方程式になった

ここで，
$$3 \cdot 3 - 4 \cdot 2 = 1 \quad \cdots ④$$
← ③の特殊解は $(x, y) = (3, 2)$

より，③ − ④ を計算すると，　← 並べて引く
$$3(x - 3) - 4(y - 2) = 0$$

3と4は互いに素であるから，
$$x - 3 = 4k, \ y - 2 = 3k$$

$X = x - 3, \ Y = y - 2$ とおくと，この方程式は $3X - 4Y = 0$ に帰着し，整数解は
$\quad X = 4k, \ Y = 3k \quad (k \text{は整数})$

$$\therefore \ x = 4k + 3, \ y = 3k + 2 \quad (k \text{は整数})$$

これより，
$$n = 3x + 1 = 3(4k + 3) + 1 = 12k + 10$$

これは n を12で割った余りが10であることを意味する

このような n のうち，2桁で最大のものは，$k = 7$ のときで，$n = 94$

226　パターン編

〈③からの 別解 〉

$3x - 4y = 1$ …③

mod 4 で考えると，

$3x - 4y \equiv 1 \pmod{4}$ …④

∴ $3x \equiv 1 \pmod{4}$

$9x \equiv 3 \pmod{4}$

∴ $x \equiv 3 \pmod{4}$

> ④ ⇄ ③ なので
> ④は③であるための必要条件
> であることに注意

> 両辺3倍

> $4 \equiv 0 \pmod{4}$ より，両辺y倍して
> $4y \equiv 0 \pmod{4}$

> $9 \equiv 1$ より $9x \equiv x$

よって，$x = 4k + 3$ と表せる（kは整数）。③に代入すると，

$3(4k + 3) - 4y = 1$

$-4y = -12k - 8$

∴ $y = 3k + 2$（以下，本解と同じ）

> ③が成立するように整数yを定めることができたので，十分性もOK

> yについて解いた

コメント

次の公式が知られています

――― **中国の剰余の定理** ―――

m, n を互いに素な自然数とする。m で割った余りが a かつ n で割った余りが b であるような整数 N は mn で割った余りが ? として表現される。

> 問題ごとに変わるので，自分で下のように見つける

これを使うと，前ページの **例題** の感覚的なイメージは次のようになります（共通テストでは答えだけ入ればよいので，知っておくと役に立ちます）。

(i) $3 \times 4 = 12$ なので，12で割った余りを考えると，n には12種類の場合がある。

$12k$	$12k+1$	$12k+2$	$12k+3$
$12k+4$	$12k+5$	$12k+6$	$12k+7$
$12k+8$	$12k+9$	$12k+10$	$12k+11$

(ii) (i)のうち，4で割った余りが2のものを考えると，3つにしぼられる。

$12k+2$	$12k+6$	$12k+10$

> $12k+2 = 4 \cdot 3k + 2$
> $12k+6 = 4(3k+1) + 2$
> $12k+10 = 4(3k+2) + 2$

(iii) この3つのうち，3で割った余りが1のものは

$12k + 10$

> $12k+2 = 3 \cdot 4k + 2$ (×)
> $12k+6 = 3(4k+2)$ (×)
> $12k+10 = 3(4k+3) + 1$ (○)

（以下，本解と同じ）

パターン 109 n進法

n進数 ⟷ 10進数を自由自在に!!

ふだん，日常的に使っている数の表し方は10進法といわれています。たとえば，3427は

$$3427 = 3 \times 10^3 + 4 \times 10^2 + 2 \times 10 + 7$$ ← $3000 + 400 + 20 + 7 = 3427$ ということ

という意味です。

上記において，10（赤字のところ）をnに変えた記数法を **n進法** といいます。また，n進法で表された数を **n進数** といいます。 ← 数を表現する方法のこと

---
n進法

$$a_k a_{k-1} \cdots a_{0\,(n)} = a_k \times n^k + a_{k-1} \times n^{k-1} + \cdots + a_1 \times n + a_0$$

（n）とついたらn進数を表します　　（ただし，$a_0, a_1, \cdots, a_k$ は 0以上 $n-1$以下の数）

---

n進数を10進数に直すときは，上の定義にあてはめます。

例　　$1011_{(2)} = 1 \times 2^3 + 0 \times 2^2 + 1 \times 2 + 1 = 11$ ← 2進数$1011_{(2)}$を10進数に直した

$3412_{(5)} = 3 \times 5^3 + 4 \times 5^2 + 1 \times 5 + 2$

$\qquad\quad = 375 + 100 + 5 + 2 = 482$ ← 5進数$3412_{(5)}$を10進数に直した

10進数aをn進数に直すのは少し面倒です。nで次々と割り，

---
aをnで割る　⟹　商q_1，余りr_1
q_1をnで割る　⟹　商q_2，余りr_2 ← 上の商をnで割る
q_2をnで割る　⟹　商q_3，余りr_3 ← 上の商をnで割る
　　　　　　　　　⋮　　　　　　　　　← 商が0になるまでくり返す
q_{k-1}をnで割る　⟹　商 ⓪，余りr_k

となるとき，

$$a = r_k r_{k-1} \cdots\cdots r_{1\,(n)}$$

となります。

228　パターン編

例 10進数 82 を 5 進法で表す。

答
$$\begin{cases} 82 \div 5 \Longrightarrow 商\ 16,\ 余り\ 2 & \cdots ① \\ 16 \div 5 \Longrightarrow 商\ 3,\ 余り\ 1 & \cdots ② \\ 3 \div 5 \Longrightarrow 商\ 0,\ 余り\ 3 & \cdots ③ \end{cases}$$

商が0になったらオシマイ
5で次々と割っていく

∴ $82 = 312_{(5)}$ ← 余りを下から順に(3, 1, 2の順に)並べていく

〈**数学的 原理**〉

上記計算より，
$$\begin{cases} 82 = 5 \times 16 + 2 & \cdots ① \\ 16 = 5 \times 3 + 1 & \cdots ② \end{cases}$$

③は使いません
(3<5 (商が0) ということを確認しただけ)

②を①に代入すると，
$$82 = 5 \times (5 \times 3 + 1) + 2$$
$$= 3 \times 5^2 + 1 \times 5 + 2$$ ← ということは $312_{(5)}$

例題 109

(1) 4 進数 $312_{(4)}$ を 5 進法で表せ。
(2) 10 進数の 241 を n 進法で表すと $463_{(n)}$ になった。n の値を求めよ。

ポイント

(1) いったん10進数に直してから5進数に直します。
(2) 真ん中の位の数が6なので，$n>6$ です。n に関する方程式を作ります。

解答

(1) $312_{(4)} = 3 \times 4^2 + 1 \times 4 + 2$
$= 48 + 4 + 2 = 54$

よって，54を5で次々と割っていくことにより，求める答えは
$$204_{(5)}$$

$54 \div 5 \Longrightarrow 商\ 10, 余り\ 4$
$10 \div 5 \Longrightarrow 商\ 2, 余り\ 0$
$2 \div 5 \Longrightarrow 商\ 0, 余り\ 2$

(2) 仮定より，
$$241 = 4 \times n^2 + 6 \times n + 3$$
$$2n^2 + 3n - 119 = 0$$
$$(n-7)(2n+17) = 0$$

n は 6 より大きい整数であるから，$n = 7$

チャレンジ 1 易 6分

方程式 $2(x-2)^2 = |3x-5|$ …① を考える。

(1) 方程式①の解のうち, $x < \dfrac{5}{3}$ を満たす解は

$x = \boxed{ア}$, $\dfrac{\boxed{イ}}{\boxed{ウ}}$ である。

(2) 方程式①の解は全部で $\boxed{エ}$ 個ある。その解のうちで最大のものを α とすると, $m \leq \alpha < m+1$ を満たす整数 m は $\boxed{オ}$ である。

ポイント

絶対値が1つなので, パターン10 の公式に当てはめればオシマイです。

解答

これは常に成立するので考えなくてよい

① $\Leftrightarrow$ $2(x-2)^2 \geq 0$ かつ $2(x-2)^2 = \pm(3x-5)$
 $\Leftrightarrow$ $2(x-2)^2 = \pm(3x-5)$

$|X| = Y$
$\Leftrightarrow Y \geq 0$ かつ $X = \pm Y$
(パターン10)

CASE1 $2(x-2)^2 = 3x-5$ のとき 展開して整理
$2x^2 - 11x + 13 = 0$
$\therefore\ x = \dfrac{11 \pm \sqrt{17}}{4}$ 解の公式

CASE2 $2(x-2)^2 = -(3x-5)$ のとき 展開して整理
$2x^2 - 5x + 3 = 0$
$(x-1)(2x-3) = 0$ タスキカケ(パターン2)
$\therefore\ x = 1, \dfrac{3}{2}$

ポイント
解答欄の形から
$x = \dfrac{11 \pm \sqrt{17}}{4}$ は $x < \dfrac{5}{3}$
を満たさないことがわかるので, チェックする必要はありません

(1) $\boxed{ア \sim ウ}$ $x < \dfrac{5}{3}$ を満たす解は $x = 1, \dfrac{3}{2}$

(2) $\boxed{エ, オ}$ ①の解は全部で4個ある。
解のうち最大のもの α は
$\alpha = \dfrac{11+\sqrt{17}}{4}$ であり, $m \leq \alpha < m+1$
を満たす整数 m は $m = 3$

$4 < \sqrt{17} < 5$ より
$\dfrac{15}{4} < \dfrac{11+\sqrt{17}}{4} < 4$ (パターン8)

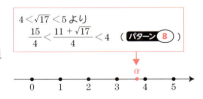

チャレンジ 2

易　6分

$a = 3 + 2\sqrt{2}$, $b = 2 + \sqrt{3}$ とすると

$$\frac{1}{a} = \boxed{ア} - \boxed{イ}\sqrt{\boxed{ウ}}$$

$$\frac{1}{b} = \boxed{エ} - \sqrt{\boxed{オ}}$$

$$\frac{a}{b} - \frac{b}{a} = \boxed{カ}\sqrt{\boxed{キ}} - \boxed{ク}\sqrt{\boxed{ケ}}$$

である。このとき，不等式

$$|2abx - a^2| < b^2$$

を満たす x の値の範囲は

$$\boxed{コ}\sqrt{\boxed{サ}} - \boxed{シ}\sqrt{\boxed{ス}} < x < \boxed{セ} - \boxed{ソ}\sqrt{\boxed{タ}}$$

となる。

ポイント

ア～オ は有理化の問題です。コ～タ は パターン10 の公式。

また，カ～ケ の式の左辺を通分すると，

$$\frac{a}{b} - \frac{b}{a} = \frac{a^2 - b^2}{ab}$$

なので，コ～タ の計算でこれを利用します。

解答

ア～ケ

$$\frac{1}{a} = \frac{1}{3 + 2\sqrt{2}} \times \frac{3 - 2\sqrt{2}}{3 - 2\sqrt{2}} = 3 - 2\sqrt{2}$$

$$\frac{1}{b} = \frac{1}{2 + \sqrt{3}} \times \frac{2 - \sqrt{3}}{2 - \sqrt{3}} = 2 - \sqrt{3}$$

← 有理化

であるから，

$$\frac{a}{b} - \frac{b}{a} = a \cdot \frac{1}{b} - b \cdot \frac{1}{a}$$　← 上の計算が使えるように変形

$$= (3 + 2\sqrt{2})(2 - \sqrt{3}) - (2 + \sqrt{3})(3 - 2\sqrt{2})$$

$$= (6 - 3\sqrt{3} + 4\sqrt{2} - 2\sqrt{6}) - (6 - 4\sqrt{2} + 3\sqrt{3} - 2\sqrt{6})$$

$$= 8\sqrt{2} - 6\sqrt{3}$$

コ～タ

$$|2abx - a^2| < b^2$$
$$-b^2 < 2abx - a^2 < b^2$$
$$a^2 - b^2 < 2abx < a^2 + b^2$$
$$\frac{a^2-b^2}{2ab} < x < \frac{a^2+b^2}{2ab}$$

パターン⑩ の公式

$2ab>0$より，両辺を$2ab$で割っても不等号の向きは変わらない

ここで，

$$\frac{a^2-b^2}{2ab} = \frac{1}{2}\left(\frac{a}{b} - \frac{b}{a}\right) = 4\sqrt{2} - 3\sqrt{3}$$

カ～ケを利用

$$\frac{a^2+b^2}{2ab} = \frac{1}{2}\left(\frac{a}{b} + \frac{b}{a}\right)$$
$$= \frac{1}{2}\left(a \cdot \frac{1}{b} + b \cdot \frac{1}{a}\right)$$

カ～ケと同様の計算にもちこむ

$$= \frac{1}{2}\{(3+2\sqrt{2})(2-\sqrt{3}) + (2+\sqrt{3})(3-2\sqrt{2})\}$$

カ～ケとはこの部分の符号だけ違う

$$= \frac{1}{2}\{(6-3\sqrt{3}+4\sqrt{2}-2\sqrt{6}) + (6-4\sqrt{2}+3\sqrt{3}-2\sqrt{6})\}$$
$$= 6 - 2\sqrt{6}$$

であるから，

$$4\sqrt{2} - 3\sqrt{3} < x < 6 - 2\sqrt{6}$$

チャレンジ 3

無理数全体の集合を A とする。このとき，

命題「$x \in A$, $y \in A$ ならば，$x + y \in A$ である」が偽であることを示すための反例となる x, y の組を，次の⓪〜⑤のうちから二つ選べ。必要ならば，$\sqrt{2}$, $\sqrt{3}$, $\sqrt{2} + \sqrt{3}$ が無理数であることを用いてもよい。ただし，解答の順序は問わない。ア，イ

- ⓪ $x = \sqrt{2}$, $y = 0$
- ① $x = 3 - \sqrt{3}$, $y = \sqrt{3} - 1$
- ② $x = \sqrt{3} + 1$, $y = \sqrt{2} - 1$
- ③ $x = \sqrt{4}$, $y = -\sqrt{4}$
- ④ $x = \sqrt{8}$, $y = 1 - 2\sqrt{2}$
- ⑤ $x = \sqrt{2} - 2$, $y = \sqrt{2} + 2$

ポイント

命題 $p \Rightarrow q$ の反例は，p(仮定)は正しいが，q(結論)は正しくないもののことです。⓪〜⑤のそれぞれについて，p, q が正しいかどうかを調べます。

解答

	$x \in A$, $y \in A$	$x + y \in A$
⓪	正しくない	$x + y = \sqrt{2}$ より正しい
①	正しい	$x + y = 2$ より正しくない
②	正しい	$x + y = \sqrt{3} + \sqrt{2}$ より正しい
③	正しくない	$x + y = 0$ より正しくない
④	正しい	$x + y = 1$ より正しくない
⑤	正しい	$x + y = 2\sqrt{2}$ より正しい

よって，ア，イ ＝ ①，④

チャレンジ 4

a は実数とし,b は 0 でない実数とする。a と b に関係する条件 p,q,r を次のように定める。

p: a,b はともに有理数である

q: $a+b$,ab はともに有理数である

r: $\dfrac{a}{b}$ は有理数である

(1) 次の ア に当てはまるものを,下の ⓪〜③ のうちから一つ選べ。
　　条件 p の否定 $\overline{p}$ は ア である。

 ⓪ 「a,b はともに有理数である」
 ① 「a,b はともに無理数である」
 ② 「a,b の少なくとも一方は有理数である」
 ③ 「a,b の少なくとも一方は無理数である」

(2) 次の イ に当てはまるものを,下の ⓪〜③ のうちから一つ選べ。
　　条件「q かつ r」は条件 p が成り立つための イ 。

 ⓪ 必要十分条件である
 ① 必要条件であるが十分条件ではない
 ② 十分条件であるが必要条件ではない
 ③ 必要条件でも十分条件でもない

(3) 次の ⓪〜⑦ のうち,正しいものは ウ である。

 ⓪ 「$p \Rightarrow q$」は真,「$p \Rightarrow q$」の逆は真,「$p \Rightarrow q$」の対偶は真である。
 ① 「$p \Rightarrow q$」は真,「$p \Rightarrow q$」の逆は真,「$p \Rightarrow q$」の対偶は偽である。
 ② 「$p \Rightarrow q$」は真,「$p \Rightarrow q$」の逆は偽,「$p \Rightarrow q$」の対偶は真である。
 ③ 「$p \Rightarrow q$」は真,「$p \Rightarrow q$」の逆は偽,「$p \Rightarrow q$」の対偶は偽である。
 ④ 「$p \Rightarrow q$」は偽,「$p \Rightarrow q$」の逆は真,「$p \Rightarrow q$」の対偶は真である。
 ⑤ 「$p \Rightarrow q$」は偽,「$p \Rightarrow q$」の逆は真,「$p \Rightarrow q$」の対偶は偽である。
 ⑥ 「$p \Rightarrow q$」は偽,「$p \Rightarrow q$」の逆は偽,「$p \Rightarrow q$」の対偶は真である。
 ⑦ 「$p \Rightarrow q$」は偽,「$p \Rightarrow q$」の逆は偽,「$p \Rightarrow q$」の対偶は偽である。

ポイント

(1) 「すべて」の否定は「少なくとも」（パターン15）。

(2) 有理数は四則演算について閉じているので（パターン16），p ならば「q かつ r」は明らかに真。あとは，逆が成り立つかどうか考えます。

(3) 対偶はもとの命題と真偽が一致するので（パターン15），

$p \Rightarrow q$ の真偽と $p \Rightarrow q$ の逆の真偽

のみ調べます。(2)と集合の包含関係を利用します。

ということは答は…
①，②，⑤，⑦
のどれかです

解答

(1) p の否定 $\overline{p}$ は，

a, b の少なくとも一方は無理数である

なので，答は③

「すべて」の否定は「少なくとも」（パターン15）

(2) 有理数は，四則演算について閉じているので

「q かつ r」$\Longleftarrow p$

は真。一方，逆は偽。

反例はたくさんあります

反例は，$a = \sqrt{2}$, $b = -\sqrt{2}$
$a+b = 0$, $ab = -2$, $\dfrac{a}{b} = -1$
なので，「q かつ r」は成り立つが，
p は成り立たない。

反例の見つけ方

「q かつ r」が成り立つとき
$ab = \dfrac{有}{有}$, $\dfrac{a}{b} = \dfrac{有}{有}$
これより
$a^2 = \dfrac{有}{有} \times \dfrac{有}{有}$, $b^2 = \dfrac{有}{有}$
だから
a, b は2乗すると有理数にならなければいけない!!
よって
そのようなものの中で反例を探します

したがって，答は①

(3) (2)より，右下図の包含関係がある。
したがって，

$\begin{cases} p \Rightarrow q \text{ は真} \\ p \Rightarrow q \text{ の逆 (つまり } p \Leftarrow q \text{) は偽} \\ p \Rightarrow q \text{ の対偶は真} \end{cases}$

これより，求める答は②

真偽は一致する（パターン15）

「qかつr」$\underset{\bigcirc}{\overset{\times}{\rightleftarrows}} p$

反例は $a = \sqrt{2}$, $b = -\sqrt{2}$
((2)と同じものが反例になります)

チャレンジ 5   標準 6分

実数aに関する条件p, q, rを次のように定める。

$p : a^2 \geqq 2a + 8$

$q : a \leqq -2$ または $a \geqq 4$

$r : a \geqq 5$

(1) 次の ア に当てはまるものを、下の⓪～③のうちから1つ選べ。

qはpであるための ア 。

⓪ 必要十分条件である
① 必要条件であるが、十分条件でない
② 十分条件であるが、必要条件でない
③ 必要条件でも十分条件でもない

(2) 条件qの否定を$\overline{q}$、条件rの否定を$\overline{r}$で表す。

次の イ , ウ に当てはまるものを、下の⓪～③のうちから1つずつ選べ。ただし、同じものをくり返し選んでもよい。

命題「pならば イ 」は真である。

命題「 ウ ならばp」は真である。

⓪ qかつ$\overline{r}$
① qまたは$\overline{r}$
② $\overline{q}$かつr
③ $\overline{q}$または$\overline{r}$

ポイント

(1) 条件pは、

$a^2 \geqq 2a + 8$

$\Leftrightarrow \ a^2 - 2a - 8 \geqq 0$

$\Leftrightarrow \ (a-4)(a+2) \geqq 0$

$\Leftrightarrow \ a \leqq -2$ または $a \geqq 4$ ← 不等式を解いただけ

なので、qと同じです。よって、pとqは同値になります。

(2)は集合の包含関係で判断（ パターン 13 ）すれば、瞬殺!!

(1) q は p であるための必要十分条件。 ア ＝ ⓪

(2) p と ⓪ から ③ を数直線上に図示すると，下のようになる。

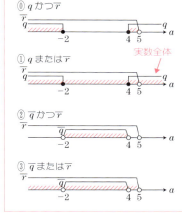

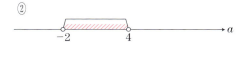

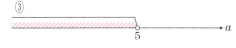

イについて

「p ならば イ 」が真なので 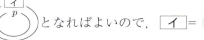 となればよいので， イ ＝ ①

ウについて

「 ウ ならば p」が真なので 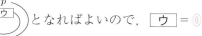 となればよいので， ウ ＝ ⓪

コメント

一般に，A，B を集合とするとき，
$\begin{cases} A \cap B \text{ は } A \text{ に含まれる} \\ A \cup B \text{ は } A \text{ を含む} \end{cases}$

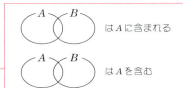

ので，p と q が同値であることを使うと，
$$q \cap \overline{r} = p \cap \overline{r}$$
は p に含まれ，
$$q \cup \overline{r} = p \cup \overline{r}$$
は p を含むことがわかります。 ← これより，イ，ウ が求まる

チャレンジ6

　関数 $f(x) = a(x-p)^2 + q$ について，$y = f(x)$ のグラフをコンピュータのグラフ表示ソフトを用いて表示させる。

　このソフトでは，a, p, q の値を入力すると，その値に応じたグラフが表示される。さらに，それぞれの □ の下ににある●を左に動かすと値が減少し，右に動かすと値が増加するようになっており，値の変化に応じて関数のグラフが画面上で変化する仕組みになっている。

　最初に，a, p, q をある値に定めたところ，図のように，x 軸の負の部分と 2 点で交わる下に凸の放物線が表示された。

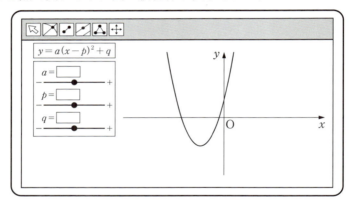

(1) 図の放物線を表示させる a, p, q の値に対して，方程式 $f(x) = 0$ の解について正しく記述したものを，次の⓪〜④のうちから一つ選べ。 ア

　⓪　方程式 $f(x) = 0$ は異なる二つの正の解をもつ。

　①　方程式 $f(x) = 0$ は異なる二つの負の解をもつ。

　②　方程式 $f(x) = 0$ は正の解と負の解をもつ。

　③　方程式 $f(x) = 0$ は重解をもつ。

　④　方程式 $f(x) = 0$ は実数解をもたない。

(2) 次の操作 A，操作 P，操作 Q のうち，いずれか一つの操作を行い，不等式 $f(x) > 0$ の解を考える。

操作A：図の状態から p, q の値は変えず，a の値だけを変化させる。
操作P：図の状態から a, q の値は変えず，p の値だけを変化させる。
操作Q：図の状態から a, p の値は変えず，q の値だけを変化させる。

このとき，操作A，操作P，操作Qのうち，「不等式 $f(x) > 0$ の解がすべての実数となること」が起こり得る操作は イ 。また，「不等式 $f(x) > 0$ の解がないこと」が起こり得る操作は ウ 。

イ ， ウ に当てはまるものを，次の⓪～⑦のうちから一つずつ選べ。ただし，同じものを選んでもよい。

⓪ ない
① 操作Aだけである
② 操作Pだけである
③ 操作Qだけである
④ 操作Aと操作Pだけである
⑤ 操作Aと操作Qだけである
⑥ 操作Pと操作Qだけである
⑦ 操作Aと操作Pと操作Qのすべてである

ポイント

(2) 操作A 頂点 (p, q) は動かず，グラフの開き方(形)のみ変わります（パターン20）。

操作P ， 操作Q a の値は変わらないので，グラフの開き方(形)は変わりません。 操作P は p のみ動くので，頂点の y 座標は変わりません。グラフは左右に動きます。

同様に， 操作Q は，頂点の x 座標は変わりません。この場合，グラフは上下に動きます。

解答

(1) ① (ア) ← $f(x)=0$ の解は, $y=f(x)$ と x 軸の共有点(パターン 26)

(2)
操作 A

頂点は動かず, グラフの開き方が変わる(パターン 20)

p, q の値は変えず, a の値だけ変化させるとグラフは右のように変化する。

この場合,「不等式 $f(x)>0$ の解がすべての実数 x となること」は起こり得ず,「不等式 $f(x)>0$ の解がないこと」は起こり得る(赤のグラフのとき)。

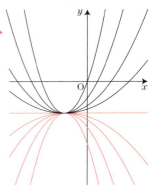

操作 P

a, q の値は変えず, p の値だけ変化させるとグラフは右のように変化する。

この場合,「不等式 $f(x)>0$ の解がすべての実数 x となること」は起こり得ず,「不等式 $f(x)>0$ の解がないこと」も起こり得ない。

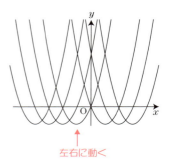

左右に動く

操作 Q

a, p の値は変えず, q の値だけ変化させるとグラフは右のように変化する。

この場合,「不等式 $f(x)>0$ の解がすべての実数 x となること」は起こり得る(赤のグラフのとき)が,「不等式 $f(x)>0$ の解がないこと」は起こり得ない。

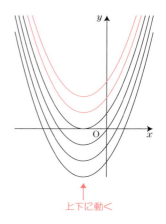

上下に動く

以上より,
　　イ ＝ ③,　　ウ ＝ ①

チャレンジ 7

数学の授業で，2次関数 $y = ax^2 + bx + c$ についてコンピュータのグラフ表示ソフトを用いて考察している。

このソフトでは，図の画面上の A ， B ， C にそれぞれ係数 a, b, c の値を入力すると，その値に応じたグラフが表示される。さらに， A ， B ， C それぞれの下にある●を左に動かすと係数の値が減少し，右に動かすと係数の値が増加するようになっており，値の変化に応じて2次関数のグラフが座標平面上を動く仕組みになっている。

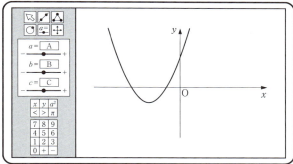

このとき，次の問いに答えよ。

(1) はじめに，図の画面のように，頂点が第3象限にあるグラフが表示された。このときの a, b, c の値の組合せとして最も適当なものを，右の⓪〜⑤のうちから一つ選べ。 ア

	a	b	c
⓪	2	1	3
①	2	-1	3
②	-2	3	-3
③	$\dfrac{1}{2}$	3	3
④	$\dfrac{1}{2}$	-3	3
⑤	$-\dfrac{1}{2}$	3	-3

(2) 次に，a，b の値を(1)の値のまま変えずに，c の値だけを変化させた。このときの頂点の移動について正しく述べたものを，次の⓪〜③のうちから一つ選べ。 イ

⓪ 最初の位置から移動しない。　① x 軸方向に移動する。
② y 軸方向に移動する。　　　③ 原点を中心として回転移動する。

(3) また，b，c の値を(1)の値のまま変えずに，a の値だけをグラフが下に凸の状態を維持するように変化させた。このとき，頂点は，$a = \dfrac{b^2}{4c}$ のときは ウ にあり，それ以外のときは エ を移動した。 ウ ，エ に当てはまるものを，次の⓪〜⑧のうちから一つずつ選べ。ただし，同じものを選んでもよい。

⓪ 原点　　　　　　　　① x 軸上　　　　　　② y 軸上
③ 第3象限のみ　　　　④ 第1象限と第3象限
⑤ 第2象限と第3象限　　⑥ 第3象限と第4象限
⑦ 第2象限と第3象限と第4象限　　⑧ すべての象限

🔴ポイント

(1)は，**パターン㉙** です。グラフから a，b，c の符号を決定します。これで選択肢が①または③に絞れるので，あとは判別式を利用します。

(2)は，(1)より，$a = \dfrac{1}{2}$，$b = 3$ とわかります。2次関数を平方完成し，頂点の座標の動きを調べます。

(3)も同様です。(1)より，$b = 3$，$c = 3$ なので，平方完成します。グラフが下に凸の状態を維持するので，$a > 0$ に注意してください。

242　チャレンジ編

解答

(1) **ア** グラフより，

$a > 0, \ c > 0$ ← グラフが下に凸なので $a>0$ / y切片が正なので $c>0$

であり，

$(軸) = -\dfrac{b}{2a} < 0$ より，$b > 0$ ← $a>0, \ b>0, \ c>0$ なので ⓪か③が答え → パターン29

両辺を $-2a(<0)$ 倍すると，不等号の向きは逆になる

また，x 軸と異なる2点で交わるので，$b^2 - 4ac > 0$

よって，③ ← ⓪は不適

(2) **イ** $a = \dfrac{1}{2}, \ b = 3$ より，

$y = \dfrac{1}{2}x^2 + 3x + c$ ← グラフは上下に動く

$= \dfrac{1}{2}(x+3)^2 - \dfrac{9}{2} + c$ ← 平方完成

よって，頂点の x 座標は -3 (一定) で，頂点の y 座標のみ変化するので (右図)，求める答は ②

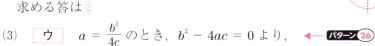

(3) **ウ** $a = \dfrac{b^2}{4c}$ のとき，$b^2 - 4ac = 0$ より， ← パターン26

グラフは x 軸に接する。よって，①

エ $b = 3, \ c = 3$ より，

$y = ax^2 + 3x + 3$

$= a\left(x + \dfrac{3}{2a}\right)^2 - \dfrac{9}{4a} + 3$ ← 平方完成

ここで，$a > 0$ より

$\begin{cases} (頂点の \ x \ 座標) = -\dfrac{3}{2a} < 0 & \leftarrow a>0 \text{より，} -\dfrac{3}{2a}<0 \\ (頂点の \ y \ 座標) = -\dfrac{9}{4a} + 3 \ \text{は正の値も負の値もとる。} \end{cases}$

よって，⑤

$a \neq \dfrac{b^2}{4c}$ より，頂点の y 座標は 0 にはなりません

たとえば
$a = 1$ のとき $-\dfrac{9}{4a} + 3 > 0$
$a = \dfrac{1}{4}$ のとき $-\dfrac{9}{4a} + 3 < 0$

チャレンジ 8

標準 14分

a, b, c を定数とし, $a \neq 0, b \neq 0$ とする. x の 2 次関数
$$y = ax^2 + bx + c \quad \cdots ①$$
のグラフを G とする.

G が $y = -3x^2 + 12bx$ のグラフと同じ軸をもつとき
$$a = \frac{\boxed{アイ}}{\boxed{ウ}} \quad \cdots ②$$
となる. さらに, G が点 $(1, 2b-1)$ を通るとき
$$c = b - \frac{\boxed{エ}}{\boxed{オ}} \quad \cdots ③$$
が成り立つ.

以下, ②, ③のとき, 2 次関数①とそのグラフ G を考える.

(1) G と x 軸が異なる 2 点で交わるような b の値の範囲は
$$b < \frac{\boxed{カキ}}{\boxed{ク}}, \quad \frac{\boxed{ケ}}{\boxed{コ}} < b$$
である. さらに, G と x 軸の正の部分が異なる 2 点で交わるような b の値の範囲は
$$\frac{\boxed{サ}}{\boxed{シ}} < b < \frac{\boxed{ス}}{\boxed{セ}} \text{ である.}$$

(2) $b > 0$ とする.

$0 \leq x \leq b$ における 2 次関数①の最小値が $-\dfrac{1}{4}$ であるとき, $b = \dfrac{\boxed{ソ}}{\boxed{タ}}$ である. 一方, $x \geq b$ における 2 次関数①の最大値が 3 であるとき, $b = \dfrac{\boxed{チ}}{\boxed{ツ}}$ である.

$b = \dfrac{\boxed{ソ}}{\boxed{タ}}, b = \dfrac{\boxed{チ}}{\boxed{ツ}}$ のときの①のグラフをそれぞれ G_1, G_2 とする. G_1 を x 軸方向に $\boxed{テ}$, y 軸方向に $\boxed{ト}$ だけ平行移動すれば, G_2 と一致する.

ポイント

(1)は解の配置の問題なので, パターン35, パターン36 です. (2) の ソ〜ツ は最大, 最小なのでグラフをかいて判断!! (パターン21, パターン22).

テ, ト は頂点の座標に注目します (パターン20).

解答

ア〜オ

$$y = -3x^2 + 12bx = -3(x-2b)^2 + 12b^2$$

これが G と同じ軸をもつとき，G の軸は $-\dfrac{b}{2a}$（パターン26）

$$-\dfrac{b}{2a} = 2b$$

$$\therefore \quad a = \dfrac{-1}{4} \quad \cdots ②$$

計算部分：$b \neq 0$ より，両辺を b で割ると，
$$-\dfrac{1}{2a} = 2$$
$$\therefore \quad a = -\dfrac{1}{4}$$

さらに，G が点 $(1, 2b-1)$ を通るとき，

$$2b - 1 = -\dfrac{1}{4} \cdot 1^2 + b \cdot 1 + c$$

$$\therefore \quad c = b - \dfrac{3}{4} \quad \cdots ③$$

$a = -\dfrac{1}{4}$ より
$G : y = -\dfrac{1}{4}x^2 + bx + c$
これに $(1, 2b-1)$ を代入した

②, ③ のとき，

$$G : y = -\dfrac{1}{4}x^2 + bx + b - \dfrac{3}{4}$$

(1) カ〜コ

判別式を D とするとき，$D > 0$ となればよい。よって，

$$\dfrac{D}{4} = (-2b)^2 - (-4b+3) > 0$$

$$4b^2 + 4b - 3 > 0$$

$$(2b-1)(2b+3) > 0$$

$$\therefore \quad b < \dfrac{-3}{2}, \quad \dfrac{1}{2} < b$$

ポイント

$-\dfrac{1}{4}x^2 + bx + b - \dfrac{3}{4} = 0$ を
$x^2 - 4bx - 4b + 3 = 0$
と変形してから計算した
ほうがカンタン!!

サ〜セ

$f(x) = x^2 - 4bx - 4b + 3$ とおく。

条件は ← パターン36

$$\begin{cases} ㋐ \quad D > 0 \quad \leftarrow \text{カ〜コ} \\ ㋑ \quad (軸) > 0 \quad \Leftrightarrow \quad 2b > 0 \\ ㋒ \quad f(0) > 0 \quad \Leftrightarrow \quad -4b + 3 > 0 \end{cases}$$

よって，

$$\dfrac{1}{2} < b < \dfrac{3}{4}$$

コメント パターン㉟ を使って求めることもできます。

別解 サ〜セ

$y = f(x)$ と x 軸との共有点の x 座標を α, β とおくと,条件は

$$\begin{cases} ⑦ \quad D > 0 \\ ⑧ \quad \alpha + \beta > 0 \Leftrightarrow 4b > 0 \\ ⑨ \quad \alpha\beta > 0 \Leftrightarrow -4b + 3 > 0 \end{cases}$$

> α, β は2次方程式 $x^2 - 4bx - 4b + 3 = 0$ の解なので,解と係数の関係より $\alpha + \beta = 4b$, $\alpha\beta = -4b + 3$

これより,（本解と同じ条件になっているので数直線は前ページと同じ）

$$\frac{1}{2} < b < \frac{3}{4}$$

(2) 平方完成すると,

$$y = -\frac{1}{4}x^2 + bx + b - \frac{3}{4}$$

$$= -\frac{1}{4}(x - 2b)^2 + b^2 + b - \frac{3}{4} \quad \text{← これを } g(x) \text{ とおく}$$

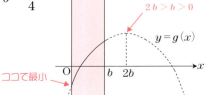

ソ, タ

$x = 0$ で最小であるから,条件は

$$b - \frac{3}{4} = -\frac{1}{4} \quad (g(0))$$

$$\therefore \quad b = \frac{1}{2}$$

チ, ツ

頂点で最大であるから,条件は（頂点の y 座標が3）

$$b^2 + b - \frac{3}{4} = 3$$

$$4b^2 + 4b - 15 = 0$$

$$(2b - 3)(2b + 5) = 0$$

$$\therefore \quad b = \frac{3}{2} \quad \leftarrow b > 0 \text{ より } b = -\frac{5}{2} \text{ は不適}$$

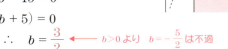

テ, ト

G_1 の頂点の座標は $(1, 0)$ ← $b = \frac{1}{2}$ を代入

G_2 の頂点の座標は $(3, 3)$ ← $b = \frac{3}{2}$ を代入

> G の頂点の座標は $\left(2b,\ b^2 + b - \dfrac{3}{4}\right)$

よって,G_1 を x 軸方向に2, y 軸方向に3だけ平行移動すれば G_2 と一致する。← 例題⑳ (2)と同じ

チャレンジ 9 標準 14分

a を定数とし，x の 2 次関数
$$y = 2x^2 - 4(a+1)x + 10a + 1 \quad \cdots ①$$
のグラフを G とする。

グラフ G の頂点の座標を a を用いて表すと
$$(a + \boxed{ア},\ \boxed{イウ}a^2 + \boxed{エ}a - \boxed{オ})$$
である。

(1) グラフ G が x 軸と接するのは
$$a = \frac{\boxed{カ} \pm \sqrt{\boxed{キ}}}{\boxed{ク}}$$
のときである。

(2) 2 次関数 ① の $-1 \leqq x \leqq 3$ における最小値を m とする。
$$m = \boxed{イウ}a^2 + \boxed{エ}a - \boxed{オ}$$
となるのは
$$\boxed{ケコ} \leqq a \leqq \boxed{サ}$$
のときである。また
$$a < \boxed{ケコ} \text{ のとき } m = \boxed{シス}a + \boxed{セ}$$
$$\boxed{サ} < a \text{ のとき } m = \boxed{ソタ}a + \boxed{チ}$$
である。

したがって，$m = \dfrac{7}{9}$ となるのは
$$a = \frac{\boxed{ツ}}{\boxed{テ}},\ \frac{\boxed{トナ}}{\boxed{ニ}}$$
のときである。

ポイント

$\boxed{ア \sim オ}$ で頂点の座標が求まっているので，(1) は

$$(\text{頂点の } y \text{ 座標}) = 0$$

←（判別式）＝ 0 よりも速い!!

で求めます。

(2) は，例題 ㉑ とほぼ同じです。場合分けして最小値を求めて，a の方程式を作ります。

ア～オ

$y = 2x^2 - 4(a+1)x + 10a + 1$ ← $f(x)$ とおく
$= 2\{x^2 - 2(a+1)x\} + 10a + 1$
$= 2\{x - (a+1)\}^2 - 2(a+1)^2 + 10a + 1$
$= 2\{x - (a+1)\}^2 - 2a^2 + 6a - 1$

平方完成（パターン19）

より，Gの頂点の座標は，$(a+1,\ -2a^2 + 6a - 1)$

(1) カ～ク

（頂点のy座標）$= 0$ ← $D = 0$ でもOK

となればよい．よって，

$-2a^2 + 6a - 1 = 0$

∴ $a = \dfrac{3 \pm \sqrt{7}}{2}$ ← $2a^2 - 6a + 1 = 0$と変形して解の公式

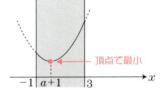

頂点で最小

(2) ケ～チ

$m = -2a^2 + 6a - 1$

となるのは，

$-1 \leqq a + 1 \leqq 3$ ← 頂点で最小となるのはいつなのか？と聞いているので，区間内に頂点があるとき，と答えればよい

∴ $-2 \leqq a \leqq 2$

のときである．また，

$a < -2$ のとき，← $a+1 < -1$ を解いた
$m = f(-1) = 14a + 7$
$a > 2$ のとき，← $a+1 > 3$ を解いた
$m = f(3) = -2a + 7$

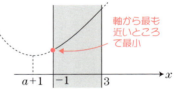

軸から最も近いところで最小

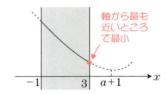

軸から最も近いところで最小

◇ここで検算!!（p.55参照）

- $a = 2$ のとき
  $m = -2a^2 + 6a - 1 = -2 \cdot 2^2 + 6 \cdot 2 - 1 = 3$
  $m = -2a + 7 = -2 \cdot 2 + 7 = 3$
  同じ値

- $a = -2$ のとき
  $m = -2a^2 + 6a - 1 = -2 \cdot (-2)^2 + 6 \cdot (-2) - 1 = -21$
  $m = 14a + 7 = 14 \cdot (-2) + 7 = -21$
  同じ値

ツ〜ニ

① $-2 \leqq a \leqq 2$ のとき,
条件は,
$$-2a^2 + 6a - 1 = \frac{7}{9}$$ ← これが（最小値）＝$\frac{7}{9}$ という方程式
$$-18a^2 + 54a - 9 = 7$$ 両辺9倍
$$-18a^2 + 54a - 16 = 0$$
$$9a^2 - 27a + 8 = 0$$
$$(3a - 1)(3a - 8) = 0$$
$$\therefore \quad a = \frac{1}{3}, \ \frac{8}{3}$$

$$\begin{array}{r} 3 \diagup -1 \longrightarrow -3 \\ 3 \diagup -8 \longrightarrow -24 \\ \hline -27 \end{array}$$
タスキガケ（パターン ②）

$-2 \leqq a \leqq 2$ より, $a = \dfrac{1}{3}$ のみ適。

② $a < -2$ のとき,
条件は,
$$14a + 7 = \frac{7}{9}$$ ← これが（最小値）＝$\frac{7}{9}$ という方程式
$$2a + 1 = \frac{1}{9}$$ 両辺を7で割る
$$2a = -\frac{8}{9}$$
$$\therefore \quad a = -\frac{4}{9} \quad (\text{これは} a < -2 \text{に不適})$$

③ $a > 2$ のとき,
条件は,
$$-2a + 7 = \frac{7}{9}$$ ← これが（最小値）＝$\frac{7}{9}$ という方程式
$$-2a = \frac{-56}{9}$$
$$\therefore \quad a = \frac{28}{9} \quad (\text{これは} a > 2 \text{に適})$$

以上より, $a = \dfrac{1}{3}, \ \dfrac{28}{9}$

チャレンジ 10

やや難 12分

○○高校の生徒会では，文化祭でTシャツを販売し，その利益をボランティア団体に寄付する企画を考えている。生徒会執行部では，できるだけ利益が多くなる価格を決定するために，次のような手順で考えることにした。

―― 価格決定の手順 ――

(i) アンケート調査の実施

　200人の生徒に，「Tシャツ1枚の価格がいくらまでであればTシャツを購入してもよいと思うか」について尋ね，500円，1000円，1500円，2000円の四つの金額から一つを選んでもらう。

(ii) 業者の選定

　無地のTシャツ代とプリント代を合わせた「製作費用」が最も安い業者を選ぶ。

(iii) Tシャツ1枚の価格の決定

　価格は「製作費用」と「見込まれる販売数」をもとに決めるが，販売時に釣り銭の処理で手間取らないよう50の倍数の金額とする。

下の表1は，アンケート調査の結果である。生徒会執行部では，例えば，<u>価格が1000円のときには1500円や2000円と回答した生徒も1枚購入すると考えて</u>㋐，それぞれの価格に対し，その価格以上の金額を回答した生徒の人数を「累積人数」として表示した。

表1

Tシャツ1枚の価格(円)	人数(人)	累積人数(人)
2000	50	50
1500	43	93
1000	61	154
500	46	200

このとき，次の問いに答えよ。

(1) 売上額は

　　(売上額)＝(Tシャツ1枚の価格)×(販売数)

と表せるので，生徒会執行部では，アンケートに回答した200人の生徒について，調査結果をもとに，**表1**にない価格の場合についても販売数を予測することにした。そのために，Tシャツ1枚の価格をx円，このときの販売数をy枚とし，xとyの関係を調べることにした。

表1のTシャツ1枚の価格と ア の値の組を(x, y)として座標平面上に表すと，その4点が直線に沿って分布しているように見えたので，この直線を，Tシャツ1枚の価格xと販売数yの関係を表すグラフとみなすことにした。

このとき，yはxの イ であるので，売上額を$S(x)$とおくと，$S(x)$はxの ウ である。このように考えると，**表1**にない価格の場合についても売上額を予測することができる。

ア ， イ ， ウ に入るものとして最も適当なものを，次の⓪〜⑥のうちから一つずつ選べ。ただし，同じものを繰り返し選んでもよい。

⓪　人数　　　①　累積人数　　　②　製作費用　　　③　比例
④　反比例　　⑤　1次関数　　　⑥　2次関数

生徒会執行部が(1)で考えた直線は，**表1**を用いて座標平面上にとった4点のうちxの値が最小の点と最大の点を通る直線である。この直線を用いて，次の問いに答えよ。

(2) 売上額$S(x)$が最大になるxの値を求めよ。 エオカキ

(3) Tシャツ1枚当たりの「製作費用」が400円の業者に120枚を依頼することにしたとき，利益が最大になるTシャツ1枚の価格を求めよ。
 クケコサ 円

ポイント

(1) ア 　yは販売数です。(1)では，Tシャツの在庫は十分にあると考えられます。よって，下線部分Ⓐより，(1)においては「累積人数」を販売数とみなすことができます。(「累積人数」の分だけTシャツの需要があり，(需要)=(販売数)とみなせる)

ウ （売上額）=（Tシャツ1枚の価格）×（販売数）なので，
$$S(x) = xy$$
です。**イ** より，y は x の1次関数とわかるので，$S(x)$ は x の2次関数となります。

(2) 販売数 y を表す直線の方程式を求めて，$S(x)$ を決定します。あとは，2次関数の最大値を求めます。

解答

(1) **ア，イ** y は販売数であり，Tシャツの在庫が十分にある場合，販売数は累積人数とみなすことができる（**ア** = ①）。表1のTシャツ1枚の価格 x と累積人数 y の値の組 (x, y) を座標平面上にとると，4点が直線に沿って分布しているように見えるので，**イ** = ⑤。

ウ **イ** より，$y = ax + b$ とおける。
よって，$S(x) = xy = x(ax + b)$
よって，**ウ** = ⑥

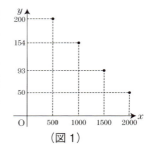
（図1）

(2) **エ〜キ**
（図1）において，x が最大の点 $(2000, 50)$ と最小の点 $(500, 200)$ を結ぶ直線の方程式は
$$y = -\frac{1}{10}x + 250$$
これより， （傾き）$= \dfrac{50-200}{2000-500} = -\dfrac{1}{10}$
$$S(x) = xy = x\left(-\frac{1}{10}x + 250\right) = -\frac{1}{10}x(x - 2500)$$
よって，$x = 1250$ のとき，$S(x)$ は最大である（図2）。

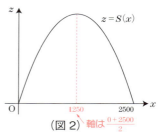
（図2） 軸は $\dfrac{0+2500}{2}$
この形からグラフはかける

ポイント

(3)では，Tシャツの在庫が120枚です。この場合，累積人数はTシャツの需要であり，

累積人数（需要）< 120 のとき，（販売数）=（累積人数） ← 累積人数（需要）の分だけ売れる
累積人数（需要）≧ 120 のとき，（販売数）= 120 ← 需要が120枚以上あっても在庫が120枚なので，120枚しか売れない

となります。

（販売数）=（累積人数）ではない

252 チャレンジ編

よって，$y = -\dfrac{1}{10}x + 250$ において，$y = 120$ に対応する x の値を求めます．

解答

(3) **ク～サ** （利益）=（売上）-（製作費用）= $S(x) - 400 \times 120$

であるから，利益を最大にするには，$S(x)$ を最大にすればよい．

ここで，(2)の $y = -\dfrac{1}{10}x + 250$ に $y = 120$ を代入すると，

$$120 = -\dfrac{1}{10}x + 250$$

$$\dfrac{1}{10}x = 130$$

$$\therefore \quad x = 1300$$

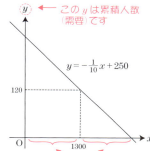

← $S(x) - 48000$

この y は累積人数（需要）です

$x \leqq 1300$ のとき，Tシャツの需要は120枚以上
$x > 1300$ のとき，Tシャツの需要は120枚未満
とわかります

(i) $x > 1300$ のとき

このとき，Tシャツの需要 $-\dfrac{1}{10}x + 250$ は120未満であるから，販売数 y_1 は， ← (2)の y と混同しないように y_1 としています

$$y_1 = -\dfrac{1}{10}x + 250$$ ← 需要のある分だけ売れる

よって

$$S(x) = x \times y_1 = x \times \left(-\dfrac{1}{10}x + 250\right)$$

$$= -\dfrac{1}{10}x(x - 1250)$$ ← (2)と同じ $S(x)$ になる

(ii) $x \leqq 1300$ のとき

このとき，Tシャツの需要 $-\dfrac{1}{10}x + 250$ は120以上であるから，販売数 y_1 は

$$y_1 = 120$$ ← 需要がいくらあっても在庫がある分しか売れない

よって，

$$S(x) = x \times y_1 = 120x$$

(i)，(ii)より，$S(x)$ のグラフは右図のようになる．これより，利益が最大になるTシャツ1枚の価格は，**1300** 円．

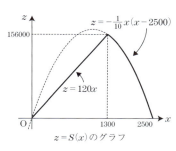

$z = S(x)$ のグラフ

チャレンジ 11

∠ACB = 90°である直角三角形ABCと，その辺上を移動する3点P，Q，Rがある。点P，Q，Rは，次の規則に従って移動する。

- 最初，点P，Q，Rはそれぞれ点A，B，Cの位置にあり，点P，Q，Rは同時刻に移動を開始する。
- 点Pは辺AC上を，点Qは辺BA上を，点Rは辺CB上を，それぞれ向きを変えることなく，一定の速さで移動する。ただし，点Pは毎秒1の速さで移動する。
- 点P，Q，Rは，それぞれ点C，A，Bの位置に同時刻に到達し，移動を終了する。

次の問いに答えよ。

図の直角三角形ABCを考える。

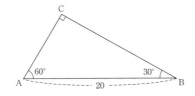

(1) 各点が移動を開始してから2秒後の線分PQの長さと三角形APQの面積Sを求めよ。

$$PQ = \boxed{ア}\sqrt{\boxed{イウ}},\ S = \boxed{エ}\sqrt{\boxed{オ}}$$

(2) 各点が移動する間の線分PRの長さとして，とり得ない値を次の⓪～④から一つ選べ。また，1回だけとり得る値，2回だけとり得る値を，次の⓪～④のうちからそれぞれ二つずつ選べ。ただし，移動には出発点と到達点も含まれるものとする。

とり得ない値	カ	
1回だけとり得る値	キ	ク
2回だけとり得る値	ケ	コ

⓪ $5\sqrt{2}$　①　$5\sqrt{3}$　②　$4\sqrt{5}$　③　10　④　$10\sqrt{3}$

ポイント

2次関数と図形と計量の融合問題です。
$$AC : AB : BC = 1 : 2 : \sqrt{3}$$
なので，点P, Q, Rの速度も $1 : 2 : \sqrt{3}$ となります。（P, Q, Rは同時刻に出発し，同時刻に到達する）

これより，t 秒後は
$$AP = t, \quad BQ = 2t, \quad CR = \sqrt{3}\,t$$
となります。（Pは毎秒1の速さ）

(2) t 秒後のP, Rの位置を考え，三平方の定理で PR^2 を計算すると，t の2次関数になります（（解答）参照）。ここで，正の定数 a に対し，
$$PR^2 = a^2 \quad (0 \leq t \leq 10) \quad \cdots ①$$
を考えます。（a の値は $5\sqrt{2}$，$5\sqrt{3}$，$4\sqrt{5}$，10，$10\sqrt{3}$ の5つの場合を考えます）

このとき，

　　PR $= a$ がとり得ない値　⇔　①が実数解をもたない
　　PR $= a$ が1回だけとり得る値　⇔　①が実数解を1つだけもつ
　　PR $= a$ が2回だけとり得る値　⇔　①が実数解を2つもつ

といいかえることができます。よって，2次関数 $y = PR^2$ と直線 $y = a^2$ の共有点の数を調べます。

解答

(1) **ア～オ** 2秒後のP, Q, Rの位置は右図のようになる。余弦定理より，

$$PQ^2 = 2^2 + 16^2 - 2 \cdot 2 \cdot 16 \cos 60°$$
$$= 4 + 256 - 32 = 228$$

∴ $PQ = \sqrt{228} = 2\sqrt{57}$

また，△APQの面積 S は

$$S = \frac{1}{2} \cdot 2 \cdot 16 \sin 60°$$
$$= 8\sqrt{3}$$

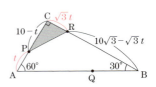

(2) t 秒後のP, Rの位置は右図のようになる。このとき，

$$PR^2 = (10-t)^2 + (\sqrt{3}\,t)^2 \quad \longleftarrow \text{三平方の定理}$$
$$= 4t^2 - 20t + 100$$
$$= 4\left(t - \frac{5}{2}\right)^2 + 75 \quad \longleftarrow \text{平方完成}$$

ここで，

$$y = 4\left(t - \frac{5}{2}\right)^2 + 75 \quad (0 \leqq t \leqq 10)$$

のグラフは右図のようになる。

AC = 10でPは毎秒1の速さなので $0 \leqq t \leqq 10$ とわかります

これより，線分PRの長さとして，

- とりえない値…$5\sqrt{2}$ （**カ** = ⓪）
- 1回だけとり得る値…$5\sqrt{3}$, $10\sqrt{3}$
  （**キ**, **ク** = ①, ④）
- 2回だけとり得る値…$4\sqrt{5}$, 10
  （**ケ**, **コ** = ②, ③）

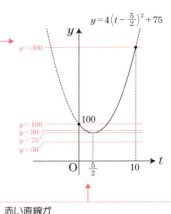

赤い直線が
$y = a^2$
($a = 5\sqrt{2},\ 5\sqrt{3},\ 4\sqrt{5},\ 10,\ 10\sqrt{3}$)

チャレンジ 12

やや難 10分

太郎さんと花子さんは二つの変量 x, y の相関係数について考えている。二人の会話を読み，下の問いに答えよ。

> 花子：先生からもらった表計算ソフトのA列とB列に値を入れると，E列にはD列に対応する正しい値が表示されるよ。
> 太郎：最初は簡単なところで二組の値から考えてみよう。
> 花子：2行目を $(x, y) = (1, 2)$，3行目を $(x, y) = (2, 1)$ としてみるね。

このときのコンピュータの画面のようすが次の図である。

	A	B	C	D	E
1	変量 x	変量 y		(xの平均値) =	ア
2	1	2		(xの標準偏差) =	イ
3	2	1		(yの平均値) =	ア
4				(yの標準偏差) =	イ
5					
6				(xとyの相関係数) =	ウ
7					

(1) ア ， イ ， ウ に当てはまるものを，次の⓪〜⑨のうちから一つずつ選べ。ただし，同じものを繰り返し選んでもよい。

⓪ -1.50 ① -1.00 ② -0.50 ③ -0.25 ④ 0.00
⑤ 0.25 ⑥ 0.50 ⑦ 1.00 ⑧ 1.50 ⑨ 2.00

> 太郎：3行目の変量 y の値を 0 や -1 に変えても相関係数の値は ウ になったね。
> 花子：今度は，3行目の変量 y の値を 2 に変えてみよう。
> 太郎：エラーが表示されて，相関係数は計算できないみたいだ。

(2) 変量 x と変量 y の値の組を変更して，$(x, y) = (1, 2)$，$(2, 2)$ としたときには相関係数が計算できなかった。その理由として最も適当なものを，次の⓪〜③のうちから一つ選べ。　エ

⓪　値の組の個数が 2 個しかないから。
①　変量 x の平均値と変量 y の平均値が異なるから。
②　変量 x の標準偏差の値と変量 y の標準偏差の値が異なるから。
③　変量 y の標準偏差の値が 0 であるから。

花子：3 行目の変量 y の値を 3 に変更してみよう。相関係数の値は 1.00 だね。
太郎：3 行目の変量 y の値が 4 のときも 5 のときも，相関係数の値は 1.00 だ。
花子：相関係数の値が 1.00 になるのはどんな特徴があるときかな。
太郎：値の組の個数を多くすると何かわかるかもしれないよ。
花子：じゃあ，次に値の組の個数を 3 としてみよう。
太郎：$(x, y) = (1, 1)$, $(2, 2)$, $(3, 3)$ とすると相関係数の値は 1.00 だ。
花子：$(x, y) = (1, 1)$, $(2, 2)$, $(3, 1)$ とすると相関係数の値は 0.00 になった。
太郎：$(x, y) = (1, 1)$, $(2, 2)$, $(2, 2)$ とすると相関係数の値は 1.00 だね。
花子：まったく同じ値の組が含まれていても相関係数の値は計算できることがあるんだね。
太郎：思い切って，値の組の個数を 100 にして，1 個だけ $(x, y) = (1, 1)$ で，99 個は $(x, y) = (2, 2)$ としてみるね……。相関係数の値は 1.00 になったよ。
花子：値の組の個数が多くても，相関係数の値が 1.00 になるときもあるね。

(3) 相関係数の値についての記述として**誤っている**ものを，次の⓪〜④のうちから一つ選べ。　オ

⓪ 値の組の個数が2のときには相関係数の値が0.00になることはない。

① 値の組の個数が3のときには相関係数の値が−1.00となることがある。

② 値の組の個数が4のときには相関係数の値が1.00となることはない。

③ 値の組の個数が50であり，1個の値の組が$(x, y) = (1, 1)$，残りの49個の値の組が$(x, y) = (2, 0)$のときは相関係数の値は−1.00である。

④ 値の組の個数が100であり，50個の値の組が$(x, y) = (1, 1)$，残りの50個の値の組が$(x, y) = (2, 2)$のときは相関係数の値は1.00である。

花子：値の組の個数が2のときは，相関係数の値は1.00か ウ ，または計算できない場合の3通りしかないね。

太郎：値の組を散布図に表したとき，相関係数の値はあくまで散布図の点が， カ 程度を表していて，値の組の個数が2の場合に，花子さんが言った3通りに限られるのは キ からだね。値の組の個数が多くても値の組が2種類のときはそれらにしかならないんだね。

花子：なるほどね。相関係数は，そもそも値の組の個数が多いときに使われるものだから，組の個数が極端に少ないときなどにはあまり意味がないのかもしれないね。

太郎：値の組の個数が少ないときはもちろんのことだけど，基本的に散布図と相関係数を合わせてデータの特徴を考えるとよさそうだね。

---

(4) カ ， キ に当てはまる最も適当なものを，次の各解答群のうちから一つずつ選べ。

カ の解答群

⓪ x軸に関して対称に分布する

① 変量x, yのそれぞれの中央値を表す点の近くに分布する

② 変量x, yのそれぞれの平均値を表す点の近くに分布する

③ 円周に沿って分布する
④ 直線に沿って分布する

キ の解答群

⓪ 変量 x の中央値と平均値が一致する
① 変量 x の四分位数を考えることができない
② 変量 x, y のそれぞれの平均値を表す点からの距離が等しい
③ 平面上の異なる 2 点は必ずある直線上にある
④ 平面上の異なる 2 点を通る円はただ 1 つに決まらない

🌸 ポイント

相関係数は散布図における「直線への近さ」を表します。よって，散布図上に 2 点しかないとき（たとえば，3 点 (1, 1)，(2, 2)，(2, 2) の場合でも，散布図上では 2 点です。このような場合も含みます。），相関係数は次の 3 つのうちのどれかです。

① 2 点を結ぶ直線の傾きが正のとき　　② 2 点を結ぶ直線の傾きが負のとき

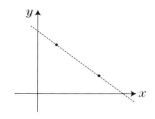

　　　（相関係数は 1）　　　　　　　　　（相関係数は −1）

③ 2 点の x の値が等しい，または 2 点の y の値が等しいとき

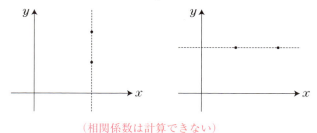

（相関係数は計算できない）

たとえば，2 点 x の値が等しいとき，

$$s_x = 0 \quad \leftarrow x の標準偏差（ちらばり）は 0$$

なので，相関係数の定義

$$r = \frac{s_{xy}}{s_x s_y}$$

において，分母が 0 になるので，相関係数は計算できません．

解答

(1) $\bar{x} = \dfrac{1+2}{2} = \dfrac{3}{2}$ ← $\bar{y}$ の値も $\dfrac{3}{2}$ です

$$s_x^2 = \frac{\left(1-\dfrac{3}{2}\right)^2 + \left(2-\dfrac{3}{2}\right)^2}{2} = \frac{1}{4} \quad \leftarrow 「偏差の2乗」の平均値$$

より，

$$s_x = \sqrt{\frac{1}{4}} = \frac{1}{2}$$

よって，$\boxed{ア} = ⑧$，$\boxed{イ} = ⑥$

また，共分散 s_{xy} は 　　　　　　　　　← 「偏差の積」の平均値

$$s_{xy} = \frac{\left(1-\dfrac{3}{2}\right)\left(2-\dfrac{3}{2}\right) + \left(2-\dfrac{3}{2}\right)\left(1-\dfrac{3}{2}\right)}{2} = -\frac{1}{4}$$

よって，x と y の相関係数 r は

ポイント ②の場合なので $r = -1$ である

$$r = \frac{s_{xy}}{s_x s_y} = \frac{-\dfrac{1}{4}}{\dfrac{1}{2} \cdot \dfrac{1}{2}} = -1 \quad (\boxed{ウ} = ①)$$

(2) $\boxed{エ}$　$\bar{y} = \dfrac{2+2}{2} = 2$

より，

$$s_y^2 = \frac{(2-2)^2 + (2-2)^2}{2} = 0 \quad \leftarrow 標準偏差が 0 になるとき，r の分母が 0 になるので，r は計算できない$$

よって，$s_y = 0$ となるので，求める答は ③

(3) $\boxed{オ}$　求める答は ② である．

〈理由〉

⓪ 2点の場合の相関係数の値は，1 または −1（または計算できない）なので 0.00 になることはない．よって，正しい．

① たとえば,3点が(1, 3),(2, 2),(3, 1)のとき,相関係数の値は,−1.00になる(図1)。よって,正しい。
② たとえば,4点が(1, 1),(2, 2),(3, 3),(4, 4)のとき,相関係数の値は,1.00になる(図2)。よって,誤り。
③ 散布図上に2点しかなく,傾きは負であるから,相関係数の値は−1である(図3)。よって,正しい。　←ポイント 参照
④ 散布図上に2点しかなく,傾きは正であるから,相関係数の値は1である(図4)。よって,正しい。　←ポイント 参照

(図1)　　　(図2)

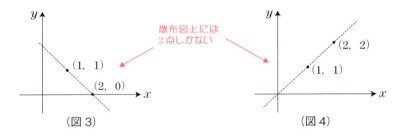

(図3)　　　(図4)

(4) 　カ　= ④　←相関係数は,散布図の点の「直線への近さ」を表す
　　　キ　= ③　←2点を通る直線が1通りに定まるので,相関係数は3つの場合に限られる

チャレンジ13

やや易　10分

右の表は，あるクラスの生徒10人に対して行われた国語と英語の小テスト（各10点満点）の得点をまとめたものである。ただし，小テストの得点は整数値をとり，C＞Dである。また，表の数値はすべて正確な値であり，四捨五入されていない。

以下，小数の形で解答する場合，指定された桁数の一つ下の桁を四捨五入し，解答せよ。途中で割り切れた場合，指定された桁まで⓪にマークすること。

番号	国語	英語
生徒1	9	9
生徒2	10	9
生徒3	4	8
生徒4	7	6
生徒5	10	8
生徒6	5	C
生徒7	5	8
生徒8	7	9
生徒9	6	D
生徒10	7	7
平均値	A	8.0
分散	B	1.00

(1) 10人の国語の得点の平均値Aは ア ． イ 点である。また，国語の得点の分散Bの値は， ウ ． エオ である。さらに，国語の得点の中央値は カ ． キ 点である。

(2) 10人の英語の得点の平均値が8.0点，分散が1.00であることから，CとDの間には関係式

$C + D =$ クケ 　　$(C-8)^2 + (D-8)^2 =$ コ

が成り立つ。上の連立方程式と条件 C＞D により，C，Dの値は，それぞれ サ 点， シ 点であることがわかる。

(3) 10人の国語と英語の得点の相関図（散布図）として適切なものは ス であり，国語と英語の得点の相関係数の値は セ ． ソタチ である。ただし， ス については，当てはまるものを，次の⓪〜③のうちから一つ選べ。

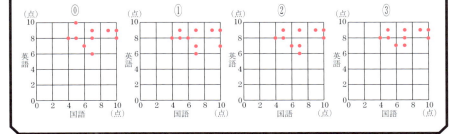

ポイント

(1) 10人のデータが与えられているので，定義に当てはめて計算します。

(2) (1)の反対です。平均値と分散が与えられているので，これよりC，Dの連立方程式を作ります。

(3) 国語の得点が7点である3人と10点である2人に注目して散布図を選びます。相関係数は偏差の表を作成します（パターン40）。

解答

(1) ア～キ

10人の国語の得点の平均値Aは，（パターン37）

$$A = \frac{9+10+4+7+10+5+5+7+6+7}{10} = \frac{70}{10} = 7.0$$

このとき，国語の得点の偏差は，

番号	1	2	3	4	5	6	7	8	9	10
国語の得点の偏差	2	3	-3	0	3	-2	-2	0	-1	0

平均値7からの差が偏差

0^2は省略しています

よって，国語の得点の分散Bは，

$$B = \frac{2^2+3^2+(-3)^2+3^2+(-2)^2+(-2)^2+(-1)^2}{10} = \frac{40}{10} = 4.00$$

「偏差の2乗」の平均値

また，国語の得点を小さい順に並べると，

4　5　5　6　7 ┊ 7　7　9　10　10

これより，中央値は，

$$\frac{7+7}{2} = 7.0$$

5番目と6番目の平均値が中央値（パターン37）

264　チャレンジ編

(2) ク～シ　英語の得点の平均値が8.0点であるから，

$$\frac{9+9+8+6+8+C+8+9+D+7}{10}=8$$

$C+D+64=80$

$\therefore\ C+D=16$ …①

また，英語の得点の偏差は

平均値8からの差が偏差

番号	1	2	3	4	5	6	7	8	9	10
英語の得点の偏差	1	1	0	−2	0	C−8	0	1	D−8	−1

よって，英語の得点の分散が1.00のとき，

$$\frac{1^2+1^2+(-2)^2+(C-8)^2+1^2+(D-8)^2+(-1)^2}{10}=1$$

0^2は省略しています

「偏差の2乗」の平均値

$(C-8)^2+(D-8)^2+8=10$

$\therefore\ (C-8)^2+(D-8)^2=2$ …②　←あとは連立方程式①，②を解けばよい

①より，$D=16-C$ であるから，②に代入すると

$(C-8)^2+(16-C-8)^2=2$

$2(C-8)^2=2$

$(C-8)^2=1$

$C-8=\pm1$

$\therefore\ C=7,\ 9$

$C=7$ のとき，①より $D=9$ ← C>Dに不適

$C=9$ のとき，①より $D=7$ ← C>Dに適

$\therefore\ C=9,\ D=7$

(3) ス～チ

国語の得点が7点である3人の英語の点数は，6, 7, 9であるから，⓪，③は不適。また，国語の得点が10点である2人の英語の点数は，8, 9であるから，①は不適。よって，答えは②（ ス ）。

また，10人の偏差の表は，

番号	1	2	3	4	5	6	7	8	9	10
国語の得点の偏差	2	3	-3	0	3	-2	-2	0	-1	0
英語の得点の偏差	1	1	0	-2	0	1	0	1	-1	-1

これより，国語の得点と英語の得点の共分散は

$$\frac{2\cdot 1 + 3\cdot 1 + (-2)\cdot 1 + (-1)(-1)}{10} = \frac{4}{10} = \frac{2}{5}$$

←「偏差の積」の平均値

これより，相関係数の値は，

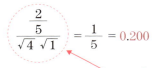

積が0となるところ（番号が3, 4, 5, 7, 8, 10）は省略しています

$$r = \frac{s_{xy}}{s_x s_y} = \frac{(国語の得点と英語の得点の共分散)}{(国語の得点の標準偏差)\times(英語の得点の標準偏差)}$$

コメント

合計が0だから平均値が0になる

偏差の平均値は0なので（ パターン39 ），偏差の合計は0になります。これは，偏差の表を作成したときに，検算として利用できます。

〈国語の得点の偏差の合計〉
　$2 + 3 + (-3) + 0 + 3 + (-2) + (-2) + 0 + (-1) + 0 = 0$

〈英語の得点の偏差の合計〉
　$1 + 1 + 0 + (-2) + 0 + 1 + 0 + 1 + (-1) + (-1) = 0$

0になったので検算OK

チャレンジ 14

やや難 8分

ある高校2年生40人のクラスで一人2回ずつハンドボール投げの飛距離のデータを取ることにした。右の図は，1回目のデータを横軸に，2回目のデータを縦軸にとった散布図である。なお，一人の生徒が欠席したため，39人のデータとなっている。

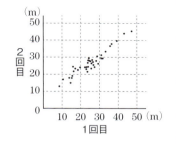

	平均値	中央値	分散	標準偏差
1回目のデータ	24.70	24.30	67.40	8.21
2回目のデータ	26.90	26.40	48.72	6.98

1回目のデータと2回目のデータの共分散	54.30

（共分散とは1回目のデータの偏差と2回目のデータの偏差の積の平均である）

(1) 次の ア に当てはまるものを，下の⓪～⑨のうちから一つ選べ。
1回目のデータと2回目のデータの相関係数に最も近い値は， ア である。

⓪ 0.67 ① 0.71 ② 0.75 ③ 0.79 ④ 0.83
⑤ 0.87 ⑥ 0.91 ⑦ 0.95 ⑧ 0.99 ⑨ 1.03

(2) 次の イ に当てはまるものを，下の⓪～⑧のうちから一つ選べ。
欠席していた一人の生徒について，別の日に同じようにハンドボール投げの記録を取ったところ，1回目の記録が24.7m，2回目の記録は26.9mであった。この生徒を含めて計算し直したときの新しい共分散を A，もとの共分散を B，新しい相関係数を C，もとの相関係数を D とする。A と B の大小関係および C と D の大小関係について， イ が成り立つ。

⓪ $A > B,\ C > D$ ① $A > B,\ C = D$ ② $A > B,\ C < D$
③ $A = B,\ C > D$ ④ $A = B,\ C = D$ ⑤ $A = B,\ C < D$
⑥ $A < B,\ C > D$ ⑦ $A < B,\ C = D$ ⑧ $A < B,\ C < D$

ポイント

(2) 欠席していた人の記録が1回目，2回目ともに平均値に一致していることがポイントです。このとき，1回目，2回目とも欠席していた人の偏差（平均値からの差）は0になるので，40人の偏差の積の和は，39人の偏差の積の和と一致します（1人増えても0を足すだけなので変わらない）。この値を人数で割ったものが共分散なので，これを利用してA，Bを計算します。

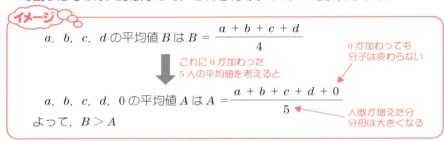

解答

(1) **ア**

相関係数の定義より，

$$\frac{54.30}{8.21 \times 6.98} = \frac{54.30}{57.3058} = 0.947\cdots \quad \leftarrow r = \frac{s_{xy}}{s_x s_y}$$

よって，⑦

(2) **イ**

39人の1回目のデータと2回目のデータの偏差の積の和をXとおくと，

$$B = \frac{X}{39} \quad \leftarrow 共分散は偏差の積の平均値$$

である。欠席していた生徒の記録は，1回目，2回目ともに平均値と一致しているので，

$$(40人の偏差の積の和) = X + 0 \cdot 0 = X \quad \leftarrow \begin{array}{l}(39人の偏差の積の和)\\ +(欠席していた生徒の偏差の積)\end{array}$$

これより，

$$A = \frac{X}{40} \quad \leftarrow 40人の平均値なので分母は40になる$$

であるから，$B > A$

次に，39 人の 1 回目のデータの偏差の 2 乗の和を Y，2 回目のデータの偏差の 2 乗の和を Z とおくと，

$$\begin{cases} (39\text{人の 1 回目のデータの標準偏差}) = \sqrt{\dfrac{Y}{39}} \\ (39\text{人の 2 回目のデータの標準偏差}) = \sqrt{\dfrac{Z}{39}} \end{cases}$$

これより，

$$D = \dfrac{\dfrac{X}{39}}{\sqrt{\dfrac{Y}{39}}\sqrt{\dfrac{Z}{39}}} = \dfrac{X}{\sqrt{YZ}} \quad \Leftarrow\ r = \dfrac{s_{xy}}{s_x s_y}$$

共分散は $B = \dfrac{X}{39}$

欠席していた生徒の記録は，1 回目，2 回目ともに平均値と一致しているので，

$$\begin{cases} (40\text{人の 1 回目のデータの偏差の 2 乗の和}) = \boxed{Y + 0^2} = Y \\ (40\text{人の 2 回目のデータの偏差の 2 乗の和}) = \boxed{Z + 0^2} = Z \end{cases}$$

(39 人の偏差の 2 乗の和) + (欠席していた生徒の偏差の 2 乗)

であるから，

$$\begin{cases} (40\text{人の 1 回目のデータの標準偏差}) = \sqrt{\dfrac{Y}{40}} \\ (40\text{人の 2 回目のデータの標準偏差}) = \sqrt{\dfrac{Z}{40}} \end{cases}$$

これより，

$$C = \dfrac{\dfrac{X}{40}}{\sqrt{\dfrac{Y}{40}}\sqrt{\dfrac{Z}{40}}} = \dfrac{X}{\sqrt{YZ}} \quad \Leftarrow\ r = \dfrac{s_{xy}}{s_x s_y}$$

共分散は $A = \dfrac{X}{40}$

よって，$C = D$

求める答は，⑦

チャレンジ 15

やや難 8分

世界4都市(東京, O市, N市, M市)の2013年の365日の各日の最高気温のデータについて考える。

(1) 次のヒストグラムは, 東京, N市, M市のデータをまとめたもので, この3都市の箱ひげ図は下のa, b, cのいずれかである。

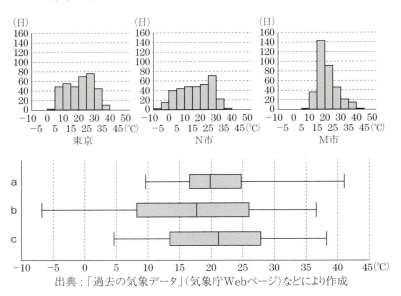

出典:「過去の気象データ」(気象庁Webページ)などにより作成

次の ア に当てはまるものを, 下の⓪〜⑤のうちから一つ選べ。
都市名と箱ひげ図の組合せとして正しいものは, ア である。

- ⓪ 東京—a, N市—b, M市—c
- ① 東京—a, N市—c, M市—b
- ② 東京—b, N市—a, M市—c
- ③ 東京—b, N市—c, M市—a
- ④ 東京—c, N市—a, M市—b
- ⑤ 東京—c, N市—b, M市—a

(2) 次の3つの散布図は, 東京, O市, N市, M市の2013年の365日の各日の最高気温のデータをまとめたものである。それぞれ, O市, N市, M市の最高気温を縦軸にとり, 東京の最高気温を横軸にとってある。

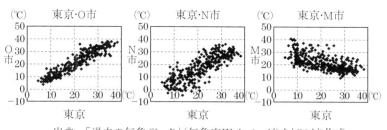

出典：「過去の気象データ」（気象庁Webページ）などにより作成

次の イ ， ウ に当てはまるものを，下の⓪〜④のうちから一つずつ選べ。ただし，解答の順序は問わない。

これらの散布図から読み取れることとして正しいものは， イ と ウ である。

⓪ 東京とN市，東京とM市の最高気温の間にはそれぞれ正の相関がある。

① 東京とN市の最高気温の間には正の相関，東京とM市の最高気温の間には負の相関がある。

② 東京とN市の最高気温の間には負の相関，東京とM市の最高気温の間には正の相関がある。

③ 東京とO市の最高気温の間の相関のほうが，東京とN市の最高気温の間の相関より強い。

④ 東京とO市の最高気温の間の相関のほうが，東京とN市の最高気温の間の相関より弱い。

(3) 次の エ ， オ ， カ に当てはまるものを，下の⓪〜⑨のうちから一つずつ選べ。ただし，同じものを繰り返し選んでもよい。

N市では温度の単位として摂氏（°C）のほかに華氏（°F）も使われている。華氏（°F）での温度は，摂氏（°C）での温度を $\dfrac{9}{5}$ 倍し，32 を加えると得られる。たとえば，摂氏 10°C は， $\dfrac{9}{5}$ 倍し 32 を加えることで華氏 50°F となる。

したがって，N市の最高気温について，摂氏での分散を X，華氏で

の分散を Y とすると，$\dfrac{Y}{X}$ は エ になる。

東京(摂氏)と N 市(摂氏)の共分散を Z，東京(摂氏)と N 市(華氏)の共分散を W とすると，$\dfrac{W}{Z}$ は オ になる(ただし，共分散は 2 つの変量のそれぞれの偏差の積の平均値)。

東京(摂氏)と N 市(摂氏)の相関係数を U，東京(摂氏)と N 市(華氏)の相関係数を V とすると，$\dfrac{V}{U}$ は カ になる。

⓪ $-\dfrac{81}{25}$　① $-\dfrac{9}{5}$　② -1　③ $-\dfrac{5}{9}$　④ $-\dfrac{25}{81}$

⑤ $\dfrac{25}{81}$　⑥ $\dfrac{5}{9}$　⑦ 1　⑧ $\dfrac{9}{5}$　⑨ $\dfrac{81}{25}$

ポイント

(1) ヒストグラムと箱ひげ図の最大値・最小値に注目します。

(2) 散布図から，相関の正負，強弱を読みとります。

(3) パターン42，パターン43 を利用します。まず，32 を加えても分散，共分散，相関係数は変わらないので，この値は無視します(パターン42)。また，変量を $\dfrac{9}{5}$ 倍しているので，分散は $\left(\dfrac{9}{5}\right)^2$ 倍，共分散は $\dfrac{9}{5}$ 倍になります (パターン43)。相関係数は変量を $\dfrac{9}{5}$ 倍しても変わりません(パターン43)。

解答

(1)　ア　⑤

(b は最小値が -10°C ～ -5°C なので N 市とわかります。)
(a は最大値が 40°C ～ 45°C なので M 市とわかります。)

(2) **イ, ウ** ①, ③

（東京と M 市の最高気温は負の相関なので，⓪と②は誤り。）

（東京と O 市の最高気温の間の相関のほうが東京と N 市の最高気温の相関より強いので④は誤り。）

(3) **エ〜カ** 32 を加えても分散，共分散，相関係数には影響がないので（**パターン42**），この値は無視してよい。変量を $\dfrac{9}{5}$ 倍すると（**パターン43**），

$$Y = \left(\dfrac{9}{5}\right)^2 \times X \text{ より, } \dfrac{Y}{X} = \dfrac{81}{25} \quad \text{⑨}$$

$$W = \dfrac{9}{5} \times Z \text{ より, } \dfrac{W}{Z} = \dfrac{9}{5} \quad \text{⑧}$$

$$V = U \text{ より, } \dfrac{V}{U} = 1 \quad \text{⑦}$$

センター試験の追試験では，両方の変量を $\dfrac{1}{2}$ 倍する問題が出題されたことがあります。

類題

次の表は，あるクラスの生徒 30 人に行った科目 X と科目 Y のテストの得点である。

表 科目 X と科目 Y の得点

科目 X	63	76	58	71	75	56	81	80	84	77	76	63	63	59	63
科目 Y	47	78	60	46	58	63	73	59	66	49	62	58	65	50	42
科目 X	77	78	68	59	72	68	79	67	79	73	77	67	63	78	76
科目 Y	82	66	40	55	42	69	77	57	63	52	49	45	55	84	56

（中略）

次の□に当てはまるものを，下の⓪〜③のうちから一つ選べ。

表の得点を $\dfrac{1}{2}$ にして 50 点満点の得点に換算した。たとえば，62 点であった場合は得点を 2 で割った値である 31 点とし，63 点であった場合は 31.5 点とする。このとき，科目 X の得点の偏差と科目 Y の

> 得点の偏差は，換算後，それぞれもとの得点の偏差の $\frac{1}{2}$ になる。
>
> したがって，科目 X についてもとの標準偏差と換算後の標準偏差を比較し，さらにもとの共分散と換算後の共分散を比較すると，□。
>
> ⓪ 換算後の標準偏差と共分散の値はともに，もとの値の $\frac{1}{2}$ になる
>
> ① 換算後の標準偏差と共分散の値はともに，もとの値の $\frac{1}{4}$ になる
>
> ② 換算後の標準偏差の値はもとの値の $\frac{1}{2}$ になり，共分散の値はもとの値の $\frac{1}{4}$ になる
>
> ③ 換算後の標準偏差の値はもとの値の $\frac{1}{4}$ になり，共分散の値はもとの値の $\frac{1}{2}$ になる

この場合，X の標準偏差は $\frac{1}{2}$ 倍です（**パターン 43**）。共分散は，変量 X を $\frac{1}{2}$ 倍することにより $\frac{1}{2}$ 倍になり，変量 Y を $\frac{1}{2}$ 倍することにより，さらに $\frac{1}{2}$ 倍されるので，$\frac{1}{2} \times \frac{1}{2} = \frac{1}{4}$（倍）になります。上の設問では②が正解になります。

チャレンジ 16

図のように、東西にはしる道が4本，南北にはしる道が4本ある。

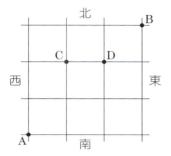

(1) A地点からB地点に行く経路のうち最短の経路は ｜アイ｜ 通りある。

(2) A地点からB地点に行き、続いてC地点に行く経路のうち最短の経路は ｜ウエ｜ 通りある。ただし、A地点からB地点に行くときにC地点を通ることがあってもよい。

(3) A地点からC地点とD地点の両方を通ってB地点に行く経路のうち最短の経路は ｜オ｜ 通りある。

(4) A地点からB地点に行く最短の経路のうち，C地点とD地点の少なくとも一つの地点を通るものは ｜カキ｜ 通りある。

(5) A地点からC地点とD地点の両方を通ってB地点に行き、続いてB地点からC地点もD地点も通らずにA地点にもどる経路のうち、最短の経路は ｜クケ｜ 通りある。

ポイント

最短経路の問題です。

2つの方法（パターン 52）をうまく使いわけてください。前の設問をうまく使って，解いていきます。　← 共通テストではこれも大事

解答

(1) ｜アイ｜　3個の→と3個の↑を並べて，$\dfrac{6!}{3!\,3!}=20$（通り）　← 同じものを含む順列

(2) ウエ 次のように順序立てる。

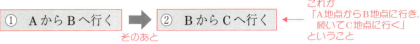

①は，(1) より 20 通り

②は 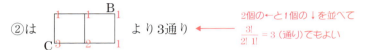 より 3 通り

よって，20 × 3 = 60 (通り)

(3) オ C, D を通るので，右の経路に数字を書きこんで，6 通り

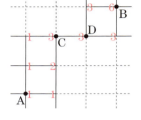

C, D を通るので破線部分(……)は通行禁止

(4) カキ

(全体の場合の数) − (C, D 両方とも通らない場合の数)

と考える。ここで，C, D 両方とも通らない経路は，下の経路に数字を書きこんで，5 通り

よって，

20 − 5 = 15 (通り)

C, D の両方が通れないので破線部分(……)は通行禁止

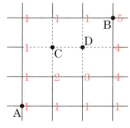

(5) クケ 次のように順序立てる。

①は 6 通り
　　　(3)の答
②は 5 通り ← スタートとゴールを逆にしても最短経路の数は同じ。よって，(4)の図より5通り

よって，6 × 5 = 30 (通り)
　　　　①　②

276　チャレンジ編

チャレンジ17 【標準】12分

円周を12等分した点を反時計回りの順に $P_1, P_2, P_3, \cdots, P_{12}$ とする。このうち異なる3点を選び，それらを頂点とする三角形を作る。

(1) このようにして作られる三角形の個数は全部で アイウ 個である。このうち正三角形は エ 個で，直角二等辺三角形は オカ 個である。

(2) このようにして作られる三角形が，正三角形でない二等辺三角形になる確率は $\dfrac{キク}{ケコ}$ である。また，直角三角形になる確率は $\dfrac{サ}{シス}$ である。

ポイント

直角三角形は次のように順序立てできます。

①斜辺を決める　➡　②他の1点を決める

また，二等辺三角形は次のように順序立てできます。

①頂角となる点を決める　➡　②底辺を決める

ただし，正三角形に注意して数えます。

頂角の対辺を「底辺」とよぶことにします

解答

以下，P_1 を1，P_2 を2，$\cdots$，P_{12} を12と書く。

(1) アイウ

12個の点から3個を選べばよいので，三角形は，$_{12}C_3 = 220$（個）

エ

実際に書き上げると，正三角形は，
$\{1, 5, 9\}$, $\{2, 6, 10\}$, $\{3, 7, 11\}$, $\{4, 8, 12\}$
の4個

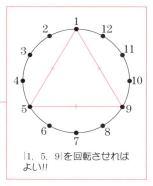

$\{1, 5, 9\}$ を回転させればよい!!

オカ　直角二等辺三角形について,

①斜辺を決める　→そのあと→　②他の1点を決める

と順序立てすると,
$$6 \times 2 = 12 \text{(個)}$$
下を見よ

斜辺は円の直径なので,
|1, 7|, |2, 8|, |3, 9|, |4, 10|, |5, 11|, |6, 12|
の6通り

(2) キ〜コ

①頂角となる点を決める　→そのあと→　②底辺を決める

と順序立てすると, 正三角形でない二等辺三角形は, $12 \times 4 = 48$（個）あるので,
$$\frac{48}{220} = \frac{12}{55}$$

どこでもよいので12通り

たとえば, 頂角となる点が1のとき,
底辺は |2, 12|, |3, 11|, |4, 10|, |6, 8|
の4通り。
(|5, 9|は正三角形になるのでダメ)

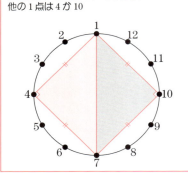

〈オ, カの補足〉
たとえば, 斜辺が |1, 7| のとき,
他の1点は 4 か 10

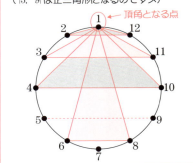

サ〜ス

①斜辺を決める　→そのあと→　②他の1点を決める

と順序立てすると, $6 \times 10 = 60$（個）あるので,
$$\frac{60}{220} = \frac{3}{11}$$

斜辺は円の直径なので
|1, 7|, |2, 8|, |3, 9|, |4, 10|, |5, 11|, |6, 12|
の6通り

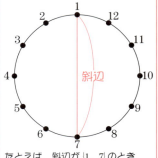

たとえば, 斜辺が |1, 7| のとき,
他の1点は,
2, 3, 4, 5, 6, 8, 9, 10, 11, 12
の10通り

チャレンジ 18

標準 14分

袋の中に赤玉5個,白玉5個,黒玉1個の合計11個の玉が入っている。赤玉と白玉にはそれぞれ1から5までの数字が1つずつ書かれており,黒玉には何も書かれていない。なお,同じ色の玉には同じ数字は書かれていない。この袋から同時に5個の玉を取り出す。

5個の玉の取り出し方は アイウ 通りある。

取り出した5個の中に同じ数字の赤玉と白玉の組が2組あれば得点は2点,1組だけあれば得点は1点,1組もなければ得点は0点とする。

(1) 得点が0点となる取り出し方のうち,黒玉が含まれているのは エオ 通りであり,黒玉が含まれていないのは カキ 通りである。

得点が1点となる取り出し方のうち,黒玉が含まれているのは クケコ 通りであり,黒玉が含まれていないのは サシス 通りである。

(2) 得点が1点である確率は $\dfrac{\text{セソ}}{\text{タチ}}$ であり,2点である確率は $\dfrac{\text{ツ}}{\text{テト}}$ である。

ポイント

エオ 黒玉が含まれているので,残り4つの玉を選びます。まず,1から5の中から4つの数字を選び,次に,赤か白か決めます。

例 {1, 2, 3, 5} と選び,(赤,白,白,赤)と決めたとき,

サシス 黒玉が含まれていないので,赤,白から5つの玉を選びます。まず,同じ数字となる赤玉と白玉の数字を1つ選びます(これで2個決定)。残り3個は,残った4つの数字から3つの数字を選び,赤か白かを決めます。

例 同じ数字となる赤玉と白玉の数字が4で,残り3個は {1, 2, 5} と選び(白,白,赤)と決めたとき

解答 5個の玉の取り出し方は，$_{11}C_5 = 462$（通り）

(1) エオ ← ポイント 参照

①1〜5から4つ選ぶ　そのあと　②赤か白かを決める

と，順序立てることにより，$_5C_4 \times 2^4 = 80$（通り）

カキ ← エ，オと同様

①1〜5から5つ選ぶ　そのあと　②赤か白かを決める

と，順序立てることにより，$_5C_5 \times 2^5 = 32$（通り）

例 {1, 2, 3, 4, 5}と選び（←この選び方しかない），（赤，白，白，赤，白）と決めたとき，

クケコ ← サ，シ，スと同様

①1〜5から1つ選ぶ（その数字の玉は赤白両方取り出す）　そのあと　②残り4つの数字から2つ選ぶ　そのあと　③赤か白かを決める

と，順序立てることにより，$5 \times {}_4C_2 \times 2^2 = 120$（通り）

例 ①で4を選び，②で{2, 5}と選び，③で（白，赤）と決めたとき，

サシス ← ポイント 参照

①1〜5から1つ選ぶ（その数字の玉は赤白両方取り出す）　そのあと　②残り4つの数字から3つ選ぶ　そのあと　③赤か白かを決める

と，順序立てることにより，$5 \times {}_4C_3 \times 2^3 = 160$（通り）

(2) クケコ，サシス より，得点が1点である確率は

$$\frac{120 + 160}{462} = \frac{280}{462} = \frac{20}{33}$$

余事象を利用することにより，得点が2点である確率は

$$1 - \underbrace{\frac{80 + 32}{462}}_{\text{得点が0点である確率}} - \underbrace{\frac{20}{33}}_{\text{得点が1点である確率}} = 1 - \frac{8}{33} - \frac{20}{33} = \frac{5}{33}$$

チャレンジ 19   標準 10分

赤い玉が2個，青い玉が3個，白い玉が5個ある。これらの10個の玉を袋に入れてよくかきまぜ，その中から4個を取り出す。取り出したものに同じ色の玉が2個あるごとに，これを1組としてまとめる。まとめられた組に対して，赤は1組につき5点，青は1組につき3点，白は1組につき1点が与えられる。このときの得点の合計を X とする。

(1) X は ア 通りの値をとり，その最大値は イ ，最小値は ウ である。

(2) X が最大値をとる確率は $\dfrac{エ}{オカ}$ である。

(3) X が最小値をとる確率は $\dfrac{キク}{ケコ}$ である。

また，X が最小値をとるという条件の下で，3色の玉が取り出される条件付き確率は $\dfrac{サ}{シス}$ である。

ポイント

3種類の色10個から4個取り出すので，必ず同じ色の玉が存在します。「同じ色の玉2個」が2組ある場合と，1組だけの場合で場合分けして考えます。

解答

(1) ア〜ウ 「同じ色の玉2個」が2組あるのは

　赤 赤 青 青 ← 5+3=8点　　　赤 赤 白 白 ← 5+1=6点
　青 青 白 白 ← 3+1=4点　　　白 白 白 白 ← 1+1=2点

「同じ色の玉2個」が1組だけあるのは

よって，X は 1, 2, 3, 4, 5, 6, 8 の 7 通りの値をとり，その最大値は 8 で最小値は 1 である。

(2) エ〜カ　10個の玉から4個取り出す方法は全部で

$${}_{10}C_4 = 210 \text{ (通り)}$$

このうち，$X = 8$（赤玉2個，青玉2個）
となるのは，

$${}_2C_2 \times {}_3C_2 = 3 \text{ (通り)}$$

よって，求める確率は

$$\frac{3}{210} = \frac{1}{70}$$

①,②から2個選び，
③,④,⑤から2個選ぶ

（○：赤玉，□：青玉，△：白玉）
番号をつけておく
（パターン59）

(3) キ〜ス　$\begin{cases} A : X = 1 \text{ となる事象} \\ B : 3 \text{色の玉が取り出されるという事象} \end{cases}$

とおく。

$X = 1$ となるのは，次の2つの場合がある。

(i) (白，白，白，白以外)
(ii) (白，白，赤，青)

(i)は

と順序立てて

$${}_5C_3 \times {}_5C_1 = 50 \text{ (通り)}$$

一方，(ii)は

と順序立てて

$${}_5C_2 \times {}_2C_1 \times {}_3C_1 = 60 \text{ (通り)}$$

よって，

場合分けしたら和の法則

$$P(A) = \frac{50 + 60}{210} = \frac{11}{21}$$

これは(ii)の確率を指す

また，$P(A \cap B) = \dfrac{60}{210} = \dfrac{6}{21}$ であるから

$$P_A(B) = \frac{P(A \cap B)}{P(A)} = \frac{\frac{6}{21}}{\frac{11}{21}} = \frac{6}{11}$$

パターン68

チャレンジ 20

赤球4個，青球3個，白球5個，合計12個の球がある。これら12個の球を袋の中に入れ，この袋からAがまず1個取り出し，その球をもとに戻さずに続いてBが1個取り出す。

(1) AとBが取り出した2個の球の中に，赤球か青球が少なくとも1個含まれている確率は $\dfrac{アイ}{ウエ}$ である。

(2) Aが赤球を取り出し，かつBが白球を取り出す確率は $\dfrac{オ}{カキ}$ である。これより，Aが取り出した球が赤球であったとき，Bが取り出した球が白球である条件付き確率は $\dfrac{ク}{ケコ}$ である。

(3) Aは1球取り出したのち，その色を見ずにポケットの中にしまった。Bが取り出した球が白球であることがわかったとき，Aが取り出した球も白球であった条件付き確率を求めたい。

Aが赤球を取り出し，かつBが白球を取り出す確率は $\dfrac{オ}{カキ}$ であり，

Aが青球を取り出し，かつBが白球を取り出す確率は $\dfrac{サ}{シス}$ である。

同様に，Aが白球を取り出し，かつBが白球を取り出す確率を求めることができ，これらの事象は互いに排反であるから，Bが白球を取り出す確率は $\dfrac{セ}{ソタ}$ である。

よって，求める条件付き確率は $\dfrac{チ}{ツテ}$ である。

ポイント

(2) $\begin{cases} E_1：\text{A が赤球を取り出すという事象} \\ F：\text{B が白球を取り出すという事象} \end{cases}$

とおくと，例題68 と同様に条件付き確率 $P_{E_1}(F)$ を先に求めることができます。 ← ク～コ が先に求まる

$$P_{E_1}(F) = \frac{5}{11}$$

よって，オ～キ は乗法定理

$$P(E_1 \cap F) = P(E_1)\, P_{E_1}(F)$$

で求めます。これは，サ～ス も同様です。

(3) チ～テ は パターン69 。今度は p.146 の公式を使って条件付き確率を計算します。

(○：赤球，●：青球，○：白球)
赤球が取り出された上の状況で白球を取り出す確率が $P_{E_1}(F)$

解答

(1) ア～エ 余事象は，「2個とも白球である」なので，その確率は，

$$\frac{5}{12} \cdot \frac{4}{11} = \frac{5}{33} \quad \left[\frac{{}_5C_2}{{}_{12}C_2} = \frac{10}{66} = \frac{5}{33} \text{でもよい} \right]$$

よって，求める確率は，

$$1 - \frac{5}{33} = \frac{28}{33}$$

(2) $\begin{cases} E_1：\text{A が赤球を取り出すという事象} \\ F：\text{B が白球を取り出すという事象} \end{cases}$

とおく。このとき，A が取り出した球が赤球であったとき，B が取り出した球が白球である条件付き確率は，

ク～コ $\quad P_{E_1}(F) = \dfrac{5}{11}$ ← ポイント 参照

であり，A が赤球を取り出し，かつ B が白球を取り出す確率は

オ～キ $\quad P(E_1 \cap F) = P(E_1)\, P_{E_1}(F) = \dfrac{4}{12} \cdot \dfrac{5}{11} = \dfrac{5}{33}$ （乗法定理）

(3) サ〜テ

$\begin{cases} E_2：\text{A が青球を取り出すという事象} \\ E_3：\text{A が白球を取り出すという事象} \end{cases}$

とおく。このとき，

A が赤球を取り出し，かつ B が白球を取り出す確率は

$$P(E_1 \cap F) = \frac{4}{12} \cdot \frac{5}{11} = \frac{5}{33}$$ ← (2)で求めた

A が青球を取り出し，かつ B が白球を取り出す確率は

$$P(E_2 \cap F) = P(E_2) P_{E_2}(F) = \frac{3}{12} \cdot \frac{5}{11} = \frac{5}{44}$$

同様に，A が白球を取り出し，かつ B が白球を取り出す確率は

$$P(E_3 \cap F) = P(E_3) P_{E_3}(F) = \frac{5}{12} \cdot \frac{4}{11} = \frac{5}{33}$$ ← (1)で求めた

これより，B が白球を取り出すのは ← $F = (E_1 \cap F) \cup (E_2 \cap F) \cup (E_3 \cap F)$ と考える

$\begin{cases} \text{(i) A が赤球，B が白球} \\ \text{(ii) A が青球，B が白球} \\ \text{(iii) A が白球，B が白球} \end{cases}$

の3つの場合があるから，その確率は，

$$P(F) = P(E_1 \cap F) + P(E_2 \cap F) + P(E_3 \cap F)$$

$$= \frac{5}{33} + \frac{5}{44} + \frac{5}{33}$$

$$= \frac{20 + 15 + 20}{132} = \frac{5}{12}$$

← 「くじ引きの公平性」により $P(F)$ は A が白球を取り出す確率 $\frac{5}{12}$ に等しいことが知られています(p.147)

したがって，求める条件付き確率は，

$$P_F(E_3) = \frac{P(F \cap E_3)}{P(F)}$$

$$= \frac{\frac{5}{33}}{\frac{5}{12}} = \frac{4}{11}$$

チャレンジ 21

難 14分

くじが 100 本ずつ入った二つの箱があり，それぞれの箱に入っている当たりくじの本数は異なる。これらの箱から二人の人が順にどちらかの箱を選んで 1 本ずつくじを引く。ただし，引いたくじはもとに戻さないものとする。

また，くじを引く人は，最初にそれぞれの箱に入れる当たりくじの本数は知っているが，それらがどちらの箱に入っているかはわからないものとする。

今，1 番目の人が一方の箱からくじを 1 本引いたところ，当たりくじであったとする。2 番目の人が当たりくじを引く確率を大きくするためには，1 番目の人が引いた箱と同じ箱，異なる箱のどちらを選ぶべきかを考察しよう。

最初に当たりくじが多く入っている方の箱を A，もう一方の箱を B とし，1 番目の人がくじを引いた箱が A である事象を A，B である事象を B とする。このとき，$P(A) = P(B) = \dfrac{1}{2}$ とする。また，1 番目の人が当たりくじを引く事象を W とする。

太郎さんと花子さんは，箱 A，箱 B に入っている当たりくじの本数によって，2 番目の人が当たりくじを引く確率がどのようになるかを調べている。

(1) 箱 A には当たりくじが 10 本入っていて，箱 B には当たりくじが 5 本入っている場合を考える。

> 花子：1 番目の人が当たりくじを引いたから，その箱が箱 A である可能性が高そうだね。その場合，箱 A には当たりくじが 9 本残っているから，2 番目の人は，1 番目の人と同じ箱からくじを引いた方がよさそうだよ。
>
> 太郎：確率を計算してみようよ。

1 番目の人が引いた箱が箱 A で，かつ当たりくじを引く確率は，

$$P(A \cap W) = P(A) \cdot P_A(W) = \frac{\boxed{ア}}{\boxed{イウ}}$$

である。一方で，1番目の人が当たりくじを引く事象 W は，箱 A から当たりくじを引くか箱 B から当たりくじを引くかのいずれかであるので，その確率は，

$$P(W) = \frac{\boxed{エ}}{\boxed{オカ}}$$

である。

よって，1番目の人が当たりくじを引いたという条件の下で，その箱が箱 A であるという条件付き確率 $P_W(A)$ は，

$$P_W(A) = \frac{P(A \cap W)}{P(W)} = \frac{\boxed{キ}}{\boxed{ク}}$$

と求められる。

また，1番目の人が当たりくじを引いた後，同じ箱から 2 番目の人がくじを引くとき，そのくじが当たりくじである確率は，

$$P_W(A) \times \frac{9}{99} + P_W(B) \times \frac{\boxed{ケ}}{99} = \frac{\boxed{コ}}{\boxed{サシ}}$$

である。

それに対して，1番目の人が当たりくじを引いた後，異なる箱から 2 番目の人がくじを引くとき，そのくじが当たりくじである確率は，$\frac{\boxed{ス}}{\boxed{セソ}}$ である。

花子：やっぱり 1 番目の人が当たりくじを引いた場合は，同じ箱から引いた方が当たりくじを引く確率が大きいよ。

太郎：そうだね。でも，思ったより確率の差はないんだね。もう少し当たりくじの本数の差が小さかったらどうなるのだろう。

チャレンジ21　287

(2) 今度は箱Aには当たりくじが10本入っていて，箱Bには当たりくじが7本入っている場合を考える。

(1)と同様に計算すると，

$$P_W(A) = \frac{\boxed{タチ}}{\boxed{ツテ}}$$

である。

これより，1番目の人が当たりくじを引いた後，同じ箱から2番目の人がくじを引くとき，そのくじが当たりくじである確率は $\dfrac{\boxed{ト}}{\boxed{ナニ}}$ である。それに対して異なる箱からくじを引くとき，そのくじが当たりくじである確率は $\dfrac{\boxed{ヌ}}{\boxed{ネノ}}$ である。$\dfrac{\boxed{ト}}{\boxed{ナニ}} < \dfrac{\boxed{ヌ}}{\boxed{ネノ}}$ より，今度は異なる箱から引く方が当たりくじを引く確率が大きくなるとわかる。

ポイント

(1) 条件付き確率の問題です。

　エ～カ

1番目の人が当たりくじを引くのは，箱Aから引く場合と箱Bから引く場合があります。すなわち，

$$P(W) = P(A \cap W) + P(B \cap W)$$

　コ～ソ

$$P_W(A) + P_W(B) = 1$$

← 当たりくじ引くのは，箱A，箱Bのどちらかしかないということです

に注意してください。 キ，ク より，$P_W(A) = \dfrac{2}{3}$ とわかるので，$P_W(B) = \dfrac{1}{3}$ となります。

(2) (1)と同様の計算をもう一度行います。

解 答

(1) ア～ソ

箱Aからくじを引く場合，当たりくじを引く確率は $\dfrac{10}{100}$ であるから，

$$P_A(W) = \dfrac{10}{100} = \dfrac{1}{10}$$

よって， （乗法定理）

$$P(A \cap W) = P(A) \cdot P_A(W) = \dfrac{1}{2} \cdot \dfrac{1}{10} = \dfrac{1}{20}$$

同様に，箱Bからくじを引く場合，当たりくじを引く確率は $\dfrac{5}{100}$ であるから，

$$P_B(W) = \dfrac{5}{100} = \dfrac{1}{20}$$

よって， （乗法定理）

$$P(B \cap W) = P(B) \cdot P_B(W) = \dfrac{1}{2} \cdot \dfrac{1}{20} = \dfrac{1}{40}$$

これより，

$$P(W) = P(A \cap W) + P(B \cap W)$$
$$= \dfrac{1}{20} + \dfrac{1}{40} = \dfrac{3}{40}$$

← 1番目の人が当たりくじを引くのは，Aの箱からの場合とBの箱からの場合がある

したがって，

$$P_W(A) = \dfrac{P(A \cap W)}{P(W)} = \dfrac{\dfrac{1}{20}}{\dfrac{3}{40}} = \dfrac{2}{3}$$

また，1番目の人が当たりくじを引いた後，同じ箱から2番目の人がくじを引くとき，そのくじが当たりくじである確率は （ポイント参照）

$$P_W(A) \times \dfrac{9}{99} + P_W(B) \times \dfrac{4}{99} = \dfrac{2}{3} \times \dfrac{9}{99} + \dfrac{1}{3} \times \dfrac{4}{99}$$
$$= \dfrac{22}{3 \times 99} = \dfrac{2}{27}$$ ← 次ページ参照

1番目の人の当たりくじが箱Aのくじだった場合（その確率は$P_W(A)$），2番目の人は箱Aからくじを引きます。

　1番目の人の当たりくじが箱Bのくじだった場合（その確率は$P_W(B)$），2番目の人は箱Bからくじを引きます。

よって，$\boxed{コ～シ}$ は $P_W(A) \times \dfrac{9}{99} + P_W(B) \times \dfrac{4}{99}$

　一方，1番目の人が当たりくじを引いた後，異なる箱から2番目の人がくじを引いたとき，そのくじが当たりくじである確率は

$$P_W(A) \times \dfrac{5}{100} + P_W(B) \times \dfrac{10}{100} = \dfrac{2}{3} \times \dfrac{5}{100} + \dfrac{1}{3} \times \dfrac{10}{100}$$

$$= \dfrac{20}{300} = \dfrac{1}{15}$$

　1番目の人の当たりくじが箱Aのくじだった場合（その確率は$P_W(A)$），2番目の人は箱Bからくじを引きます。

　1番目の人の当たりくじが箱Bのくじだった場合（その確率は$P_W(B)$），2番目の人は箱Aからくじを引きます。

よって，$\boxed{ス～ソ}$ は $P_W(A) \times \dfrac{5}{100} + P_W(B) \times \dfrac{10}{100}$

(2) **タ～ノ**

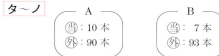

(1)と同様に計算すると，

$$\begin{cases} P(A \cap W) = P(A) \cdot P_A(W) = \dfrac{1}{2} \cdot \dfrac{10}{100} = \dfrac{10}{200} \\ P(B \cap W) = P(B) \cdot P_B(W) = \dfrac{1}{2} \cdot \dfrac{7}{100} = \dfrac{7}{200} \end{cases}$$

←乗法定理

←乗法定理

よって，

$$P(W) = P(A \cap W) + P(B \cap W) = \dfrac{10}{200} + \dfrac{7}{200} = \dfrac{17}{200}$$

したがって，

$$P_W(A) = \dfrac{P(A \cap W)}{P(W)} = \dfrac{\dfrac{10}{200}}{\dfrac{17}{200}} = \dfrac{10}{17}$$

これより，1番目の人が当たりくじを引いた後，同じ箱から2番目の人がくじを引くとき，そのくじが当たりくじである確率は

$$P_W(A) \times \dfrac{9}{99} + P_W(B) \times \dfrac{6}{99} = \dfrac{10}{17} \times \dfrac{9}{99} + \dfrac{7}{17} \times \dfrac{6}{99}$$
$$= \dfrac{132}{17 \times 99} = \dfrac{4}{51}$$

$P_W(B) = 1 - P_W(A)$
$= 1 - \dfrac{10}{17} = \dfrac{7}{17}$

1番目の人の当たりくじが箱 A のくじだった場合（その確率は $P_W(A)$），2番目の人は箱 A からくじを引きます。

← 2番目の人が当たりくじを引く確率は $\dfrac{9}{99}$

1番目の人の当たりくじが箱 B のくじだった場合（その確率は $P_W(B)$），2番目の人は箱 B からくじを引きます。

← 2番目の人が当たりくじを引く確率は $\dfrac{6}{99}$

よって，**ト～ニ** は $P_W(A) \times \dfrac{9}{99} + P_W(B) \times \dfrac{6}{99}$

一方，1番目の人が当たりくじを引いた後，異なる箱から2番目の人がくじを引いたとき，そのくじが当たりくじである確率は

$$P_W(A) \times \frac{7}{100} + P_W(B) \times \frac{10}{100} = \frac{10}{17} \times \frac{7}{100} + \frac{7}{17} \times \frac{10}{100}$$
$$= \frac{140}{1700} = \frac{7}{85}$$

1番目の人の当たりくじが箱Aのくじだった場合（その確率は$P_W(A)$），2番目の人は箱Bからくじを引きます。

2番目の人が当たりくじを引く確率は $\frac{7}{100}$

1番目の人の当たりくじが箱Bのくじだった場合（その確率は$P_W(B)$），2番目の人は箱Aからくじを引きます。

2番目の人が当たりくじを引く確率は $\frac{10}{100}$

よって，ヌ～ノ は $P_W(A) \times \frac{7}{100} + P_W(B) \times \frac{10}{100}$

> コメント

$\frac{7}{85} > \frac{4}{51}$ より，今度は異なる箱から引く方が当たりくじを引く確率は大きくなるとわかります。

チャレンジ 22

やや易 8分

三角形 ABC の外接円を O とし，円 O の半径を R とする。
太郎さんと花子さんは三角形 ABC について

$$\frac{a}{\sin A} = 2R \quad \cdots (*)$$

の関係が成り立つことを知り，その理由について，まず直角三角形の場合を次のように考察した。

> $C = 90°$ のとき，円周角の定理より，線分 AB は円 O の直径である。よって，
>
> $$\sin A = \frac{BC}{AB} = \frac{a}{2R}$$
>
> であるから，
>
> $$\frac{a}{\sin A} = 2R$$
>
> となる。
> よって，(∗)の関係が成り立つ。

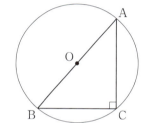

次に，太郎さんと花子さんは，三角形 ABC が鋭角三角形や鈍角三角形のときにも(∗)の関係が成り立つことを証明しようとしている。

三角形 ABC が鋭角三角形の場合についても(∗)の関係が成り立つことは，直角三角形の場合に(∗)の関係が成り立つことをもとにして，次のような太郎さんの構想により証明できる。

― 太郎さんの証明の構想 ―
点 A を含む弧 BC 上に点 A′ をとると，円周角の定理より，

$$\angle CAB = \angle CA'B$$

が成り立つ。
特に，$\boxed{\ \mathcal{T}\ }$ を点 A′ とし，三角形 A′BC に対して $C = 90°$ の場合の考察の結果を利用すれば，

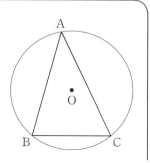

$$\frac{a}{\sin A} = 2R$$

が成り立つことを証明できる。

ア に当てはまる最も適当なものを，次の⓪～④のうちから一つ選べ。

⓪ 点 B から辺 AC に下ろした垂線と，円 O との交点のうち点 B と異なる点

① 直線 BO と円 O との交点のうち点 B と異なる点

② 点 B を中心とし点 C を通る円と，円 O との交点のうち点 C と異なる点

③ 点 O を通り辺 BC に平行な直線と，円 O との交点のうちの一つ

④ 辺 BC と直交する円 O の直径と，円 O との交点のうちの一つ

三角形 ABC が $A > 90°$ である鈍角三角形の場合についても $\dfrac{a}{\sin A} = 2R$ が成り立つことは，次のような花子さんの構想により証明できる。

花子さんの証明の構想

右図のように，線分 BD が円 O の直径となるように点 D をとると，三角形 BCD において

$$\sin \boxed{イ} = \frac{a}{2R}$$

である。
このとき，四角形 ABDC は円 O に内接するから，

$$\angle \text{CAB} = \boxed{ウ}$$

であり，

$$\sin \angle \text{CAB} = \sin(\boxed{ウ}) = \sin \boxed{イ}$$

となることを用いる。

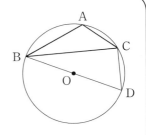

イ ，**ウ** に当てはまるものを，次の各解答群のうちから一つずつ選べ。

イ の解答群

⓪ ∠ABC　① ∠ABD　② ∠ACB　③ ∠ACD
④ ∠BCD　⑤ ∠BDC　⑥ ∠CBD

ウ の解答群

⓪ $90° + ∠ABC$　① $180° - ∠ABC$
② $90° + ∠ACB$　③ $180° - ∠ACB$
④ $90° + ∠BDC$　⑤ $180° - ∠BDC$
⑥ $90° + ∠ABD$　⑦ $180° - ∠CBD$

ポイント

正弦定理を直角三角形，鋭角三角形，鈍角三角形の3つの場合に場合分けして証明しています。共通テストでは，このような教科書の公式の証明の出題が予測されます。一通り確認しておくとよいでしょう。

解答

△A′BC が，$C = 90°$ の直角三角形となるように点 A′ をとると，

$$\sin A = \sin ∠BA'C = \frac{BC}{A'B} = \frac{a}{2R}$$

↑円周角の定理　　↑三角比の定義

よって，　ア ＝ ①

イ　△BCD は，$∠BCD = 90°$ の直角三角形であるから，

$$\frac{a}{2R} = \frac{BC}{BD} = \sin ∠BDC \quad (⑤) \quad ← \sin の定義$$

ウ　四角形 ABDC は円に内接するから，

$∠CAB + ∠BDC = 180°$　←向かい合う角の和が $180°$

∴　$∠CAB = 180° - ∠BDC \quad (⑤)$

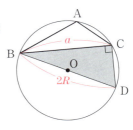

チャレンジ 23　[標準] (14分)

四角形 ABCD は，円Oに内接し，
$$2AB = BC,\ CD = 2,\ DA = 1,\ \cos\angle ABC = \frac{5}{8}$$
を満たしている。このとき，AC = $\dfrac{\sqrt{アイ}}{ウ}$ である。

また，円Oの半径は $\dfrac{2}{13}\sqrt{エオカ}$ で，AB = $\sqrt{キ}$ である。

さらに BD = $\dfrac{4}{5}\sqrt{クケ}$, $\cos\angle BCD = \dfrac{2}{5}\sqrt{コ}$ である。

ポイント

円に内接する四角形の問題です（パターン83, パターン84）。
$\angle ABC = \theta$, $AB = x$ とおくと，流れは下の通り。

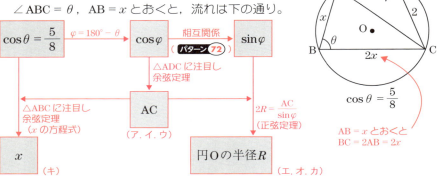

最後の ク～コ は余弦定理を2回使い，BDと $\cos\angle BCD$ の連立方程式を作ります（パターン83）。

解答　ア～ウ

$\angle ADC = \varphi$, $AB = x$, $BC = 2x$ とおく。（BC = 2AB）

このとき，$\varphi = 180° - \angle ABC$ より，← 向かい合う角の和は $180°$

$$\cos\varphi = \cos(180° - \angle ABC) = -\cos\angle ABC = -\frac{5}{8}$$

よって，△ADC に注目すると，

$$AC^2 = 1^2 + 2^2 - 2\cdot 1\cdot 2\cos\varphi \quad ← 余弦定理（パターン75）$$
$$= 1 + 4 + \frac{5}{2} = \frac{15}{2}$$

$$\therefore\ AC = \sqrt{\frac{15}{2}} = \frac{\sqrt{30}}{2}$$

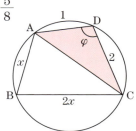

エオカ $\cos\varphi = -\dfrac{5}{8}$ より，$\sin\varphi = \dfrac{\sqrt{39}}{8}$

したがって，円Oの半径 R は

$$2R = \dfrac{AC}{\sin\varphi} = \dfrac{\dfrac{\sqrt{30}}{2}}{\dfrac{\sqrt{39}}{8}} = \dfrac{4\sqrt{30}}{\sqrt{39}} = \dfrac{4\sqrt{10}}{\sqrt{13}} = \dfrac{4\sqrt{130}}{13}$$

（正弦定理／分母・分子を $\sqrt{3}$ で割る／有理化）

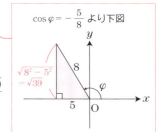

$\therefore\quad R = \dfrac{2}{13}\sqrt{130}$

キ △ABC に注目すると，

$$\left(\dfrac{\sqrt{30}}{2}\right)^2 = x^2 + (2x)^2 - 2\cdot x\cdot 2x\cos\angle ABC$$

$$\dfrac{15}{2} = \dfrac{5}{2}x^2$$

$$x^2 = 3$$

$\therefore\quad x = \sqrt{3}$　← AB $=\sqrt{3}$

（余弦定理を方程式的に使う）

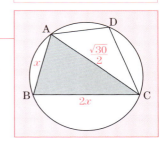

ク～コ 右図のようにおくと，（△ABDに余弦定理）

$$\begin{cases} BD^2 = 1^2 + (\sqrt{3})^2 - 2\cdot 1\cdot \sqrt{3}\cos(180°-C) = 4 + 2\sqrt{3}\cos C & \cdots ① \\ BD^2 = 2^2 + (2\sqrt{3})^2 - 2\cdot 2\cdot 2\sqrt{3}\cos C = 16 - 8\sqrt{3}\cos C & \cdots ② \end{cases}$$

① $-$ ② $\Rightarrow 0 = -12 + 10\sqrt{3}\cos C$

（△BCDに余弦定理）

$\cos C = \dfrac{12}{10\sqrt{3}} = \dfrac{2}{5}\sqrt{3}$　← $\cos\angle BCD$（コ）

①に代入して，$BD^2 = 4 + 2\sqrt{3}\cdot\dfrac{2\sqrt{3}}{5}$

$$= 4 + \dfrac{12}{5} = \dfrac{32}{5}$$

$\therefore\quad BD = \sqrt{\dfrac{32}{5}} = \dfrac{4}{5}\sqrt{10}$　← クケ

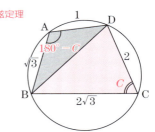

パターン 84

コメント BDだけならトレミーの定理が一番速い!!

別解　$\dfrac{\sqrt{30}}{2}\cdot BD = 1\cdot 2\sqrt{3} + 2\cdot \sqrt{3} = 4\sqrt{3}$

$\therefore\quad BD = \dfrac{8\sqrt{3}}{\sqrt{30}} = \dfrac{4}{5}\sqrt{10}$ ← トレミーの定理

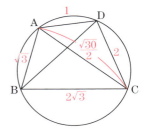

チャレンジ 24

△ABC において，AB = 2，BC = $\sqrt{5}+1$，CA = $2\sqrt{2}$ とする。また，△ABC の外接円の中心を O とする。

(1) このとき，∠ABC = $\boxed{アイ}$° であり，外接円 O の半径は $\dfrac{\boxed{ウ}}{\boxed{エ}}\sqrt{\boxed{オ}}$ である。

(2) 円 O の円周上に点 D を，直線 AC に関して点 B と反対側の弧の上にとる。△ABD の面積を S_1，△BCD の面積を S_2 とするとき
$$\dfrac{S_1}{S_2} = \sqrt{5}-1 \quad \cdots ①$$
であるとする。∠BAD + ∠BCD = $\boxed{カキク}$° であるから

CD = $\dfrac{\boxed{ケ}}{\boxed{コ}}$ AD となる。このとき CD = $\dfrac{\boxed{サ}}{\boxed{シ}}\sqrt{\boxed{スセ}}$ である。

さらに，2 辺 AD，BC の延長の交点を E とし，△ABE の面積を S_3，△CDE の面積を S_4 とする。このとき
$$\dfrac{S_3}{S_4} = \dfrac{\boxed{ソ}}{\boxed{タ}} \quad \cdots ②$$
である。①と②より $\dfrac{S_2}{S_4} = \dfrac{\sqrt{\boxed{チ}}}{\boxed{ツ}}$ となる。

ポイント

$\boxed{ケ}$～$\boxed{セ}$

CD = x，AD = y とおいて，①と余弦定理から x, y の連立方程式を作ります。

解答

(1) $\boxed{ア}$～$\boxed{オ}$

余弦定理より，

$\cos B = \dfrac{2^2 + (\sqrt{5}+1)^2 - (2\sqrt{2})^2}{2\cdot 2\cdot(\sqrt{5}+1)}$

$= \dfrac{2(\sqrt{5}+1)}{4(\sqrt{5}+1)} = \dfrac{1}{2}$

∴ $B = 60°$

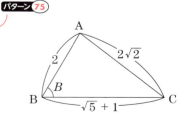

外接円 O の半径を R とすると，
$$2R = \frac{2\sqrt{2}}{\sin 60°} = \frac{2\sqrt{2}}{\frac{\sqrt{3}}{2}} = \frac{4\sqrt{2}}{\sqrt{3}} = \frac{4\sqrt{6}}{3}$$
← $2R = \dfrac{b}{\sin B}$ （正弦定理 パターン74）

$$\therefore R = \frac{2}{3}\sqrt{6}$$

(2) カ〜セ　$CD = x$, $AD = y$ とおく。このとき，
□ABCD は円に内接するので　パターン83
$$\angle BAD + \angle BCD = 180°$$
$\angle BAD = \theta$ とおくと，$\dfrac{S_1}{S_2} = \sqrt{5} - 1$ より，

$$\frac{\frac{1}{2} y \cdot 2\sin\theta}{\frac{1}{2} x(\sqrt{5}+1)\sin(180°-\theta)} = \sqrt{5} - 1$$

← $\sin(180° - \theta) = \sin\theta$ より消える

これより，
$$2y = (\sqrt{5}+1)(\sqrt{5}-1)x$$
$$2y = 4x$$
$$\therefore x = \frac{1}{2}y \quad \cdots ③$$

← $CD = \dfrac{1}{2} AD$ (ケコ)

一方，　パターン83
$$\angle ADC = 180° - \angle ABC = 180° - 60° = 120°$$

余弦定理より，
$$(2\sqrt{2})^2 = x^2 + y^2 - 2xy\cos 120°$$
$$\therefore 8 = x^2 + y^2 + xy \quad \cdots ④$$

← △ADC に注目

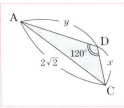

だから…

③，④を解けばよい!!

つづき

③より，$y = 2x$ なので，④に代入すると，
$$8 = x^2 + (2x)^2 + x \cdot 2x$$ ← $y = 2x$ を代入
$$8 = 7x^2$$
$$\therefore x = \sqrt{\frac{8}{7}}$$
$$= \frac{2}{7}\sqrt{14}$$ ← CD

ポイント

ソ〜ツ

右図において，△ABE∽△CDE が成り立ちます。

証明
{
∠AEB は共通
∠ABC = ∠CDE = 60°
2角が等しいので
△ABE∽△CDE
}

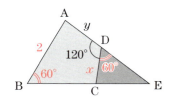

このとき，相似比は，$2:x$ なので，相似比の2乗が面積比になります。

解答

ソ〜ツ

△ABE∽△CDE であり，← ポイント 参照

相似比は，$2:x$ であるから，

$$\frac{S_3}{S_4} = \left(\frac{2}{x}\right)^2 = \frac{4}{x^2} = \frac{4}{\frac{8}{7}} = \frac{7}{2}$$

↑ 相似比の2乗が面積比 　$x^2 = \frac{8}{7}$ を代入

これより，

□ABCD：△CDE ＝ 5：2

になる（図1）。さらに，$\dfrac{S_1}{S_2} = \sqrt{5} - 1$

（すなわち，△ABD：△BCD ＝ $(\sqrt{5}-1):1$）

に注意すると，（図2）のようになる。

よって，

$$\frac{S_2}{S_4} = \frac{\sqrt{5}}{2}$$

〈面積比の計算の仕方〉

$S_1:S_2 = (\sqrt{5}-1):1$ より

△ABD $= 5 \times \dfrac{\sqrt{5}-1}{(\sqrt{5}-1)+1} = 5-\sqrt{5}$

△BCD $= 5 \times \dfrac{1}{(\sqrt{5}-1)+1} = \sqrt{5}$

ということは

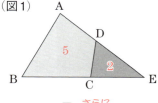

さらに
$S_1:S_2 = (\sqrt{5}-1):1$
より

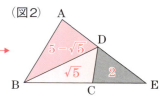

チャレンジ 25

標準 10分

　ある日,太郎さんと花子さんのクラスでは,数学の授業で先生から次のような宿題が出された。

> **宿題**　△ABC において $A = 60°$, B が鋭角であるとする。
> このとき,
> $$X = 4\cos^2 B + 4\sin^2 C - 4\sqrt{3}\cos B \sin C$$
> の値について調べなさい。

　放課後,太郎さんと花子さんは出された宿題について会話をした。二人の会話を読んで,下の問いに答えよ。

> 太郎：たとえば, $B = 13°$ にしてみよう。数学の教科書に三角比の表があるから,それを見ると, $\cos B = 0.9744$ で, $\sin C$ は……あれっ？　表には $0°$ から $90°$ までの三角比の値しか載っていないから分からないね。
>
> 花子：そういうときは, ア という関係を利用したらいいよ。この関係を使うと,教科書の三角比の表から $\sin C = $ イ だと分かるよ。
>
> 太郎：じゃあ,この場合の X の値を電卓を使って計算してみよう。 $\sqrt{3}$ は 1.732 として計算すると……あれっ？　ぴったりにはならなかったけど,小数第4位を四捨五入すると, X は 1.000 になったよ！　(a)これで, $A = 60°$, $B = 13°$ のときに $X = 1$ になることが証明できたことになるね。さらに, (b)「$A = 60°$ ならば $X = 1$」という命題が真であると証明できたね。
>
> 花子：本当にそうなのかな？

(1) ア , イ に当てはまる最も適当なものを,次の各解答群のうちから一つずつ選べ。

ア の解答群

⓪ $\sin(90°-\theta) = \sin\theta$　　① $\sin(90°-\theta) = -\sin\theta$
② $\sin(90°-\theta) = \cos\theta$　　③ $\sin(90°-\theta) = -\cos\theta$
④ $\sin(180°-\theta) = \sin\theta$　　⑤ $\sin(180°-\theta) = -\sin\theta$
⑥ $\sin(180°-\theta) = \cos\theta$　　⑦ $\sin(180°-\theta) = -\cos\theta$

イ の解答群

⓪ -3.2709　　① -0.9563　　② 0.9563　　③ 3.2709

(2) 太郎さんが言った下線部(a), (b)について, その正誤の組合せとして正しいものを, 次の⓪〜③のうちから一つ選べ。**ウ**

⓪ 下線部(a), (b)ともに正しい。
① 下線部(a)は正しいが, (b)は誤りである。
② 下線部(a)は誤りであるが, (b)は正しい。
③ 下線部(a), (b)ともに誤りである。

花子：$A = 60°$ ならば $X = 1$ となるかどうかを, 数式を使って考えてみようよ。△ABC の外接円の半径を R とするね。すると, $A = 60°$ だから, $BC = \sqrt{\boxed{エ}}\, R$ になるね。
太郎：$AB = \boxed{オ}$, $AC = \boxed{カ}$ になるよ。

---

(3) **エ** に当てはまる数を答えよ。また, **オ**, **カ** に当てはまるものを, 次の⓪〜⑦のうちから一つずつ選べ。ただし, 同じものを選んでもよい。

⓪ $R\sin B$　　① $2R\sin B$　　② $R\cos B$　　③ $2R\cos B$
④ $R\sin C$　　⑤ $2R\sin C$　　⑥ $R\cos C$　　⑦ $2R\cos C$

花子：次のように考えてみたよ。

――――＜花子さんのノート＞――――
点Cから直線ABに垂線CHを引くと，
Bが鋭角なので，右図のように点Hは
辺AB上の点となる。このとき，
　　AH = AC cos 60°，　BH = BC cos B
である。ABをAH，BHを用いて表すと
AB = AH + BHであるから
AB = $\boxed{キ}$ sin B + $\boxed{ク}$ cos B … ①
が得られる。

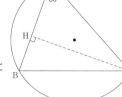

太郎：さっき，AB = $\boxed{オ}$ と求めたから，①の式とあわせると，
　　　X = 1となることが証明できたよ。

(4) $\boxed{キ}$，$\boxed{ク}$ に当てはまるものを，次の⓪〜⑧のうちから一つずつ選べ。ただし，同じものを選んでもよい。

⓪ $\dfrac{1}{2}R$　　① $\dfrac{\sqrt{2}}{2}R$　　② $\dfrac{\sqrt{3}}{2}R$　　③ R　　④ $\sqrt{2}R$

⑤ $\sqrt{3}R$　　⑥ $2R$　　⑦ $2\sqrt{2}R$　　⑧ $2\sqrt{3}R$

ポイント

(1) Cは鈍角です。この場合，公式
　　$\sin(180° - \theta) = \sin\theta$　…(☆)
を利用して，鋭角の三角比に直します。

例　$\sin 153° = \sin 27°$　← (☆)において $\theta = 27°$
　　　$\sin 171° = \sin 9°$　← (☆)において $\theta = 9°$

(3) 外接円の半径Rを使って表すので，正弦定理を利用します。

(4) AC = $\boxed{カ}$，BC = $\sqrt{\boxed{エ}}R$ を利用して，AH，BHを計算します。

解答

(1) **ア, イ** $A = 60°$, $B = 13°$ より, $C = 180° - A - B = 107°$ ← C は鈍角

よって, $\sin(180° - \theta) = \sin\theta$ を利用すると (**ア** = ④)

$\sin 107° = \sin 73°$ ← 上の式で $\theta = 73°$

$= 0.9563$ (**イ** = ②) ← $0° \leq \theta \leq 180°$ のとき $0 \leq \sin\theta \leq 1$
この条件を満たす選択肢は②のみ

(2) **ウ** 下線部(a)について:近似値を用いているので, $X = 1$ となることが証明できたということにはならない。よって,誤り。

下線部(b)について:仮に, $B = 13°$ のときに命題が成り立つと証明できたとしても,他の角度のときに成り立つとは限らない。よって,誤り。

以上より, **ウ** = ③

(3) **エ〜カ** 正弦定理より, $2R = \dfrac{BC}{\sin 60°} = \dfrac{AC}{\sin B} = \dfrac{AB}{\sin C}$

これより,

(*) $\begin{cases} BC = 2R\sin 60° = \sqrt{3}R \\ AB = 2R\sin C \quad (\boxed{オ} = ⑤) \\ AC = 2R\sin B \quad (\boxed{カ} = ①) \end{cases}$

(4) **キ, ク** 直角三角形 △ACH, △BCH に注目すると,

$\cos 60° = \dfrac{AH}{AC}$, $\cos B = \dfrac{BH}{BC}$

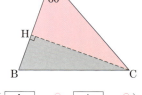

これより,

$\begin{cases} AH = AC\cos 60° = 2R\sin B \times \dfrac{1}{2} = R\sin B \\ BH = BC\cos B = \sqrt{3}R\cos B \quad ← (*)より \end{cases}$

∴ $AB = AH + BH = R\sin B + \sqrt{3}R\cos B$ (**キ** = ③, **ク** = ⑤)

下線①以降の $X = 1$ の証明(設問ではありません)

$AB = R\sin B + \sqrt{3}R\cos B$ より,

$2R\sin C = R\sin B + \sqrt{3}R\cos B$ ← $AB = \boxed{オ}$ を代入

$2\sin C - \sqrt{3}\cos B = \sin B$ ← 両辺を R で割り,移項

$(2\sin C - \sqrt{3}\cos B)^2 = \sin^2 B$ ← 両辺2乗した

$4\sin^2 C - 4\sqrt{3}\cos B\sin C + 3\cos^2 B = 1 - \cos^2 B$

∴ $X = 4\cos^2 B + 4\sin^2 C - 4\sqrt{3}\cos B\sin C = 1$

チャレンジ 26

△ABC において，AB = AC = 5，BC = $\sqrt{5}$ とする。辺 AC 上に点 D を AD = 3 となるようにとり，辺 BC の B の側の延長と△ABD の外接円との交点で B と異なるものを E とする。

CE・CB = $\boxed{アイ}$ であるから，BE = $\sqrt{\boxed{ウ}}$ である。

△ACE の重心を G とすると，AG = $\dfrac{\boxed{エオ}}{\boxed{カ}}$ である。

AB と DE の交点を P とすると $\dfrac{DP}{EP} = \dfrac{\boxed{キ}}{\boxed{ク}}$ ……①

である。

△ABC と△EDC において，点 A，B，D，E は同一円周上にあるので∠CAB = ∠CED で，∠C は共通であるから

DE = $\boxed{ケ}\sqrt{\boxed{コ}}$ ……②

である。①，②から，EP = $\dfrac{\boxed{サ}\sqrt{\boxed{シ}}}{\boxed{ス}}$ である。

ポイント

$\boxed{アイ}$ は方べきの定理（パターン93）。

$\boxed{キ}，\boxed{ク}$ はメネラウスの定理（パターン95）。「三角形」と「赤い直線」を見つけます。

$\boxed{ケ}，\boxed{コ}$ は，△ABC ∽ △EDC と△ABC が二等辺三角形であることに注目します。

解答

$\boxed{アイ}，\boxed{ウ}$

方べきの定理より，

CE・CB = CD・CA = 2・5 = 10

CB = $\sqrt{5}$ であるから，

$\sqrt{5}$ CE = 10

∴ CE = $2\sqrt{5}$

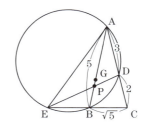

よって，
$$BE = CE - BC$$
$$= 2\sqrt{5} - \sqrt{5} = \sqrt{5}$$

エ～カ

$BE = BC$ であるから，AB は $\triangle ACE$ の中線。

ということは $AG:GB = 2:1$ （パターン91）

よって，
$$AG = \frac{2}{3}AB = \frac{2}{3} \times 5 = \frac{10}{3}$$

キ，ク

右図のように考えてメネラウスの定理を用いると，　←パターン95

$$\frac{DP}{EP} \cdot \frac{EB}{BC} \cdot \frac{CA}{AD} = 1$$

$$\frac{DP}{EP} \cdot \frac{\sqrt{5}}{\sqrt{5}} \cdot \frac{5}{3} = 1$$

$$\therefore \frac{DP}{EP} = \frac{3}{5}$$

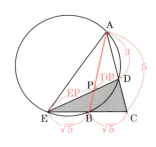

ケ～ス

円周角の定理

$\angle CAB = \angle CED$，$\angle C$ は共通より，

$\triangle EDC \backsim \triangle ABC$ ← $\triangle ABC$ は二等辺三角形

これより，$\triangle EDC$ も二等辺三角形であるから，
$$ED = EC = 2\sqrt{5}$$

よって，　キ，クより $EP:DP = 5:3$

$$EP = \frac{5}{8}ED = \frac{5\sqrt{5}}{4}$$

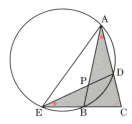

チャレンジ 27

四角形 ABCD において，AB = 4，BC = 2，DA = DC であり，4 つの頂点 A，B，C，D は同一円周上にある。対角線 AC と対角線 BD の交点を E，線分 AD を 2 : 3 の比に内分する点を F，直線 EF と直線 DC の交点を G とする。

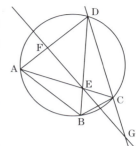

次の ア には，下の⓪〜④のうちから当てはまるものを一つ選べ。

∠ABC の大きさが変化するとき四角形 ABCD の外接円の大きさも変化することに注意すると，∠ABC の大きさがいくらであっても，∠DAC と大きさが等しい角は，∠DCA と∠DBC と ア である。

⓪ ∠ABD ① ∠ACB ② ∠ADB ③ ∠BCG ④ ∠BEG

このことより $\dfrac{EC}{AE} = \dfrac{イ}{ウ}$ である。次に，△ACD と直線 FE に着目すると，$\dfrac{GC}{DG} = \dfrac{エ}{オ}$ である。

(1) 直線 AB が点 G を通る場合について考える。
    このとき，△AGD の辺 AG 上に点 B があるので，BG = カ である。
    また，直線 AB と直線 DC が点 G で交わり，4 点 A，B，C，D は同一円周上にあるので，DC = キ√ク である。

(2) 四角形 ABCD の外接円の直径が最小となる場合について考える。
    このとき，四角形 ABCD の外接円の直径は ケ であり，∠BAC = コサ °である。
    また，直線 FE と直線 AB の交点を H とするとき，$\dfrac{GC}{DG} = \dfrac{エ}{オ}$ の関係に着目して AH を求めると，AH = シ である。

🟥 ポイント

ア △DAC は DA = DC の二等辺三角形なので，∠DAC = ∠DCA
また，円周角の定理より，∠DAC = ∠DBC がわかります。
あとは，円周角の定理を利用して，∠DCA に等しい角をさがします。

イ，ウ BD が ∠ABC の二等分線であることを利用します。

エ，オ メネラウスの定理です (△ACD と直線 FE に着目と書いてあります)。

(2) AB = 4, BC = 2 の △ABC の外接円の直径の最小値を求めます。 ←このとき，D は $\overset{\frown}{AC}$ の中央の点として，自動的に決定されるので D は無視してよい

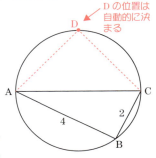
D の位置は自動的に決まる

一般に
　　　(円の直径) ≧ (弦の長さ)
なので，
　　　(円の直径) ≧ AB = 4
が成り立ちます。これより，等号が成立するとき (つまり，AB が直径のとき)，円の直径は最小値 4 となります。

また，このとき，∠ACB = 90°，AB = 4，BC = 2 なので，△ABC は 90°，60°，30°の直角三角形になります。

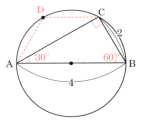

🟥 解答

ア = ⓪ (円周角の定理より ∠DCA = ∠ABD)

イ，ウ
BD は ∠ABC の二等分線であるから，
　　　AE : EC = BA : BC = 4 : 2
∴ $\dfrac{EC}{AE} = \dfrac{1}{2}$

DA = DC より対応する円周角が等しい

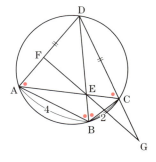

308　チャレンジ編

エ, オ

右図のように考えると,メネラウスの定理より, ← **パターン95**

$$\frac{GC}{DG} \cdot \frac{DF}{FA} \cdot \frac{AE}{EC} = 1$$

$$\frac{GC}{DG} \cdot \frac{3}{2} \cdot \frac{2}{1} = 1$$

$$\therefore \frac{GC}{DG} = \frac{1}{3}$$

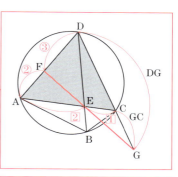

(1) **カ**

チェバの定理より, ← **パターン94**

$$\frac{BG}{BA} \cdot \frac{AF}{DF} \cdot \frac{DC}{CG} = 1$$

$$\frac{BG}{BA} \cdot \frac{2}{3} \cdot \frac{2}{1} = 1 \quad \frac{GC}{DG} = \frac{1}{3} \text{ より}$$
$$\qquad\qquad\qquad\qquad DC:CG = 2:1$$

$$\therefore BG = \frac{3}{4}BA = \frac{3}{4} \times 4 = 3$$

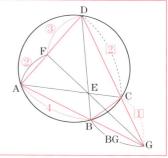

キ, ク

$GC = x$ とおくと,$GD = 3x$ ← $\frac{GC}{DG} = \frac{1}{3}$ より

方べきの定理より,

$$GB \cdot GA = GC \cdot GD$$
$$3 \cdot 7 = x \cdot 3x$$
$$x^2 = 7$$
$$\therefore x = \sqrt{7}$$

よって,

$$DC = 2x = 2\sqrt{7}$$

(2) **ケ, コサ** ← **ポイント** 参照

(直径)≧ AB = 4 なので,等号が成立するとき,直径は最小である。このとき,右図のようになり,四角形 ABCD の外接円の直径は 4, ∠BAC = 30°

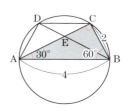

シ

∠BDC = ∠BAC = 30° ← 円周角の定理

AD = DC より，

∠ABD = ∠CBD = 30° ← 対応する円周角が等しい

よって，下図のようになる。

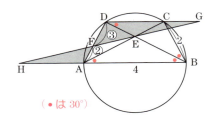

(・は 30°)

△CBD は二等辺三角形であるから，

CD = CB = 2

また，$\dfrac{GC}{DG} = \dfrac{1}{3}$ より， ← エ，オより

CG = $\dfrac{1}{2}$CD = 1   ∠GDB = ∠DBA = 30°より DG // HB

DG // HB より，△FGD ∽ △FHA となり，

AH : DG = FA : FD

= 2 : 3 ← 対応する辺の比は等しい

DG = DC + CG = 2 + 1 = 3 であるから，

AH : 3 = 2 : 3 ← AH : DG = 2 : 3 に代入

∴ AH = 2

チャレンジ 28

標準 10分

△ABC において，AB = 3，BC = 8，AC = 7 とする。

(1) 辺 AC 上に点 D を AD = 3 となるようにとり，△ABD の外接円と直線 BC の交点で B と異なるものを E とする。このとき，BC・CE = アイ であるから，CE = ウ/エ である。

直線 AB と直線 DE の交点を F とするとき，$\dfrac{BF}{AF} = \dfrac{オカ}{キ}$ であるから，AF = クケ/コ である。

(2) ∠ABC = サシ° である。△ABC の内接円の半径は $\dfrac{ス\sqrt{セ}}{ソ}$ であり，△ABC の内心を I とすると BI = $\dfrac{タ\sqrt{チ}}{ツ}$ である。

ポイント

(1) アイ は方べきの定理です（パターン93）。 オ～キ はメネラウスの定理（パターン95）。△ABC と直線 EF に注目します。

 ク～コ は オ～キ を利用して BF:AF を求めます。

(2) 内接円の半径は，パターン81 です。 タ～ツ は，BI が ∠ABC の二等分線であることに注意して，△IDB の 3 辺の比を考えます。

解答

(1) ア～エ

方べきの定理より，

BC・CE = CA・CD
　　　　= 7・4 = 28

BC = 8 であるから，

8 CE = 28

∴　CE = 7/2

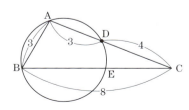

オ〜コ

$$BE = BC - CE = 8 - \frac{7}{2} = \frac{9}{2}$$

である。右図のように考えてメネラウスの定理を用いると，

$$\frac{BF}{AF} \cdot \frac{AD}{CD} \cdot \frac{CE}{BE} = 1$$

$$\frac{BF}{AF} \cdot \frac{3}{4} \cdot \frac{\frac{7}{2}}{\frac{9}{2}} = 1$$

$$\therefore \quad \frac{BF}{AF} = \frac{12}{7} \quad \cdots ①$$

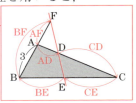

△ABCと直線 EF に対して
メネラウスの定理を利用

パターン 95

よって，BA：AF ＝ 5：7 であるから，

$$AF = \frac{7}{5}AB$$

$$= \frac{7}{5} \times 3$$

$$= \frac{21}{5}$$

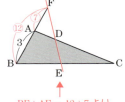

BF：AF ＝ 12：7 より
BA：AF ＝ 5：7

(2) サ シ

余弦定理より，

$$\cos B = \frac{3^2 + 8^2 - 7^2}{2 \cdot 3 \cdot 8}$$

$$\cos B = \frac{c^2 + a^2 - b^2}{2ca}$$

$$= \frac{24}{48}$$

$$= \frac{1}{2}$$

$$\therefore \quad B = 60°$$

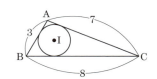

312　チャレンジ編

ス～ソ

△ABC の面積を S とすると,
$$S = \frac{1}{2} \cdot 3 \cdot 8 \sin 60° = \frac{1}{2} \cdot 3 \cdot 8 \cdot \frac{\sqrt{3}}{2} = 6\sqrt{3}$$

である。△ABC の内接円の半径を r とし,
$$S = \frac{1}{2}(a + b + c)r \quad \longleftarrow S = \frac{1}{2}(a+b+c)r \qquad \text{パターン 81}$$

に代入すると,
$$6\sqrt{3} = \frac{1}{2}(3 + 8 + 7)r$$
$$9r = 6\sqrt{3}$$
$$\therefore \quad r = \frac{2\sqrt{3}}{3}$$

タ～ツ

△ABC の内接円と辺 AB の接点を D とすると,
$$\begin{cases} \angle \text{IDB} = 90° & \longleftarrow \text{D は接点} \\ \angle \text{DBI} = 30° & \longleftarrow \text{BI は}\angle\text{ABC の二等分線} \\ \text{ID} = \frac{2}{3}\sqrt{3} & \longleftarrow \text{内接円の半径} \end{cases}$$

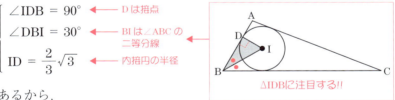

であるから,
$$\text{BI} = 2\,\text{ID} = \frac{4\sqrt{3}}{3} \quad \longleftarrow \triangle\text{IDB は } 90°,\ 60°,\ 30° \text{の直角三角形なので三辺の比は } 2:1:\sqrt{3}$$

チャレンジ 29

やや難 12分

　ある日，太郎さんと花子さんのクラスでは，数学の授業で先生から次の**問題1**が宿題として出された。下の問いに答えよ。なお，円周上に異なる2点をとった場合，弧は二つできるが，本問題において，弧は二つあるうちの小さい方を指す。

> **問題1**　正三角形ABCの外接円の弧BC上に点Xがあるとき，AX = BX + CX が成り立つことを証明せよ。

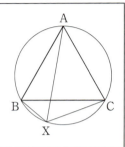

(1)　**問題1**は次のような構想をもとにして証明できる。

> 　線分AX上にBX = B'Xとなる点B'をとり，BとB'を結ぶ。AX = AB' + B'Xなので，AX = BX + CXを示すには，AB' = CXを示せばよく，AB' = CXを示すには，二つの三角形 ア と イ が合同であることを示せばよい。

　ア ， イ に当てはまるものを，次の⓪〜⑦のうちから一つずつ選べ。ただし， ア ， イ の解答の順序は問わない。

⓪ △ABB'　　① △AB'C　　② △ABX　　③ △AXC
④ △BCB'　　⑤ △BXB'　　⑥ △B'XC　　⑦ △CBX

　太郎さんたちは，次の日の数学の授業で**問題1**を証明した後，点Xが弧BC上にないときについて先生に質問をした。その質問に対して先生は，一般に次の**定理**が成り立つことや，その**定理**と**問題1**で証明したことを使うと，下の**問題2**が解決できることを教えてくれた。

314　チャレンジ編

> **定理** 平面上の点 X と正三角形 ABC の各頂点からの距離 AX, BX, CX について，点 X が三角形 ABC の外接円の弧 BC 上にないときは，AX < BX + CX が成り立つ．

> **問題2** 三角形 PQR について，各頂点からの距離の和 PY + QY + RY が最小になる点 Y はどのような位置にあるかを求めよ．ただし，△PQR は 120° 以上の角をもたない三角形とする．

(2) 太郎さんと花子さんは**問題2**について，次のような会話をしている．

> 花子：**問題1**で証明したことは，二つの線分 BX と CX の長さの和を一つの線分 AX の長さに置き換えられるってことだよね．
> 太郎：下の図の三角形 PQR で辺 PQ を 1 辺とする正三角形をかいてみたらどうかな．辺 PQ に関して点 R とは反対側に点 S をとって，正三角形 PSQ をかき，その外接円をかいてみようよ．

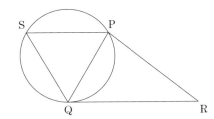

> 花子：正三角形 PSQ の外接円の弧 PQ 上に点 T をとると，PT と QT の長さの和は線分 $\boxed{ウ}$ の長さに置き換えられるから，PT + QT + RT = $\boxed{ウ}$ + RT になるね．
> 太郎：**定理**と**問題1**で証明したことを使うと**問題2**の点 Y は，点 $\boxed{エ}$ と点 $\boxed{オ}$ を通る直線と $\boxed{カ}$ との交点になることが示せるよ．
> 花子：∠QPR が 120° 未満だから，点 $\boxed{エ}$ と点 $\boxed{オ}$ を通る直線と $\boxed{カ}$ は確かに交わるね．

(i) ウ に当てはまるものを，次の⓪〜⑤のうちから一つ選べ。

- ⓪ PQ
- ① PS
- ② QS
- ③ RS
- ④ RT
- ⑤ ST

(ii) エ ， オ に当てはまるものを，次の⓪〜④のうちから一つずつ選べ。ただし， エ ， オ の解答の順序は問わない。

- ⓪ P
- ① Q
- ② R
- ③ S
- ④ T

(iii) カ に当てはまるものを，次の⓪〜⑤のうちから一つ選べ。

- ⓪ 辺 PQ
- ① 辺 PS
- ② 辺 QS
- ③ 弧 PQ
- ④ 弧 PS
- ⑤ 弧 QS

(iv) 点 Y について正しく述べたものを，次の⓪〜④のうちから一つ選べ。
キ

- ⓪ 点 Y は，三角形 PQR の外心である。
- ① 点 Y は，三角形 PQR の内心である。
- ② 点 Y は，三角形 PQR の重心である。
- ③ 点 Y は，∠PYR = ∠QYP = ∠RYQ となる点である。
- ④ 点 Y は，∠PQY + ∠PRY + ∠QPR = 180° となる点である。

ポイント

△PQR について，PY + QY + RY が最小となる点 Y をフェルマー点といいます。本問は，120°以上の角をもたない三角形においてフェルマー点を求める問題です（試行調査では，この条件はついていませんでした）。 問題1 と 定理 をうまく使って，誘導にのるようにしてください。

解答

(1) ア , イ = ⓪ , ⑦

〈△ABB' ≡ CBX の証明〉 ← 設問ではありません

△ABC は正三角形であるから,
 AB = BC …①

次に, BX = B'X, ∠BXA = ∠BCA = 60°より, ← 円周角の定理
△XBB'は正三角形である。よって,
 BB' = BX …②

また,
 ∠ABB' = ∠ABC − ∠B'BC
  = 60° − ∠B'BC
  = ∠B'BX − ∠B'BC ← △XBB'は正三角形なので, ∠B'BX = 60°
  = ∠CBX …③

①, ②, ③より, 2辺とその間の角がそれぞれ等しいから,
 △ABB' ≡ △CBX ← よって, AB' = CX である

(2) ウ〜カ

(i)〜(iii) 弧PQ上にTをとると
(1)より,
 PT + QT = ST (ウ = ⑤)
これより,
 PT + QT + RT = ST + RT
であり, ST + RT は, 3点S, T, Rが一直線上のとき最小である。

一方, Tが弧PQ上にないときは, 定理 より,
 PT + QT + RT > ST + RT ≧ SR

以上より, 問題2 の点Yは点Sと点Rを通る直線と弧PQの交点となる。
(エ , オ = ② , ③ カ = ③)

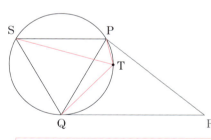

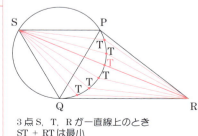

3点S, T, Rが一直線上のとき
ST + RT は最小

チャレンジ29 317

〈まとめ〉

(ア) T が弧 PQ 上のとき,
    PT + QT + RT = ST + RT ≧ SR
    (等号は3点 S, T, R が一直線上のとき)

(イ) T が弧 PQ 上にないとき, 定理 より
    PT + QT + RT > ST + RT ≧ SR ← PT + QT + RT は SR より大

(ア), (イ)より, PT + QT + RT の最小値は SR である。

(iv) キ エ～カ より，右図の
ようになる。

四角形 SQYP は円に内接する
四角形なので
    ∠PYQ = 180° − ∠PSQ
         パターン83
         = 180° − 60° ← ∠PSQ = 60°より
         = 120°

また，円周角の定理より，
    ∠SYQ = ∠SPQ = 60°

よって，
    ∠QYR = 180° − ∠SYQ
         = 180° − 60°
         = 120°   ← ∠PYR = 360° − ∠PYQ − ∠QYR
                      = 360° − 120° − 120°
                      = 120°
                      もわかります

これより，求める答は ③

チャレンジ30

標準 **12分**

(1) 不定方程式

$$92x + 197y = 1$$

を満たす整数 x, y の組の中で，x の絶対値が最小のものは

$$x = \boxed{アイ}, \quad y = \boxed{ウエ}$$

である。不定方程式

$$92x + 197y = 10$$

を満たす整数 x, y の組の中で，x の絶対値が最小のものは

$$x = \boxed{オカキ}, \quad y = \boxed{クケ}$$

である。

(2) 2進法で $11011_{(2)}$ と表される数を4進法で表すと $\boxed{コサシ}_{(4)}$ である。

次の⓪〜⑤の6進法の小数のうち，10進法で表すと有限小数として表せるのは，$\boxed{ス}$, $\boxed{セ}$, $\boxed{ソ}$ である。ただし，解答の順序は問わない。

⓪ $0.3_{(6)}$ ① $0.4_{(6)}$
② $0.33_{(6)}$ ③ $0.43_{(6)}$
④ $0.033_{(6)}$ ⑤ $0.043_{(6)}$

ポイント

(1) 1次不定方程式の問題です。$92x + 197y = 1$ の特殊解を (a, b) とすると，

$$92a + 197b = 1 \quad \cdots (☆) \quad \leftarrow (a, b)\text{は }92x + 197y = 1\text{ を満たす}$$

を満たします。この式の両辺を10倍すると，

$$92 \cdot 10a + 197 \cdot 10b = 10$$

なので，$(10a, 10b)$ は，$92x + 197y = 10$ の特殊解となります。

(2) n 進法で表された小数は，n 進数（**パターン109**）と同じように定義されます。

例
$$0.101_{(2)} = 1 \times \frac{1}{2} + 0 \times \frac{1}{2^2} + 1 \times \frac{1}{2^3}$$

$$1.231_{(4)} = 1 + 2 \times \frac{1}{4} + 3 \times \frac{1}{4^2} + 1 \times \frac{1}{4^3}$$

また，既約分数 $\dfrac{n}{m}$ が有限小数となるのは， ← 既約分数なので，m と n は互いに素

分母 m の素因数が 2 と 5 だけ

のときです。たとえば，

$$\frac{1}{3},\ \frac{1}{10},\ \frac{3}{8},\ \frac{17}{42},\ \frac{19}{250}$$

のうち，有限小数は $\dfrac{1}{10},\ \dfrac{3}{8},\ \dfrac{19}{250}$ です。 ← $10 = 2\cdot 5,\ 8 = 2^3,\ 250 = 2\cdot 5^3$
（分母の素因数が 2 と 5 だけ）

解答

(1) ア～エ

$$\begin{cases} 197 = 92\cdot 2 + 13 & \cdots ① \\ 92 = 13\cdot 7 + 1 & \cdots ② \end{cases}$$

より，

$$\begin{aligned} 1 &= 92 - 7\cdot 13 \\ &= 92 - 7(197 - 92\cdot 2) \\ &= 15\cdot 92 - 7\cdot 197 \end{aligned}$$

← ②を1について解く
← ①を $13 = 197 - 92\cdot 2$ と変形し代入　例題⑩ 参照
← 92と197に注目し整理

$\therefore\ 92\cdot 15 + 197\cdot(-7) = 1$

これより，$(x,\ y) = (15,\ -7)$ は $92x + 197y = 1$ の特殊解である。

$$\begin{cases} 92x + 197y = 1 & \cdots ③ \\ 92\cdot 15 + 197\cdot(-7) = 1 & \cdots ④ \end{cases}$$

③-④より，

$$92(x - 15) + 197(y + 7) = 0$$

92 と 197 は互いに素であるから，

$$x - 15 = 197k,\ y + 7 = -92k \quad (k \text{ は整数})$$

$\therefore\ x = 197k + 15,\ y = -92k - 7$

よって，③を満たす整数 $x,\ y$ の組の中で，x の絶対値が最小のものは，$k = 0$ のときで，

$$x = 15,\ y = -7$$

オ～ケ

④の両辺を 10 倍すると
$92\cdot 150 + 197\cdot(-70) = 10$
$\therefore\ (150,\ -70)$ は特殊解

$(x,\ y) = (150,\ -70)$ は，$92x + 197y = 10$ の特殊解である。

$$\begin{cases} 92x + 197y = 10 & \cdots ⑤ \\ 92\cdot 150 + 197\cdot(-70) = 10 & \cdots ⑥ \end{cases}$$

⑤−⑥より，
$$92(x - 150) + 197(y + 70) = 0$$
92 と 197 は互いに素であるから，
$$x - 150 = 197l, \quad y + 70 = -92l \quad (l \text{ は整数})$$
$$\therefore \quad x = 197l + 150, \quad y = -92l - 70$$
よって，⑤を満たす整数 x, y の組の中で，x の絶対値が最小のものは，$l = -1$ のときで，
$$x = -47, \quad y = 22$$

(2) **コサシ**

$11011_{(2)} = 1 \times 2^4 + 1 \times 2^3 + 0 \times 2^2 + 1 \times 2^1 + 1$ ← **パターン109**
$= 27$

よって，4 で次々と割っていくことにより，求める答えは，

$123_{(4)}$

$27 \div 4 \Rightarrow$ 商 6, 余り 3
$6 \div 4 \Rightarrow$ 商 1, 余り 2
$1 \div 4 \Rightarrow$ 商 0, 余り 1

ス〜ソ

⓪ $0.3_{(6)} = \dfrac{3}{6} = \dfrac{1}{2}$

① $0.4_{(6)} = \dfrac{4}{6} = \dfrac{2}{3}$

② $0.33_{(6)} = \dfrac{3}{6} + \dfrac{3}{6^2} = \dfrac{21}{36} = \dfrac{7}{12}$

③ $0.43_{(6)} = \dfrac{4}{6} + \dfrac{3}{6^2} = \dfrac{27}{36} = \dfrac{3}{4}$

④ $0.033_{(6)} = \dfrac{0}{6} + \dfrac{3}{6^2} + \dfrac{3}{6^3} = \dfrac{21}{216} = \dfrac{7}{72}$

⑤ $0.043_{(6)} = \dfrac{0}{6} + \dfrac{4}{6^2} + \dfrac{3}{6^3} = \dfrac{27}{216} = \dfrac{1}{8}$

これより，10 進法で表すと，有限小数として表せるのは，
⓪, ③, ⑤

チャレンジ 31

標準 12分

以下では，$a = 756$ とし，m は自然数とする。

(1) a を素因数分解すると
$$a = 2^{\boxed{ア}} \cdot 3^{\boxed{イ}} \cdot \boxed{ウ}$$
である。

a の正の約数の個数は $\boxed{エオ}$ 個である。

(2) $\sqrt{am}$ が自然数となる最小の自然数 m は $\boxed{カキ}$ である。$\sqrt{am}$ が自然数となるとき，m はある自然数 k により，$m = \boxed{カキ}k^2$ と表される数であり，そのときの $\sqrt{am}$ の値は $\boxed{クケコ}k$ である。

(3) 次に，自然数 k により $\boxed{クケコ}k$ と表される数で，11 で割った余りが 1 となる最小の k を求める。1 次不定方程式
$$\boxed{クケコ}k - 11l = 1$$
を解くと，$k > 0$ となる整数解 (k, l) のうち k が最小のものは，$k = \boxed{サ}$，$l = \boxed{シスセ}$ である。

(4) $\sqrt{am}$ が 11 で割ると 1 余る自然数となるとき，そのような自然数 m のなかで最小のものは $\boxed{ソタチツ}$ である。

ポイント

(1)は パターン102。約数の個数の公式に当てはめます。(2)は 例題100 (3)を参照。am が平方数となればよいので，各素因数が偶数個となるようにします。

(3) 自然数 $\boxed{クケコ}k$ と表される数で 11 で割った余りが 1 となる数は，
$$\boxed{クケコ}k = 11l + 1 \quad (l \text{ は整数}) \quad \therefore \quad \boxed{クケコ}k - 11l = 1$$
を満たします。よって，この不定方程式を満たす最小の正の整数 k を求めます（チャレンジ30 と同じ手順です）。

(4) (2), (3)を利用します。

解答

(1) ア～エ a を素因数分解すると，
$$a = 756 = 2^2 \cdot 3^3 \cdot 7$$
よって，a の正の約数の個数は，
$$3 \times 4 \times 2 = 24 \text{（個）}$$

```
2) 756
2) 378
3) 189
3)  63
3)  21
    7
```

(2) **カ～コ** am が平方数となればよい。そのためには，
$$m = 3\cdot 7 \times k^2 = 21k^2 \quad \cdots ① \quad (k \text{ は自然数})$$
の形でなければならない。このとき，
$$\sqrt{am} = \sqrt{2^2 \cdot 3^4 \cdot 7^2 k^2} = 2\cdot 3^2 \cdot 7 k = 126k$$

> このとき
> $am = 2^2 \cdot 3^3 \cdot 7 \times 3 \cdot 7k^2$
> $\quad = 2^2 \cdot 3^4 \cdot 7^2 k^2$
> $\quad = (2\cdot 3^2 \cdot 7k)^2$
> より，am は平方数

$\sqrt{am}$ が自然数となる最小の自然数は $k = 1$
のときで，このとき，m は 21 である。

(3) **サ～セ** 自然数 k により $126k$ と表される数で，11 で割った余りが 1 となる数は，
$$126k = 11l + 1 \quad \therefore \quad 126k - 11l = 1 \quad (l \text{ は整数})$$
を満たす。
$$\begin{cases} 126 = 11\cdot 11 + 5 & \cdots ② \\ 11 = 5\cdot 2 + 1 & \cdots ③ \end{cases} \text{ より，}$$
$$\begin{aligned} 1 &= 11 - 2\cdot 5 & \leftarrow &\text{③を 1 について解く}\\ &= 11 - 2(126 - 11\cdot 11) & \leftarrow &\text{②を } 5 = 126 - 11\cdot 11 \text{ と変形し代入} \\ &= 23\cdot 11 - 2\cdot 126 & \leftarrow &\text{11 と 126 に注目し整理} \end{aligned}$$

例題 **107** 参照

$$\therefore \quad 126\cdot(-2) - 11\cdot(-23) = 1$$
これより，$(k, l) = (-2, -23)$は，$126k - 11l = 1$ の特殊解である。
$$\begin{cases} 126k - 11l = 1 & \cdots ④ \\ 126\cdot(-2) - 11\cdot(-23) = 1 & \cdots ⑤ \end{cases}$$
④ $-$ ⑤より，$126(k+2) - 11(l+23) = 0$
126 と 11 は互いに素であるから，
$$k + 2 = 11n, \quad l + 23 = 126n \quad (n \text{ は整数})$$
$$\therefore \quad k = 11n - 2, \quad l = 126n - 23$$
よって，$k > 0$ となる整数解 (k, l) のうち k が最小のものは，$n = 1$ のときで，$k = 9$，$l = 103$

(4) **ソ～ツ** $\sqrt{am}$ が自然数となるとき，(2)より，$\sqrt{am} = 126k$
これが 11 で割ると 1 余るとき，
$$\sqrt{am} = 126k = 11l + 1 \quad (l \text{ は整数}) \quad \cdots ⑥$$
を満たす。$m = 21k^2$ に注意すると， ← (2)より
⑥を満たす自然数 k のうち最小のものを考えると，m も最小である。
したがって，(3)より，$k = 9$ のとき m は最小となる。
よって，求める最小の m は $m = 21\cdot 9^2 = 1701$

チャレンジ32 やや難 12分

(1) 百の位の数が3,十の位の数が7,一の位の数が a である3桁の自然数を $37a$ と表記する。

$37a$ が4で割り切れるのは
$$a = \boxed{ア}, \boxed{イ}$$
のときである。ただし，$\boxed{ア}$，$\boxed{イ}$ の解答の順序は問わない。

(2) 千の位の数が7，百の位の数が b，十の位の数が5，一の位の数が c である4桁の自然数を $7b5c$ と表記する。

$7b5c$ が4でも9でも割り切れる b, c の組は，全部で $\boxed{ウ}$ 個ある。これらのうち，$7b5c$ の値が最小になるのは $b = \boxed{エ}$，$c = \boxed{オ}$ のときで，$7b5c$ の値が最大になるのは $b = \boxed{カ}$，$c = \boxed{キ}$ のときである。

また，$7b5c = (6 \times n)^2$ となる b, c と自然数 n は
$$b = \boxed{ク}, \quad c = \boxed{ケ}, \quad n = \boxed{コサ}$$
である。

(3) 1188の正の約数は全部で $\boxed{シス}$ 個ある。

これらのうち，2の倍数は $\boxed{セソ}$ 個，4の倍数は $\boxed{タ}$ 個ある。

1188のすべての正の約数の積を2進法で表すと，末尾には0が連続して $\boxed{チツ}$ 個並ぶ。

ポイント

$\boxed{ク}\sim\boxed{サ}$

$$7b5c = (6 \times n)^2 = 36 \times n^2$$

36で割り切れるので 4でも9でも割り切れる

なので，$7b5c$ は36で割り切れることがわかります(必要条件)。

36で割り切れる (b, c) は3個しかないので($\boxed{ウ}$ の答え)，それぞれの場合で36で割り，$36 \times$(平方数)の形になるかどうかを調べます。 ← 十分性の確認

解答

(1) 下2桁 $7a$ が4の倍数になればよいので ← パターン 99

$a = 2, 6$ ← 70, 71, …, 79のうち4の倍数は 72 と 76

324 チャレンジ編

(2) $7b5c$ が 4 で割り切れるのは，下 2 桁 $5c$ が 4 の倍数になればよいので， ← パターン99

$$c = 2, \ 6$$ ← 50, 51, …, 59 のうち 4 の倍数は 52 と 56

また，$7b5c$ が 9 で割り切れるのは，各位の数の和

$$A = 7 + b + 5 + c = 12 + b + c$$

が 9 で割り切れるときである。 ← パターン99

(i) $c = 2$ のとき

$$A = 14 + b$$

より，これが 9 で割り切れるのは，$b = 4$ のとき。

(ii) $c = 6$ のとき

$$A = 18 + b$$

より，これが 9 で割り切れるのは，$b = 0, \ 9$ のとき。

以上，(i), (ii)より，$7b5c$ が 4 でも 9 でも割り切れるのは，

$$(b, \ c) = (4, \ 2), \ (0, \ 6), \ (9, \ 6)$$

の全部で 3 個ある。これらのうち，$7b5c$ の値が最小となるのは，$b = 0$，$c = 6$ のときで，$7b5c$ の値が最大となるのは $b = 9$，$c = 6$ のとき。

ク～サ

$7b5c = (6 \times n)^2 = 36n^2$ より，$7b5c$ が 36 で割り切れることが必要条件。

・$(b, \ c) = (4, \ 2)$ のとき，$7b5c = 7452 = 36 \times 207$ ← 207 は平方数でない
・$(b, \ c) = (0, \ 6)$ のとき，$7b5c = 7056 = 36 \times 196$ ← $(6 \times 14)^2$
・$(b, \ c) = (9, \ 6)$ のとき，$7b5c = 7956 = 36 \times 221$ ← 221 は平方数でない

以上より，$7b5c = (6 \times n)^2$ となる $b, \ c, \ n$ は，

$$b = 0, \ c = 6, \ n = 14$$

ポイント

(3) 1188 を素因数分解すると，$2^2 \cdot 3^3 \cdot 11$ なのでこれより正の約数の個数がわかります（パターン102）。また，1188 の正の約数のうち 2 の倍数は

$$2^p \cdot 3^q \cdot 11^r \quad (1 \leqq p \leqq 2, \ 0 \leqq q \leqq 3, \ 0 \leqq r \leqq 1)$$

の形なので，

2 の倍数なので p は 1 以上でなければならない

① p を決める そのあと ② q を決める そのあと ③ r を決める

の順序立てで積の法則を利用します。4 の倍数も同様です。

チツ　一般に整数 A を 2 進法で表したとき,

下 k 桁は 2^k で割った余り

を表します。

例　$A = 10111_{(2)}$ の下 3 桁 $111_{(2)}$ は A を $2^3(=8)$ で割った余りである。

証明
$$A = 1 \cdot 2^4 + 0 \cdot 2^3 + 1 \cdot 2^2 + 1 \cdot 2^1 + 1$$
$$= 2^3(1 \cdot 2^1 + 0) + 1 \cdot 2^2 + 1 \cdot 2^1 + 1$$

← $A = 8q + r$ の形
　(q, r は整数, $0 \leq r \leq 7$)

よって, A を 2^3 で割った余りは $1 \cdot 2^2 + 1 \cdot 2^1 + 1 = 111_{(2)}$

例　$B = 111011_{(2)}$ の下 4 桁 $1011_{(2)}$ は, B を $2^4(=16)$ で割った余りである。

証明
$$B = 1 \cdot 2^5 + 1 \cdot 2^4 + 1 \cdot 2^3 + 0 \cdot 2^2 + 1 \cdot 2 + 1$$
$$= 2^4(1 \cdot 2^1 + 1) + 1 \cdot 2^3 + 0 \cdot 2^2 + 1 \cdot 2 + 1$$

← $B = 16q + r$ の形
　(q, r は整数, $0 \leq r \leq 15$)

よって, B を 2^4 で割った余りは, $1 \cdot 2^3 + 0 \cdot 2^2 + 1 \cdot 2 + 1 = 1011_{(2)}$

これより, 正の整数 N に対し, 次が成り立つことがわかります。

　　N を 2 進法で表したとき 0 が連続して チツ 個並ぶ

⇔　N を $2^{チツ}$ で割った余りが 0

⇔　N を素因数分解すると, 素因数 2 を チツ 個もっている

よって, チツ は 1188 の正の約数の積を素因数分解したときの素因数 2 の個数を調べればよいとわかります。

解答

(3) シ～タ　$1188 = 2^2 \cdot 3^3 \cdot 11$　より, 正の約数は全部で
　　　　　$3 \times 4 \times 2 = 24$（個）　← パターン102

これらのうち, 2 の倍数は, $2^p \cdot 3^q \cdot 11^r$ の形なので
（p, q, r は整数で $1 \leq p \leq 2$, $0 \leq q \leq 3$, $0 \leq r \leq 1$），
　　　　　$2 \times 4 \times 2 = 16$（個）

```
2) 1188
2)  594
3)  297
3)   99
3)   33
     11
```

同様に 4 の倍数は，$2^2 \cdot 3^q \cdot 11^r$（q，r は整数で，$0 \leqq q \leqq 3$，$0 \leqq r \leqq 1$）の形なので，

$$4 \times 2 = 8 \text{（個）}$$

①qを決める　そのあと　②rを決める　の順序立て

チツ

1188 の 24 個の約数のうち，

$$\begin{cases} \text{素因数 2 を 2 個もつもの} & \cdots 8 \text{個} & \cdots ① \\ \text{素因数 2 を 1 個だけもつもの} & \cdots 16 - 8 = 8 \text{（個）} & \cdots ② \end{cases}$$

タ

セソ － タ

あるので，1188 のすべての正の約数の積を素因数分解すると，素因数 2 の個数は，

$$2 \times 8 + 8 = 24 \text{（個）}$$

$2 \times ① + ②$

よって，1188 のすべての正の約数の積を 2 進数で表すと，末尾には 0 が連続して 24 個並ぶ。

コメント　一般に，

$$(n \text{ の正の約数の積}) = \sqrt{n^{(n \text{ の正の約数の個数})}}$$

が成り立ちます。

例　24 の正の約数の積 A

24 の正の約数を小さい順と大きい順で書くと，

$1, 2, 3, 4, 6, 8, 12, 24$　← 小さい順

$24, 12, 8, 6, 4, 3, 2, 1$　← 大きい順

このとき，縦に並んだ数を掛け，さらにそのすべてを掛けると

$$24 \times 24 \times 24 \times 24 \times 24 \times 24 \times 24 \times 24 = 24^8$$

$24^{(24 \text{ の正の約数の個数})}$

これは，A^2 に等しいので

$$A^2 = 24^8$$

$$\therefore\ A = \sqrt{24^8}$$

$\sqrt{n^{(n \text{ の正の約数の個数})}}$ の形

$$= 24^4$$

正の約数の個数は シス $= 24$（個）

これを使うと，1188 の正の約数の積は

$$\sqrt{1188^{24}} = 1188^{12} = (2^2 \cdot 3^3 \cdot 11)^{12} = 2^{24} \cdot 3^{36} \cdot 11^{12}$$

なので，素因数 2 を 24 個もっているとわかります。

チャレンジ33

n を3以上の整数とする。紙に正方形のマスが縦横とも $(n-1)$ 個ずつ並んだマス目を書く。その $(n-1)^2$ 個のマスに，以下の**ルール**に従って数字を一つずつ書き込んだものを「方盤」と呼ぶことにする。なお，横の並びを「行」，縦の並びを「列」という。

ルール：上から k 行目，左から l 列目のマスに，k と l の積を n で割った余りを記入する。

$n=3, n=4$ のとき，方盤はそれぞれ下の(**図1**), (**図2**)のようになる。

1	2
2	1

図1

1	2	3
2	0	2
3	2	1

図2

たとえば，(**図2**)において，上から2行目，左から3列目には，$2 \times 3 = 6$ を4で割った余りである2が書かれている。このとき，次の問いに答えよ。

(1) $n=8$ のとき，下の(**図3**)の方盤の **A** に当てはまる数を答えよ。　ア

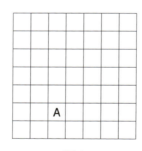

図3

また，(**図3**)の方盤の上から5行目に並ぶ数のうち，1が書かれているのは左から何列目であるかを答えよ。左から　イ　列目

(2) $n = 56$ のとき，方盤の各行にそれぞれ何個の 0 があるか考えよう。

(ⅰ) 方盤の上から 24 行目には 0 が何個あるか考える。

左から l 列目が 0 であるための必要十分条件は，$24l$ が 56 の倍数であること，すなわち，l が ウ の倍数であることである。したがって，上から 24 行目には 0 が エ 個ある。

同様に考えると，方盤の上から 4 行目には 0 が オ 個ある。

(ⅱ) 上から 1 行目から 55 行目までのうち，0 の個数が最も多いのは上から何行目であるか答えよ。上から カキ 行目

(3) $n = 56$ のときの方盤について，正しいものを，次の⓪〜②のうちから一つ選べ。 ク

⓪ 上から 4 行目には 1 がある。
① 上から 6 行目には 1 がある。
② 上から 9 行目には 1 がある。

ポイント

(3) 次を利用します。 ← パターン106 の公式 (p.222) の $c = 1$ の場合です

1 次不定方程式の整数解 ← 例題106 参照

a, b を整数とする。1 次不定方程式 $ax + by = 1$ …① について

(ⅰ) a と b が互いに素ではないとき，①は整数解をもたない
(ⅱ) a と b が互いに素のとき，①は整数解をもつ

a と b が互いに素のときは，例題107 (1)の手順で整数解を見つけます。

解答

(1) **ア** Aに当てはまる数は，6×3(=18)を8で割った余りなので，2

イ 上から5行目には，5×1, 5×2, …, 5×7を8で割った余り，つまり，5, 2, 7, 4, 1, 6, 3が入る。よって，1は左から5列目。

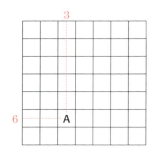 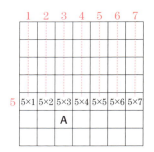

(2) **ウ～キ** (i) 上から24行目，左からl列目が0であるためには，$24l$が56の倍数となればよい。よって

$$24l = 56m$$
$$\therefore \quad 3l = 7m \quad (m \text{は整数})$$

3と7は互いに素であるから，lは7の倍数である。$1 \leqq l \leqq 55$より，

$$l = 7, \ 14, \ 21, \ 28, \ 35, \ 42, \ 49$$

したがって，上から24行目には0が7個ある。

同様に，上から4行目，左からl列目が0であるためには，$4l$が56の倍数となればよい。よって，

$$4l = 56m$$
$$\therefore \quad l = 14m \quad (m\text{は整数})$$

したがって，lは14の倍数である。$1 \leqq l \leqq 55$より，$l = 14, \ 28, \ 42$

よって，上から4行目には0が3個ある。

(ii) 上からa行目に0が何個あるか考える。$g = g(a, 56)$とし，

$$a = ga_1, \ 56 = gb_1 \quad (a_1 \text{と} b_1 \text{は互いに素な整数})$$

とおく。

上から a 行目，左から l 列目が 0 であるためには，al が 56 の倍数となればよい。よって，

$$al = 56m$$
$$ga_1 l = gb_1 m \quad \leftarrow a = ga_1,\ 56 = gb_1 \text{ を代入}$$
$$\therefore\ a_1 l = b_1 m \quad (m \text{ は整数}) \quad \leftarrow \text{両辺を } g \text{ で割った}$$

a_1 と b_1 は互いに素であるから，l は b_1 の倍数。$1 \leqq l \leqq 55$ より，b_1 が最小のとき，l の個数（つまり，a 行目の 0 の個数）が最大となる。

よって，$b_1 = 2$ のとき，b_1 は最小であり， $\leftarrow$ | $b_1 = 1$ のとき，
$g = 56$ で a は 56 の倍数
$1 \leqq a \leqq 55$ より，これは不適
よって，$b_1 = 2$ のとき最小

このとき，$g = 28$

a は 28 の倍数かつ，$1 \leqq a \leqq 55$ なので，

$$a = 28 \quad \leftarrow \text{このとき，} l \text{ は 2 の倍数なので，27 個ある}$$

したがって，0 の個数が最も多いのは上から 28 行目。

(3) **ク** ⓪…上から 4 行目，左から l 列目が 1 であるための条件は，$4l$ を 56 で割った余りが 1，つまり

$$4l = 56m + 1$$
$$\therefore\ 4l - 56m = 1$$

となる整数 l, m が存在することである。4 と 56 は互いに素ではないので，この不定方程式の整数解は存在しない。よって，上から 4 行目に 1 は存在しない。 $\leftarrow$ p.329 **ポイント** 参照

①…⓪と同様に考えて，不定方程式

$$6l - 56m = 1$$

の整数解は存在しない。よって，上から 6 行目に 1 は存在しない。

②…⓪と同様に考える。9 と 56 は互いに素であるから，不定方程式

$$9l - 56m = 1$$

の整数解が存在する（実際，$(l, m) = (25, 4)$ は解）。

$\leftarrow$ **例題 107** (1)と同じ手順で見つける

よって，上から 9 行目に 1 は存在する。 $\leftarrow$ 9 行目，25 列目は 1

以上より，正しいものは ②

チャレンジ 34　やや難　14分

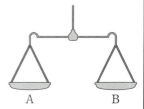

　ある物体Xの質量を天秤ばかりと分銅を用いて量りたい。天秤ばかりは支点の両側に皿A, Bが取り付けられており，両側の皿にのせたものの質量が等しいときに釣り合うように作られている。分銅は3gのものと8gのものを何個でも使うことができ，天秤ばかりの皿の上には分銅を何個でものせることができるものとする。以下では，物体Xの質量をM(g)とし，Mは自然数であるとする。

(1) 天秤ばかりの皿Aに物体Xをのせ，皿Bに3gの分銅3個をのせたところ，天秤ばかりはBの側に傾いた。さらに，皿Aに8gの分銅1個をのせたところ，天秤ばかりはAの側に傾き，皿Bに3gの分銅2個をのせると天秤ばかりは釣り合った。このとき，皿A, Bにのせているものの質量を比較すると

$$M + 8 \times \boxed{ア} = 3 \times \boxed{イ}$$

が成り立ち，$M = \boxed{ウ}$ である。上の式は

$$3 \times \boxed{イ} + 8 \times (-\boxed{ア}) = M$$

と変形することができ，$x = \boxed{イ}$，$y = -\boxed{ア}$ は，方程式 $3x + 8y = M$ の整数解の一つである。

(2) $M = 1$ のとき，皿Aに物体Xと8gの分銅 $\boxed{エ}$ 個をのせ，皿Bに3gの分銅3個をのせると釣り合う。

　よって，Mがどのような自然数であっても，皿Aに物体Xと8gの分銅 $\boxed{オ}$ 個をのせ，皿Bに3gの分銅 $\boxed{カ}$ 個をのせることで釣り合うことになる。$\boxed{オ}$，$\boxed{カ}$ に当てはまるものを，次の⓪～⑤のうちから一つずつ選べ。ただし，同じものを選んでもよい。

⓪　$M - 1$　　　①　M　　　②　$M + 1$
③　$M + 3$　　　④　$3M$　　　⑤　$5M$

(3) $M=20$ のとき，皿Aに物体Xと3gの分銅 p 個を，皿Bに8gの分銅 q 個をのせたところ，天秤ばかりが釣り合ったとする。このような自然数の組 (p, q) のうちで， p の値が最小であるものは $p=$ キ ， $q=$ ク であり，方程式 $3x+8y=20$ のすべての整数解は，整数 n を用いて

$$x = \boxed{ケコ} + \boxed{サ}n, \quad y = \boxed{ク} - \boxed{シ}n$$

と表すことができる。

(4) 皿Aには物体Xのみをのせ，3gと8gの分銅は皿Bにしかのせられないとすると，天秤ばかりを釣り合わせることでは M の値を量ることができない場合がある。このような自然数 M の値は ス 通りあり，そのうち最も大きい値は セソ である。

ここで， $M >$ セソ であれば，天秤ばかりを釣り合わせることで M の値を量ることができる理由を考えてみよう。 x を0以上の整数とするとき，

(ⅰ) $3x+8\times 0$ は0以上であって，3の倍数である。
(ⅱ) $3x+8\times 1$ は8以上であって，3で割ると2余る整数である。
(ⅲ) $3x+8\times 2$ は16以上であって，3で割ると1余る整数である。

セソ より大きな M の値は(ⅰ)，(ⅱ)，(ⅲ)のいずれかに当てはまることから，0以上の整数 x, y を用いて $M=3x+8y$ と表すことができ，3gの分銅 x 個と8gの分銅 y 個を皿Bにのせることで M の値を量ることができる。

ポイント

(3) $20+3p=8q$ を満たす自然数の組 (p, q) のうちで， p が最小のものを求める問題です。 $p=1, 2, 3$ は不適で， $p=4$ は適であることを示すことにより， $p=4$ が条件を満たす最小の p となります。 ← チャレンジ30 (1)のように解いてもOKです

(4) x, y が0以上の整数のとき，

$$M = 3x + 8y$$

のとりうる自然数の値を求める問題（フロベニウスの硬貨交換問題といわれて

います）です。問題文中の(i)〜(iii)をヒントにして考えます。

解答

(1) **ア〜ウ** 右図の釣り合いから，
$$M + 8 \times 1 = 3 \times 5 \quad \cdots ①$$
が成り立ち，$M = 7$ である。
また，①より
$$3 \times 5 + 8 \times (-1) = M$$
なので，$x = 5, y = -1$ は，方程式 $3x + 8y = M$ の整数解の一つである。

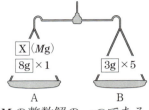

(2) **エ〜カ** $M = 1$ のとき，**エ** $= a$（個）とおくと，右図の釣り合いができる。これより，
$$1 + 8a = 3 \times 3 \quad \cdots ②$$
∴ $a = 1$
このとき，
$$1 + 8 \times 1 = 3 \times 3 \quad \text{← ②に } a = 1 \text{ を代入}$$
$$M + 8 \times M = 3 \times 3M \quad \text{← 両辺 } M \text{ 倍した}$$
よって，M がどのような自然数であっても，皿 A に物体 X と 8g の分銅 M 個をのせ，皿 B に 3g の分銅 $3M$ 個をのせることで釣り合うことになる。 （**オ** $= ①$，**カ** $= ④$）

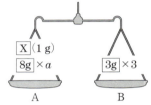

(3) **キ〜シ** 右図の釣り合いから，
$$20 + 3p = 8q \quad \cdots ③ \quad \text{これより，} p = 1, 2, 3 \text{ は不適とわかる}$$
∴ $3p = 4(2q - 5)$
3 と 4 は互いに素であるから，p は 4 の倍数。
$p = 4$ のとき，③ は
$$32 = 8q$$
∴ $q = 4$ ← $p = 4$ のとき，③の整数解が存在することがわかったので，$p = 4$ が最小の自然数
これより，③ を満たす自然数の組 (p, q) で p の値が最小であるものは，
$$p = 4, \quad q = 4$$
このとき，
$$3x + 8y = 20 \quad \cdots ④$$
$$3 \cdot (-4) + 8 \cdot 4 = 20 \quad \cdots ⑤$$

(4, 4) は③の解なので，
20 + 3・4 = 8・4
∴ 3・(−4) + 8・4 = 20

④ − ⑤ より，$3(x + 4) + 8(y - 4) = 0$

3と8は互いに素であるから,
$$x + 4 = 8n, \quad y - 4 = -3n$$
したがって, ③のすべての整数解は
$$x = -4 + 8n, \quad y = 4 - 3n \quad (n は整数)$$

(4) ス～ソ 右図のように, 皿Bに3gの分銅x個, 8gの分銅y個をのせて釣り合ったとすると, 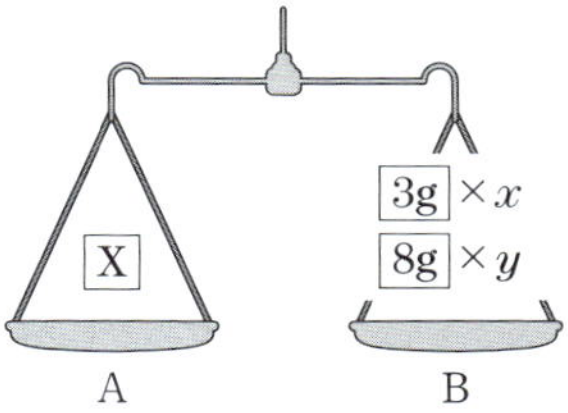
$$M = 3x + 8y \quad \cdots ⑥$$
x, yが0以上の整数のとき, 自然数Mのとりうる値(Mの値を量ることができる値)を調べる。

(i) $y = 0$のとき

このとき, ⑥は$M = 3x$となり, Mは0以上のすべての3の倍数を表すことができる。 ← (☆)の3行目の○印

> 3で割ると2余る数のうち $M = 2, 5$は表すことができません

(ii) $y = 1$のとき

このとき, ⑥は$M = 3x + 8$となり, Mは8以上の3で割ると2余る数を表すことができる。 ← (☆)の2行目の○印

> 3で割ると1余る数のうち $M = 1, 4, 7, 10, 13$は表すことができません

(iii) $y = 2$のとき

このとき, ⑥は$M = 3x + 16$となり, Mは16以上の3で割ると1余る数を表すことができる。 ← (☆)の1行目の○印

(iv) $y \geq 3$のとき $M \leq 23$となるMは, $y \geq 3$のときは表せない

$M \geq 24$であるから, (i)～(iii)と合わせると, $M = 1, 2, 4, 5, 7, 10, 13$は$M = 3x + 8y$の形では表せない。

以上より, x, yが0以上の整数のとき, 自然数Mのとりうる値(量ることのできる値)は次のようになる。

(☆)

1	4	7	10	13	⑯	⑲	㉒	⋯
2	5	⑧	⑪	⑭	⑰	⑳	㉓	⋯
③	⑥	⑨	⑫	⑮	⑱	㉑	㉔	⋯

(○は量ることのできる値)

したがって, ス $= 7$ セソ $= 13$

1, 2, 4, 5, 7, 10, 13の7通り

志田　晶（しだ　あきら）
北海道釧路市出身。名古屋大学理学部数学科から同大学大学院博士課程に進む。専攻は可換環論。大学院生時代に河合塾、駿台予備学校の教壇に立ち、大学受験指導の道にはまる。
2008年度より、河合塾から東進ハイスクール・東進衛星予備校に電撃移籍となり、その授業は、全国で受講可能。
河合塾時代から通じて、数学科のスーパーエース講師として、あらゆる学力層から圧倒的な支持を得ている。
著書は、『大学入学共通テスト　数学Ⅱ・Bの点数が面白いほどとれる本』『志田晶の　確率が面白いほどわかる本』『改訂第2版　センター試験　数学Ⅰ・Aの点数が面白いほどとれる本』『志田晶の　数学Ⅲの点数が面白いほどとれる本』（以上、KADOKAWA）、『数学Ⅰ・A　一問一答【完全版】』『志田の数学Ⅰ　スモールステップ完全講義』（以上、ナガセ）、『数学で解ける人生の損得』（宝島社）など多数。また，監修書として『数学の勉強法をはじめからていねいに』（ナガセ）がある。

だいがくにゅうがくきょうつう
大学入学共通テスト
すうがく　　　てんすう　おもしろ　　　　　　　　ほん
数学Ⅰ・Aの点数が面白いほどとれる本

2020年 7 月28日　初版　　第 1 刷発行
2020年10月10日　　　　　　第 2 刷発行

著者／志田　晶
発行者／青柳　昌行
発行／株式会社KADOKAWA
〒102-8177　東京都千代田区富士見2-13-3
電話　0570-002-301(ナビダイヤル)

印刷所／図書印刷株式会社

本書の無断複製（コピー、スキャン、デジタル化等）並びに無断複製物の譲渡及び配信は、著作権法上での例外を除き禁じられています。また、本書を代行業者などの第三者に依頼して複製する行為は、たとえ個人や家庭内での利用であっても一切認められておりません。

●お問い合わせ
https://www.kadokawa.co.jp/ (「お問い合わせ」へお進みください)
※内容によっては、お答えできない場合があります。
※サポートは日本国内のみとさせていただきます。
※Japanese text only

定価はカバーに表示してあります。

©Integral 2020　Printed in Japan
ISBN 978-4-04-604195-1　C7041